Michael Pauen

Illusion Freiheit?

Mögliche und unmögliche Konsequenzen der Hirnforschung

S. Fischer

2. Auflage: März 2005

Satz: H & G Herstellung, Hamburg
Druck und Bindung: Druckerei C. H. Beck, Nördlingen
Printed in Germany
ISBN 3-10-061910-2

Inhalt

Einleitung: Das Problem

Stellen Sie sich vor, was es bedeuten würde, einmal wirklich frei zu handeln. Zunächst denken Sie sicher an die Lösung von äußeren Zwängen und Erwartungen. Hierzu gehören zweifellos die Einschränkungen, die Ihnen Beruf und Familie auferlegen, ganz zu schweigen von finanziellen Verpflichtungen und den vielfältigen Erwartungen, die von außen an Sie gerichtet sind. Nehmen wir einmal an, Sie könnten sich von all diesen Einschränkungen und Zwängen lösen – wären Sie dann schon wirklich frei? Ist es mit der Lösung von äußeren Zwängen getan? Vermutlich gehört doch mehr dazu: Freiheit kann nämlich nicht nur von außen, sondern auch von innen bedroht werden. Offenbar können auch Ihre Wünsche, Bedürfnisse und Überzeugungen Ihren Freiheitsspielraum einschränken. Dies gilt insbesondere dann, wenn diese Wünsche und Bedürfnisse das Produkt von psychischen oder physischen Abhängigkeiten sind. Einen Nikotin- oder Alkoholabhängigen würden wir kaum als frei bezeichnen, selbst wenn sich seinen Wünschen keine äußeren Hindernisse in den Weg stellen. Die bloße Beseitigung äußerer Hindernisse reicht also nicht, vielmehr kann unsere Freiheit zumindest dann durch unsere *eigenen* Wünsche und Bedürfnisse in Frage gestellt werden, wenn diese einen zwang- oder gar krankhaften Charakter annehmen.

Doch wie sieht es aus mit jenen Wünschen und Bedürfnissen, die Sie nicht als zwang- oder krankhaft empfinden – diese scheinen Ihre Freiheit doch offenbar nicht einzuschränken. Bei näherer Betrachtung regen sich auch hier Zweifel. Stellen Sie sich vor,

Sie hätten gerade Abitur gemacht und stünden nun vor der Wahl, welches Fach Sie studieren sollen. Ihr Abitur ist so gut, dass Ihnen alle Studiengänge offen stehen, andere äußere Hindernisse gibt es nicht, und auch psychische oder physische Abhängigkeiten spielen keine Rolle. Doch bedeutet das schon, dass Sie *wirklich* frei sind? Kann es nicht sein, dass die Überzeugungen, Bedürfnisse und Wünsche, die Ihre Wahl bestimmen, das Produkt Ihrer Anlagen, Ihrer Erfahrung, Ihrer Erziehung und anderer sozialer Einflüsse sind? Auch wenn Sie sich vielleicht frei fühlen – müsste man nicht zugeben, dass Sie mit Ihrer Entscheidung für ein bestimmtes Studium nur ausführen, was eigentlich längst festliegt?

Wenn das stimmt, dann führt offenbar kein Weg daran vorbei, sich wirklich radikal von allen Zwängen, allen Erwartungen, allen Gewohnheiten, aber auch von allen Bedürfnissen und Überzeugungen zu lösen, die unser Handeln im Alltag bestimmen. Wirkliche Freiheit, so scheint es, kann nur darin bestehen, einen radikalen Neuanfang zu setzen, noch einmal ganz von vorne anzufangen – ohne alle externen Zwänge, aber auch unabhängig von allen Wünschen, Bedürfnissen und Überzeugungen, die man sich üblicherweise zuschreibt, die aber in Wirklichkeit nur die Produkte von Anlagen und Umwelt sind. Wenn man sich in einer solchen Situation für eine bestimmte Option entscheidet, dann scheint wirkliche Freiheit vorauszusetzen, dass man sich unter genau den gleichen Bedingungen auch für eine andere Option hätte entscheiden können.

Willensfreiheit, Hirnforschung und Menschenbild

Selbst wenn man etwas weniger anspruchsvolle Vorstellungen hat: *Eine* grundlegende Bedingung scheint unverzichtbar. Von Freiheit kann nur die Rede sein, wenn man in einer gegebenen Situation auch anders hätte handeln können, als man tatsächlich gehandelt hat. Doch offenbar gibt es solche Alternativen in einer von deterministischen Naturgesetzen bestimmten Welt nicht. Freiheit und Determination scheinen einander auszuschließen – eine Behauptung, die sich sogar der Duden zu eigen macht.[1]

Vor diesem Hintergrund ist es nicht weiter überraschend, dass die Erfolge der Hirnforschung in den letzten Jahren erheblich zur Skepsis gegenüber der Willensfreiheit beigetragen haben. Natürlich benötigt die Behauptung, dass wir in einer determinierten Welt leben, keine unmittelbare Bestätigung durch die Hirnforschung: Wenn die Welt außerhalb unseres Kopfes determiniert ist, dann ist kaum zu erwarten, dass das Gehirn eine Enklave der Unbestimmtheit bildet. Dennoch macht es sicherlich einen Unterschied, ob es sich hier nur um eine abstrakte These handelt oder ob wir die Prozesse, die unseren Entscheidungen und Handlungen zugrunde liegen, konkret beschreiben und in empirischen Untersuchungen entschlüsseln können: Wenn wir erkennen, warum wir uns so und nicht anders entschieden haben, dann besitzen wir einen handfesten Grund, daran zu zweifeln, dass wir auch ebenso gut etwas ganz anderes hätten tun können.

Es kommt hinzu, dass vielfach unterstellt wird, ein wirklich freier Wille setze einen immateriellen Geist voraus, der den Naturgesetzen entzogen sei, selbst aber auf materielle Prozesse einwirken könne. Sollte es solche Einflüsse eines immateriellen Geistes geben, dann müsste die Hirnforschung irgendwann einmal auf neuronale Prozesse stoßen, die unter solchen Einflüssen stehen und daher naturgesetzlich nicht zu erklären sind. Bislang haben sich keine Belege für solche Einwirkungen gefunden; die wenigen konkreten Versuche in dieser Richtung sind fehlgeschlagen, und es wäre zumindest überraschend, sollten solche Belege plötzlich auftauchen.

Es ist daher kein Wunder, wenn gerade Vertreter der Neuro- und Kognitionswissenschaften in den letzten Jahren immer wieder darauf hingewiesen haben, dass die – in der Tat beeindruckenden – Erfolge ihrer Disziplinen uns früher oder später geradezu zwingen würden, überkommene Auffassungen von

Willensfreiheit aufzugeben. So meint Wolfgang Prinz, dass »die Idee eines freien menschlichen Willens ... mit wissenschaftlichen Überlegungen prinzipiell nicht zu vereinbaren« sei. »Für mich ist unverständlich, dass jemand, der empirische Wissenschaft betreibt, glauben kann, dass freies, also nichtdeterminiertes Handeln denkbar ist.«[2] Hans Markowitsch behauptet, »dass eine Person einen freien Willen ... überhaupt nicht besitzt«,[3] und Wolf Singer spricht davon, dass »die Annahme zum Beispiel, wir seien voll verantwortlich für das, was wir tun, weil wir es ja auch hätten anders machen können, ... aus neurobiologischer Perspektive nicht haltbar« sei. »Neuronale Prozesse sind deterministisch.«[4] Nicht zuletzt weil sie die Willensfreiheit widerlege, betreibe die Neurowissenschaft einen »Frontalangriff auf unser Selbstverständnis und unsere Menschenwürde«.[5]

Die Annahme, dass menschliches Handeln determiniert sei, stellt nicht den einzigen Grund für die Zweifel an der Willensfreiheit dar; genauso wenig sind die Zweifel an der Willensfreiheit der einzige Grund für die Vermutung, dass wir vor einer fundamentalen Revision unseres Selbst- und Menschenbildes stehen. Dennoch handelt es sich hier zweifellos um Schlüsselprobleme: Wenn es für uns wirklich niemals irgendwelche Handlungsalternativen gibt, dann scheint die menschliche Freiheit kaum zu retten. Und wenn es sich herausstellen sollte, dass wir prinzipiell *nicht* in der Lage sind, frei und verantwortlich zu handeln, dann stünden wir sicher vor einer einschneidenden Revision unseres Selbst- und Menschenbildes. Es ist einfach zentral für unser Selbstverständnis, dass wir zumindest in wichtigen Fragen bewusste und verantwortliche Entscheidungen treffen können und dass man uns für diese Entscheidungen auch zur Rechenschaft ziehen kann. Dies zeigt sich schon daran, dass unsere Gesellschaft es vor allem von dieser Fähigkeit abhängig macht, ob sie eine Person als Erwachsenen oder als Jugendlichen behandelt bzw. ob sie eine Person eventuell entmündigt.

Zur Diskussion steht hier also nicht etwa die Veränderung einer mehr oder minder diffusen Vorstellung, die wir von uns selbst haben; auf dem Spiel stehen vielmehr ganz konkrete praktische Konsequenzen. Diese Konsequenzen betreffen zum einen unseren alltäglichen Umgang, insbesondere unsere Praxis, menschliches Verhalten zu bewerten, es zu loben oder zu tadeln, zu belohnen oder zu bestrafen. Offenbar hängt diese Praxis in wesentlichen Punkten von der Annahme ab, dass Menschen für ihr Handeln verantwortlich sind: Wir würden normalerweise eine Person nicht für Handlungen bestrafen, für die sie nicht verantwortlich war, weil sie sie gar nicht unterlassen konnte. Ebenso wenig würden wir üblicherweise jemanden loben, wenn ihm gar nichts anderes übrig blieb, als eine eigentlich verdienstvolle Tat auszuführen. Wenn wir erfahren würden, dass jemand nur durch Zwang dazu gebracht werden konnte, für einen guten Zweck zu spenden, dann hätte dies gravierende Auswirkungen auf unsere Einschätzung der Verdienste, die er sich damit erworben hat. Ähnliches gilt bei tadelnswerten oder gar strafbaren Handlungen: Ob wir einer Person einen Vorwurf aus einer solchen Handlung machen können, hängt nicht zuletzt davon ab, ob die Person auch anders hätte handeln können, ob sie also frei war.

Tatsächlich erstrecken sich die Auswirkungen der Diskussion um die Willensfreiheit nicht nur auf unsere alltägliche Praxis des Lobens und Tadelns, sondern auch auf die staatliche Praxis des Strafens. Nach konsistenter höchstrichterlicher Rechtsprechung ist Strafe an Schuld und Schuld wiederum an Freiheit gebunden; Strafe wird als eine rechtlich geregelte Vergeltung (Retribution) für eine schuldhafte Tat begriffen. Auch hier besteht keine ausschließliche Beziehung: In unsere Strafpraxis gehen neben dem Schuldvorwurf auch Gesichtspunkte der Verhütung künftiger Straftaten mit ein; dennoch bilden Schuld und Freiheit eine notwendige Bedingung dafür, dass eine Person für eine Handlung bestraft werden kann.

Wenn also eine Handlung nur frei sein kann, sofern sie nicht determiniert ist, dann erbringen die Neurowissenschaften in dem Maße, wie sie die Determinanten des menschlichen Handelns offen legen, auch den Nachweis dafür, dass diese Handlungen nicht frei sind, und wenn Freiheit einen zentralen Bestandteil unseres Selbstverständnisses bildet, dann wäre damit auch ein wissenschaftlicher Beweis dafür erbracht, dass unser Selbstverständnis ebenso wie wichtige Bereiche unserer alltäglichen und juristischen Praxis grundlegend revisionsbedürftig sind.

Die Rolle der Philosophie

Es könnte daher der Eindruck entstehen, es komme hier nur noch auf die Erkenntnisse der empirischen Wissenschaften an. Philosophische Erkenntnisse dagegen seien von untergeordnetem Interesse, weil die Naturwissenschaften früher oder später ohnehin eine Lösung jener Rätsel präsentieren würden, an denen sich Philosophen und andere Geisteswissenschaftler jahrhundertelang die Zähne ausgebissen haben.

Dass dies nicht so ist, zeigt sich spätestens dann, wenn man die skizzierten Prognosen etwas genauer unter die Lupe nimmt. Natürlich enthalten solche Prognosen zum einen Tatsachenbehauptungen darüber, dass unsere Welt insgesamt bzw. die menschlichen Entscheidungsprozesse im Einzelnen determiniert sind. Diese Behauptungen basieren auf empirischen Daten, wie sie durch die Physik oder die Neurobiologie erhoben werden. Philosophen können sich auf solche Daten berufen, alles andere ist Spekulation; hoffnungslos wäre es insbesondere, wollten sie versuchen, irgendwo in einer determinierten Welt doch noch Reste von Unbestimmtheit aufzuspüren. Ein solcher Versuch wäre nicht nur wenig aussichtsreich, vielmehr würde er letztlich am Ziel einer philosophischen Auseinandersetzung mit dem Problem der Willensfreiheit vorbeigehen. Ich werde daher im Folgenden auch keine Annahmen darüber machen, ob unsere Welt determiniert ist oder nicht.

Zweitens enthalten solche Prognosen jedoch auch *Maßstäbe* dafür, was es bedeutet, frei zu handeln. Solche Maßstäbe werden auch von einer scheinbar rein objektiven, naturwissenschaftlichen Auseinandersetzung mit dem Problem der Willensfreiheit zugrunde gelegt. Zwei häufig verwendete Maßstäbe wurden bereits genannt: Zum einen die Annahme, dass man von Freiheit nur sprechen kann, wenn die fragliche Handlung nicht determiniert war, und zweitens die Forderung, dass der Handelnde die Möglichkeit besessen haben muss, auch anders zu handeln.

Auch wenn diese Kriterien mehr oder minder selbstverständlich erscheinen mögen – es handelt sich um *Maßstäbe.* Diese Maßstäbe sind ihrerseits rechtfertigungsbedürftig, und diese Rechtfertigung ist Sache der Philosophie. Selbstverständlich treten vergleichbare Probleme auch in anderen Bereichen der empirischen Forschung im Allgemeinen und der Hirnforschung im Besonderen auf. So muss man klären, was man unter Furcht oder unter Schmerz versteht, wenn man die neuronalen Korrelate von Furcht- oder Schmerzzuständen untersuchen will. Doch während die Festlegung der relevanten Kriterien bei Furcht- oder Schmerzzuständen vergleichsweise unproblematisch durch die empirischen Wissenschaften selbst geschehen kann, ist dies bei den Kriterien von freien Handlungen nicht möglich. Dies dürfte zum einen daran liegen, dass Freiheit eine komplexere Eigenschaft ist. Bei Furcht- und Schmerzzuständen sind die Kriterien zumindest aus der subjektiven Perspektive intuitiv klar.[6] Ganz anders dagegen bei der Frage, ob eine Handlung frei ist oder nicht: Hier stehen uns einfach keine eindeutigen Kriterien zur Verfügung. Egal ob wir die Perspektive der ersten Person oder die Perspektive der dritten Person einnehmen; es ist keineswegs offensichtlich, welchen Maßstäben eine Handlung genügen muss, damit wir sie als »frei« bezeichnen können. Auch die beiden eingangs genannten Kriterien: Indeterminismus und die Möglichkeit, anders zu handeln, sind alles andere als unumstritten. Ein zweiter Punkt ergibt sich aus der großen Bedeutung von Freiheit für unser Selbstverständnis.

Schon allein deswegen haben wir immer schon ein gewisses Vorverständnis davon, was denn eine freie Handlung ist – auch wenn dieses Vorverständnis in der Regel diffus und möglicherweise auch inkohärent ist.

Genau hier liegt die Aufgabe der Philosophie: Sie besteht darin, aus jenen diffusen und inkohärenten vorwissenschaftlichen Vorstellungen von Freiheit eine kohärente Konzeption zu entwickeln, die unsere zentralen vorwissenschaftlichen Intuitionen erfasst, sich gegen die wichtigsten philosophischen Einwände verteidigen lässt und gleichzeitig möglichst klare Kriterien für die Beurteilung von Handlungen im Alltag, für die Einschätzung von empirischen Befunden und schließlich auch für unsere Rechtspraxis liefert. Nicht zuletzt aber sollte eine solche systematische Konzeption eine Antwort auf die Frage nach dem Verhältnis von Freiheit und Determination geben: Sind diese Kriterien in einer determinierten Welt erfüllbar, dann sind Freiheit und Determination miteinander vereinbar, ansonsten sind sie es nicht.

Freiheit als Selbstbestimmung

Das alles hört sich sehr schön an – doch wenn unsere vorwissenschaftlichen Intuitionen wirklich so unklar und widersprüchlich sind – wie soll die Philosophie dann aus ihnen ein kohärentes Modell hervorzaubern? Stellen sich hier nicht hinterrücks wieder eben jene Willkür und Beliebigkeit ein, die man durch den Rückgriff auf unsere vorwissenschaftlichen Vorstellungen loszuwerden meinte?

Das Problem rührt an den Nerv jeder philosophischen Analyse der Willensfreiheit. Eine Analyse, der es nicht gelingt, die Beliebigkeit unserer vorwissenschaftlichen Vorstellungen von Freiheit zu überwinden, wäre von vornherein zum Scheitern verurteilt. Tatsächlich gibt es hier jedoch einen Ausweg. Während es nämlich sehr schwierig sein dürfte, sich auch nur auf *ein* unstrittiges *positives* Beispiel für eine wirklich freie Handlung zu einigen, wird man ohne größere Probleme einen Konsens darüber herstellen können, was freie Handlungen *nicht* sind. Eine Lösung der oben skizzierten Schwierigkeiten wäre dann möglich, wenn man aus diesen negativen Intuitionen ein hinreichend anspruchsvolles Modell freier Handlungen entwickeln könnte.

Sichtbar werden diese »negativen« Intuitionen daran, dass man freie Handlungen nach zwei Seiten hin abgrenzen muss. Zum einen unterscheiden wir freie Handlungen von erzwungenen Geschehnissen. Eine Handlung, die unter Zwang zustande kommt, würden wir sicher nicht als frei bezeichnen – genau dies ergibt sich ja auch aus den Überlegungen, die zu Beginn dieser Einleitung angestellt wurden.

Freie Handlungen müssen jedoch zweitens auch gegenüber einem anderen Typ von Geschehnissen abgegrenzt werden. Auch zufällige Geschehnisse würden wir niemals als freie Handlungen bezeichnen. Der entscheidende Unterschied scheint darin zu bestehen, dass sich freie Handlungen anders als zufällige Geschehnisse einer Person zuschreiben lassen. Diese Zuschreibung ist nicht zuletzt deshalb wichtig, weil wir Personen für freie Handlungen im Positiven wie im Negativen verantwortlich machen: Wir loben und wir tadeln, wir belohnen, und wenn es sein muss, dann bestrafen wir auch. Doch wie sollten wir eine Person für eine Handlung zur Verantwortung ziehen, die gar nicht von ihr abhing, sondern rein zufällig zustande kam?

Offenbar handelt es sich hier um Minimalbedingungen, denen *jede* Konzeption von Freiheit gerecht werden muss. Jede Theorie der Willensfreiheit, unabhängig davon, wie anspruchsvoll oder anspruchslos sie ansonsten sein mag, muss imstande sein, Freiheit von Zwang und von Zufall abzugrenzen.

Man kann diesen Bedingungen sehr leicht gerecht werden, indem man Freiheit in »Selbstbestimmung« übersetzt. Zu sagen, dass eine Handlung selbstbestimmt ist, impliziert einfach, dass die Handlung nicht erzwungen ist – dann wäre sie nämlich nicht selbst-, sondern fremdbestimmt. Die Abgrenzung gegen Zwang ergibt sich also fast automatisch. Dasselbe gilt für die Unterscheidung der Freiheit vom Zufall: Wir würden eine Handlung nicht selbstbestimmt nennen, wenn sie das Produkt eines Zufalls wäre. Selbstbestimmung heißt trivialerweise, dass der Handelnde *selbst* und nicht etwa der Zufall bestimmt, was passiert. Wenn Sie also selbst der festen Überzeugung sind, dass Diebstahl verwerflich ist, und wenn Sie aufgrund dieser Überzeugung die Waren in Ihrem Einkaufskorb an der Kasse bezahlen, dann handeln Sie damit aller Wahrscheinlichkeit nach selbstbestimmt und damit frei.

Zwei Folgerungen

Zwei Konsequenzen aus einer solchen »Übersetzung« erscheinen mir besonders wichtig: Erstens werden damit gravierende Zweifel an der Unvereinbarkeit von Freiheit und Determination aufgeworfen. Selbstbestimmung impliziert nicht nur Autonomie gegenüber externen Einflüssen, sondern auch die Abhängigkeit der Handlung von ihrem Urheber – nur so können wir den Akteur für sein Tun verantwortlich machen. Dann aber kann freies Handeln nicht mehr einfach unbedingtes Handeln sein, wie es in einer determinierten Welt in der Tat nicht möglich ist. Handlungen, die nicht durch die Überzeugungen, Wünsche und Bedürfnisse ihres Urhebers bestimmt sind, können offenbar auch keine selbstbestimmten Handlungen sein. Insofern wäre es verfehlt zu erwarten, Freiheit und Selbstbestimmung ließen sich steigern, indem man die Abhängigkeit einer Handlung von ihrem Urheber lockert oder gar aufhebt. Das Gegenteil ist der Fall: Zwar muss die Handlung nicht in einem strikten Sinne durch den Handelnden determiniert werden, doch wenn Freiheit wirklich Selbst-*Bestimmung* ist, dann kann die Aufhebung *jeglicher* Abhängigkeit der Handlung vom Handelnden den Freiheitsspielraum nicht erweitern, vielmehr stellt sie die Fähigkeit einer Person in Frage, ihr Handeln selbst zu bestimmen: Ihre Fähigkeit zur Selbstbestimmung würde eingeschränkt, wenn ein Zufall dazu führte, dass Sie entgegen Ihrer Überzeugung doch einen Diebstahl begehen würden.

Insofern sind die eingangs skizzierten Beispiele auch in einem gewissen Sinne einseitig: Sie werden nur *einer* der beiden Minimalbedingungen gerecht, nämlich der Autonomie freier Handlungen gegenüber Zwang und äußeren Einflüssen. Natürlich kann eine Person aus ihrer subjektiven Perspektive den Eindruck haben, sie entscheide sich gegen eigene Wünsche und Bedürfnisse. Doch wenn es sich hier nicht um bloße Zufallsprodukte, sondern um selbstbestimmte Entscheidungen handeln soll, dann muss die Person andere Überzeugungen, Wünsche und Bedürfnisse haben, die sie dazu veranlassen, eine solche Entscheidung zu treffen. Diese müssen der Person nicht in jedem Falle bewusst sein; insofern kann aus der Perspektive der ersten Person sehr wohl der Eindruck der Grundlosigkeit entstehen.

Unbedingtes, voraussetzungsloses Handeln, unabhängig von allen eigenen Überzeugungen und Bedürfnissen, ist keine Freiheit, sondern gleicht der grundlosen Beliebigkeit eines Münzwurfs. Wenn ein Ereignis nicht bestimmt ist, dann kann es auch nicht durch die Person bestimmt sein; dies gilt für Handlungen ebenso wie für Entscheidungen. Undeterminierte Ereignisse lassen sich nicht beeinflussen, ganz gleich wo sie auftreten.

Eine der zentralen Thesen, für die ich in diesem Buch argumentieren werde, lautet daher, dass die erste der beiden oben genannten Annahmen falsch ist: Entgegen dieser Annahme ist Freiheit auch in einer determinierten Welt möglich. Solange man Freiheit als Selbstbestimmung versteht und sich dabei an den beiden genannten Bedingungen orientiert, also der Abgrenzung gegen Zwang und der Abgrenzung gegen Zufall, kommt es nicht darauf an, *ob* eine Handlung determiniert ist, entscheidend ist vielmehr, *wodurch* sie bestimmt wird: Ist sie durch den Handelnden selbst bestimmt, dann ist sie eben selbstbestimmt und damit frei; hängt sie dagegen von äußeren Einflüssen oder von Zufällen ab, dann ist sie nicht selbstbestimmt und daher auch nicht frei.

Doch wie steht es mit der zweiten Annahme: Kann man allen Ernstes behaupten, dass man in einer determinierten Welt anders hätte handeln können, als man tatsächlich gehandelt hat? Man kann! Dies zeigt die zweite wichtige Folgerung, die man aus der Übersetzung von Freiheit in Selbstbestimmung ableiten kann. Notwendig ist auch hier wieder eine Verständigung darüber, was es eigentlich heißt, dass jemand anders hätte handeln können. Erst wenn man die entscheidenden Bedingungen geklärt hat, kann man feststellen, ob sie in einer determinierten Welt erfüllt werden können oder nicht.

Einen ersten Hinweis bietet schon unsere Alltagssprache. Tatsächlich reden wir häufig davon, dass jemand etwas *hätte tun können,* auch wenn es eindeutig determiniert war, dass er es nicht tun *würde.* Wir sagen z.B. von einem besonders ausdauernden Läufer, dass er noch viel länger hätte laufen *können*, auch wenn von vornherein feststand, dass der Lauf nur über eine bestimmte Distanz gehen und daher zu dem fraglichen Zeitpunkt beendet sein *würde.*

Natürlich benötigen wir in der philosophischen Diskussion über die Willensfreiheit nicht nur genauere, sondern auch strengere Kriterien als im alltäglichen Sprachgebrauch. Zumindest *ein* Kriterium wird sich jedoch als unzutreffend erweisen: Es ist weder erforderlich noch sinnvoll, aus der Forderung nach alternativen Handlungsmöglichkeiten abzuleiten, dass unter identischen Bedingungen und damit unabhängig von den Bedürfnissen, Wünschen und Überzeugungen der Handelnden sowohl die eine als auch die andere Option möglich sein muss. In diesem Falle hinge es offenbar nicht mehr von der Handelnden ab, welche Option realisiert wird, vielmehr wäre dies eine Sache des Zufalls. Doch dann wird man nicht mehr davon sprechen können, dass hier eine *Person* anders hätte *handeln* können; man könnte nur noch sagen, dass zufällig *etwas anderes hätte passieren können.*

Die Übersetzung von Freiheit in Selbstbestimmung liefert eine wesentlich sinnvollere Interpretation der Forderung nach alternativen Handlungsmöglichkeiten. Wenn eine Handlung nämlich wirklich von dem Handelnden abhängig ist, dann ist es berechtigt, *vor* der Handlung zu sagen, dass es an dem Akteur liegt, ob er die Waren stiehlt oder bezahlt. Und dies bedeutet nichts anderes, als dass der Handelnde sowohl stehlen als auch bezahlen kann. Dann aber kann man *nach* dem Vollzug der Handlung noch sagen, dass er die Waren hätte stehlen können, auch wenn er sie faktisch bezahlt hat.

Entgegen dem ersten Eindruck kann man also offenbar auch in einer determinierten Welt davon sprechen, dass eine Person anders hätte handeln können, als sie faktisch gehandelt hat. Dies liegt nicht daran, dass es findigen Philosophen doch noch gelungen wäre, eine kleine Lücke im naturgesetzlichen Determinationszusammenhang aufzuspüren. Als entscheidend erweisen sich auch in diesem Falle wieder die *Maßstäbe*, die erfüllt sein müssen, damit man davon sprechen kann, dass eine Person anders hätte handeln können.

Natürlich sind damit nur die Umrisse der im Folgenden zu entwickelnden Konzeption von Freiheit skizziert. Dies gilt nicht nur für viele offene Fragen, die etwa das Problem der alternativen Handlungsmöglichkeiten betreffen; zu klären ist auch, unter welchen Voraussetzungen es überhaupt gerechtfertigt ist, einer Person eine Handlung zuzuschreiben. Was ist also das »Selbst«, das sich hier selbst bestimmt? Welche Fähigkeiten benötigt eine Person, um ihr Handeln selbst zu bestimmen, und welche Rolle spielen dabei die Wünsche, Überzeugungen und Bedürfnisse, die die Person faktisch besitzt?

Dennoch sieht es so aus, als könnte man auf der Basis der genannten Minimalbedingungen eine in sich kohärente Konzeption entwickeln, die zeigt, dass Freiheit und Determination miteinander vereinbar sind. Nun ist diese These nicht sonderlich neu – sie findet sich zusammen mit einigen wesentlichen Argumenten in Grundzügen schon bei Augustinus und ist dann in der philosophischen Tradition immer wieder aufgegriffen und weiter entwickelt worden. Einige dieser Vorschläge werde ich im Folgenden diskutieren. In der letzten Zeit sind auch in Deutschland z.B. von Beckermann[7] und Bieri[8] wichtige Konzeptionen entwickelt worden, die diese These vertreten.

Das entscheidend Neue des hier vorgelegten Ansatzes besteht also – natürlich – nicht in der Behauptung, dass Freiheit als Selbstbestimmung expliziert werden kann und daher mit Determination vereinbar ist; das entscheidend Neue besteht vielmehr in der Entwicklung dieser Behauptung aus den beiden genannten, praktisch unumstrittenen Minimalbedingungen. Ich werde daher die hier vorgestellte Theorie der personalen Freiheit als eine Minimalkonzeption bezeichnen. Es wird sich aber herausstellen, dass diese Konzeption nicht etwa »schwächer« ist als Freiheitskonzeptionen, die eine Aufhebung der Determination verlangen: Solche Konzeptionen, so wird zu zeigen sein, sind nämlich letztlich inakzeptabel, weil sie gegen eine der genannten Minimalbedingungen verstoßen. Personale Freiheit in dem hier skizzierten Sinne ist also alles, was man verlangen *muss*, aber auch alles, was man verlangen *kann*, wenn man unseren vorwissenschaftlichen Intuitionen und den relevanten philosophischen Argumenten in einer kohärenten Konzeption gerecht werden will.

Empirische Erkenntnisse

Nehmen wir einmal an, alles bislang Gesagte würde zutreffen und die Existenz freier bzw. selbstbestimmter Handlungen hinge nicht davon ab, ob unsere Welt determiniert ist oder nicht. Selbst dann könnten wir nicht sicher sein, dass es hier jemals auch nur *eine* freie Handlung gegeben hat. Bislang ging es nämlich nur um die *Kriterien*, die eine Handlung erfüllen muss, damit wir sie als frei bezeichnen können. Außerdem wurde behauptet, dass die Abwesenheit von Determination nicht zu diesen Kriterien zählt.

Ob es jedoch Handlungen gibt, welche die verbleibenden Kriterien erfüllen, kann nur die empirische Forschung zeigen.

Insofern sind die Erkenntnisse der empirischen Wissenschaften auch von philosophischem Interesse. Gerade wenn man akzeptiert, dass philosophische Überlegungen in der Freiheitsdebatte der Klärung der Maßstäbe für freies Handeln dienen, dann müssen Philosophen sich dafür interessieren, ob menschliche Handlungen diese Maßstäbe erfüllen. Der Schluss vom Sollen aufs Sein ist nicht weniger verfehlt als der vom Sein aufs Sollen. Otfried Höffes Verweis darauf, dass die Philosophie es mit der »Welt des Sollens« zu tun habe, die mit empirischen Untersuchungen über die »Welt des Seins« nicht aus den Angeln zu heben sei, überzeugt daher nicht.[9] Natürlich werden Normen nicht schon dadurch ungültig, dass sie verletzt werden; aber hier geht es zuerst einmal nur um die Frage, *ob* sie verletzt werden, *ob* menschliche Handlungen also *faktisch* die Norm freien Handelns erfüllen, und das ist offenbar eine empirische Frage.

Genauso wenig kann man sich mit Peter F. Strawson[10] darauf berufen, dass wir uns gar nicht vorstellen können, die Unterstellung von Freiheit aufzugeben, weil es sich hier um eine grundlegende Voraussetzung unseres Zusammenlebens handelt. Gerade dann, wenn diese Voraussetzung so wichtig ist, müssten wir doch daran interessiert sein, ob sie auch zutrifft, ob Menschen wirklich die Fähigkeiten besitzen, die wir ihnen gemeinhin unterstellen – selbst wenn wir uns gar nicht vorstellen können, von dieser Unterstellung abzulassen.[11]

Insofern lässt sich nur schwer abstreiten, dass die intensive Forschungstätigkeit auf dem Gebiet menschlicher Willenshandlungen von großer Bedeutung für eine philosophische Auseinandersetzung mit dem Problem der Willensfreiheit ist. Ich werde daher unten auf einige der wichtigsten Ergebnisse eingehen; dennoch möchte ich hier schon vorwegnehmen, dass sich aus den immer wieder genannten Experimenten von Benjamin Libet keine Widerlegung der Willensfreiheit ergibt. Libet hatte in den achtziger Jahren festgestellt, dass einfache Bewegungen durch eine unbewusste neuronale Aktivität, das so genannte Bereitschaftspotential, schon eingeleitet werden, bevor die bewusste Entscheidung gefällt wird. Vielfach wird hieraus gefolgert, dass die eigentliche Entscheidung auf der Ebene unbewusster neuronaler Prozesse getroffen wird; der nachfolgende bewusste Willensakt sei dagegen eine für den Ablauf des Geschehens bedeutungslose Begleiterscheinung.

Würden die Experimente Libets tatsächlich derart weit reichende Folgerungen rechtfertigen, dann sähe es schlecht aus um die Existenz der Willensfreiheit in unserer Welt. Ich werde jedoch argumentieren, dass dies nicht der Fall ist. Eine besondere Rolle spielt dabei, dass in Libets Experimenten keine wirkliche Entscheidung zwischen mehreren Optionen vorkam, vielmehr war durch die Instruktion von vornherein festgelegt, welche Bewegung die Versuchspersonen vollziehen würden. Es wurde also gar nicht untersucht, ob die Versuchspersonen nach Einsetzen der neuronalen Aktivität nicht noch eine ganz andere Bewegung hätten vollziehen können. Daher lassen die Experimente offen, was durch das Bereitschaftspotential eigentlich festgelegt wird. Mittlerweile gibt es hierzu Experimente, aus denen hervorgeht, dass die von Libet gemessene neuronale Aktivität den Personen immer noch einen beachtlichen Spielraum lässt – von einer Vorwegnahme der bewussten Entscheidung durch unbewusste Gehirnprozesse kann daher kaum die Rede sein.

Libets Erkenntnisse bilden jedoch nur *ein* Fragment in einem großen Puzzle, von dem wir bislang erst einige Teile kennen. Andere wesentliche Punkte betreffen den zeitlichen Ablauf eines Willensakts, angefangen mit der Erwägung von Alternativen über die Festlegung auf eine dieser Alternativen, die konkrete Handlungsplanung bis zur Ausführung der Handlung. Wichtig ist auch die Frage, unter welchen Bedingungen wir uns selbst eine Handlung zuschreiben; neuere Experimente haben gezeigt, dass hier systematische Fehler vorkommen. Unter bestimmten Bedingungen neigen wir also dazu, uns Handlungen zuzuschreiben, deren Urheber wir *nicht* sind, bzw. umgekehrt, uns Handlungen *nicht* zuzuschreiben, deren Urheber wir sind. Schließlich gibt es mittlerweile überzeugende Belege für die Annahme, dass Emotionen eine zentrale Bedeutung in Entscheidungsprozessen zukommt. Dies gilt nicht nur für solche Entscheidungen, von denen wir sagen würden, dass wir sie »aus dem Bauch« oder gar im Affekt getroffen haben, sondern ebenso für scheinbar rein rationale Beschlüsse, die wir mit »kühlem Kopf« gefasst haben.

Es muss nicht eigens betont werden, dass auch solche Untersuchungen Zweifel an der Existenz von Willensfreiheit aufwerfen können, allerdings wird sich zeigen, dass zumindest aus den bislang vorliegenden Ergebnissen keine prinzipiellen Einwände abzuleiten sind. Dies schließt natürlich nicht aus, dass zukünftige Experimente zu solchen Einwänden führen.

Mögliche und unmögliche Konsequenzen der Hirnforschung

Die Folgerungen für die Frage nach den Konsequenzen der Hirnforschung sind nicht schwer zu erkennen. Wichtig ist zunächst, dass es nicht so aussieht, als würde die neurowissenschaftliche Forschung früher oder später die Arbeit der Philosophie überflüssig machen; eher ist zu vermuten, dass gerade der Erkenntnisfortschritt in Bereichen, die bislang der empirischen Forschung weitgehend entzogen waren, neue philosophische Probleme aufwirft.

Zweifellos werden wir damit neue Einsichten in die Funktionsweise unseres kognitiven Systems, aber auch in den Ablauf von Willens- und Entscheidungsprozessen gewinnen, die unser Selbstverständnis verändern werden. Von einem »Frontalangriff auf unser Selbstverständnis und unsere Menschenwürde«, wie er von Wolf Singer prognostiziert wird, kann man bei einer nüchternen Beurteilung der derzeit vorliegenden Erkenntnisse aber wohl kaum sprechen. Entscheidend ist dafür nicht etwa, dass Philosophen plötzlich bessere Prognosen über die zukünftige

Entwicklung der Hirnforschung machen könnten als die Hirnforscher selbst, entscheidend ist vielmehr, dass diese Prognosen Maßstäbe und Kriterien voraussetzen, die sich bei näherem Hinsehen als problematisch erweisen. Dies betrifft insbesondere die Unterstellung, Willensfreiheit und Determination seien nicht miteinander vereinbar.

Berücksichtigt man den heutigen Kenntnisstand in der Philosophie und in den empirischen Wissenschaften gleichermaßen, dann, so möchte ich am Schluss des vorliegenden Buches zeigen, besteht kein Anlass für die Erwartung eines solchen fundamentalen Umbruchs. Natürlich wird es zu Veränderungen kommen und natürlich werden wir bestimmte Grenzen neu ziehen und anders begründen müssen. Doch der derzeitige Stand der Forschung liefert keinen belastbaren Hinweis für die Annahme, dass unser Selbstverständnis hinsichtlich der hier untersuchten Fragen irrig ist. Auch wenn die Entwicklung in den empirischen Wissenschaften und die damit einhergehenden begrifflichen Veränderungen heute nur schwer vorauszusagen sind, so besteht doch kein Anlass zu der Befürchtung, wir würden in einigen Jahren erkennen müssen, dass einige der Überzeugungen völlig verfehlt sind, die grundlegend nicht nur für unser Selbstbild, sondern auch für unsere alltägliche und juristische Praxis sind.

Ziele und Voraussetzungen

Wie schon in der Einleitung erwähnt, möchte ich den Versuch machen, eine Konzeption von Willensfreiheit zu entwickeln, die folgende Anforderungen erfüllt:

- Sie entspricht den wesentlichen vorwissenschaftlichen Intuitionen.
- Sie lässt sich gegen zentrale philosophische Einwände verteidigen.
- Sie liefert Ansatzpunkte für empirische Untersuchungen.
- Sie zeigt, dass Freiheit auch in einer determinierten Welt möglich ist.

Nach einer kurzen Klärung wesentlicher Begriffe im weiteren Verlauf dieses Kapitels werde ich im zweiten Kapitel auf einige wichtige Vorschläge aus der neueren Freiheitsdiskussion eingehen: Auf Chisholms Theorie der Akteurskausalität, auf die u.a. von Nagel und Galen Strawson vertretene Auffassung, dass Freiheit schon aus theoretischen Gründen unmöglich sei, auf einen sehr raffinierten Vorschlag Robert Kanes zur Lösung eines der zentralen Probleme »starker« inkompatibilistischer Freiheitstheorien und schließlich auf die Theorie der Wünsche zweiter Ordnung, wie sie Harry Frankfurt entwickelt hat. Ich werde dabei nicht nur die Probleme dieser Konzeptionen herausstellen, sondern möchte auch deutlich machen, wo Ansatzpunkte für die hier vertretene Position zu finden sind. Im zentralen dritten Kapitel werde ich dann die angekündigte Minimalkonzeption der personalen Freiheit entwerfen, die den genannten Kriterien gerecht werden soll. Im vierten Kapitel werde ich untersuchen, ob diese Minimalkonzeption nicht zu anspruchslos ist. Es wird sich jedoch herausstellen, dass eine stärkere Konzeption nicht nur nicht *notwendig* ist, vielmehr ist sie auch gar nicht *möglich.*

Das fünfte Kapitel wird sich bemühen, Bezüge herzustellen zwischen den bislang entwickelten Maßstäben für freie Handlungen und der empirischen Forschung. Im Mittelpunkt wird die Frage stehen, wie sich das hier skizzierte Modell mit psychologischen Erkenntnissen über den Ablauf willentlicher Handlungen verträgt, ich werde aber auch Erkenntnisse über die Zuschreibung und Beurteilung willentlicher Handlungen in anderen Kulturen präsentieren und auf die häufig zitierten Experimente von Benjamin Libet über das Verhältnis zwischen bestimmten neuronalen Aktivitäten und bewussten Willensakten eingehen. Im sechsten Kapitel werde ich schließlich auf die Bedeutung des Problems der Willensfreiheit für die Rechtswissenschaft, konkreter für die Zurechnung von Schuld und die davon abhängige Rechtfertigung des staatlichen Strafens, eingehen.

Probleme, über geistige Prozesse zu sprechen

Es dürfte sinnvoll sein, zunächst einige begriffliche Voraussetzungen zu klären. Dies ist nicht zuletzt deshalb notwendig, weil wir immer noch kein wirklich angemessenes Vokabular für die Bezeichnung von geistigen Prozessen besitzen. Dies zwingt zum Gebrauch von metaphorischen oder verdinglichenden Redeweisen. So wird aus dem Personalpronomen der ersten Person Singular »das Ich«, aus der Eigenschaft des bewusst Seins »das Bewusstsein« und schließlich aus dem Verb »wollen« das Substantiv »Wille«. Der Gebrauch solcher Redeweisen ist häufig unvermeidlich und er ist auch unproblematisch, solange man sich ihres behelfsmäßigen Charakters bewusst ist – andernfalls kann es zu geradezu kuriosen Missverständnissen kommen, etwa der

Gegenüberstellung von »meinem Ich« mit »meinem Gehirn«. Das Ich wird dann zu einem Homunkulus, einer inneren Person, die die Aktivitäten des Gehirns beobachtet und mit mehr oder minder großem Erfolg zu beeinflussen versucht, doch wenn sie Pech hat, dann kann sie durch das Gehirn zu Dingen veranlasst werden, die sie gar nicht will.

Natürlich reicht es nicht aus, sich gegen solche Missverständnisse zu wappnen. Genauso wichtig ist es, dass man im Zweifel auch genauere Angaben darüber machen kann, was sich hinter diesen Redeweisen verbirgt; man muss also die konkreten Eigenschaften oder Fähigkeiten angeben können, die eine Person besitzen muss, damit man ihr ein Ich, Bewusstsein oder eben einen Willen zuschreiben kann.

Willensakte, Wünsche und Entscheidungen

Wenn man also einer Person einen bewussten oder gar einen freien Willen zubilligt, dann sollte man nicht erwarten, dass irgendwo im Innern der Person oder ihres Gehirns ein geheimnisvolles Etwas namens »Wille« zu finden sei, von dem die Ausführung einer Handlung abhängt und das außerdem noch unmittelbar dem Bewusstsein zugänglich oder gar frei ist. Ein solches Etwas gibt es nicht, ja es ist noch nicht einmal wirklich klar, was man sich darunter vorzustellen hätte. Dennoch kann man selbstverständlich davon sprechen, dass Personen etwas wollen, und wenn sie dies tun, dann haben sie eben einen Willen – ganz ohne ein geheimnisvolles inneres Etwas.

Im Folgenden wird dieser Wille von den Wünschen einer Person unterschieden. Einen Wunsch hat eine Person dann, wenn sie eine positive Einstellung zur Realisierung eines Sachverhaltes hat. Dieses Verhältnis kann in einer emotionalen Reaktion, aber auch in einem Urteil zum Ausdruck kommen. Ein Wunsch lässt es zu, dass die Person andere, möglicherweise konkurrierende Wünsche hat. So schließt etwa der Wunsch, eine Zigarette zu rauchen, nicht aus, dass ich gleichzeitig den Wunsch habe, möglichst gesund zu leben. Unter Umständen ist es ausschließlich dieser letzte Wunsch, der mein Handeln bestimmt, so dass ich in meinem Leben faktisch keine einzige Zigarette rauche. Erst dann, wenn man sich für einen Wunsch entscheidet und ihn damit handlungswirksam werden lässt, macht man den Wunsch zu seinem Willen. Der Wille einer Person ist also ihr handlungswirksamer Wunsch.

Anders als der Wille kann sich ein Wunsch zudem auch auf solche Sachverhalte beziehen, die außerhalb des Einflussbereiches einer Person liegen: Ich kann wünschen, dass das Wetter morgen besser wird, aber ich kann mich nicht entscheiden, dass dies so sein soll, und daher auch nicht diesen Wunsch zu meinem Willen machen.[12]

Betrachtet man den konkreten psychischen Prozess, der von der Abwägung der unterschiedlichen Wünsche und der dazugehörigen Handlungsoptionen über eine Entscheidung für eine bestimmte Option bis zu deren Realisierung führt,[13] dann kann man auch von einem »Willensakt« sprechen. Willensakte sind also zeitlich bestimmbare psychische Ereignisse, die der Auswahl und Realisierung von Handlungsoptionen dienen. Diese Realisierung kann sich in einer einzigen Handlung vollziehen; man kann sich aber auch grundsätzlich für ein bestimmtes Handlungsschema entscheiden (»Ich werde nie mehr an der Haustür kaufen«), so dass die Realisierung eine Vielzahl von Handlungen umfasst.

Freiheit als Eigenschaft von Handlungen und Willensakten

Alltagssprachlich bezeichnen wir häufig *Personen* als frei. Solche Behauptungen sind jedoch in der Regel von Urteilen über die *Handlungen* dieser Personen abgeleitet. Offenbar kommen damit unnötige Unklarheiten ins Spiel, wenn man Freiheit in erster Linie als Eigenschaft von Personen auffasst. Ist eine Person nur dann frei, wenn sie *immer* frei handelt, oder muss nur ein bestimmter Anteil ihrer Handlungen frei sein? Wenn ja, wie groß sollte dieser Anteil mindestens sein? Um solche Unklarheiten zu vermeiden, werde ich im Folgenden Freiheit primär als Eigenschaft von Handlungen bzw. von Willensakten betrachten, wobei selbstverständlich unterstellt wird, dass es sich um Handlungen bzw. Willensakte von Personen handelt.

Wenn man Freiheit als eine Eigenschaft von Handlungen bestimmt, muss man natürlich etwas darüber sagen, was man unter einer Handlung versteht. Typische Beispiele von Handlungen liegen vor, wenn eine Person ein Glas zum Mund führt oder eine bestimmte politische Partei wählt. Handlungen unterscheiden sich von bloßen Widerfahrnissen, von denen man sprechen würde, wenn eine Person versehentlich ein Glas umwirft oder wenn sie stolpert.

Ohne weiter auf die Details und Streitpunkte der Handlungstheorie einzugehen, werde ich davon ausgehen, dass Handlungen Ereignisse sind, die sich gegenüber anderen Aktivitäten von Personen dadurch unterscheiden, dass sie sich durch Handlungsgründe erklären lassen.[14] Handlungsgründe setzen sich in der Regel aus Wünschen und Überzeugungen zusammen: Im einfachsten Falle hat eine Person einen Wunsch und entscheidet sich dann für diejenige Handlungsoption, die ihrer Überzeugung nach die besten Aussichten für eine Realisierung dieses Wunsches eröffnet. So könnte man davon sprechen, dass die Person das Glas zum Mund geführt hat, weil sie den Wunsch hatte, ihren Durst zu löschen, und überzeugt war, dass der Griff nach dem Glas besonders gut zur Erfüllung dieses Wunsches geeignet sei. In einem anderen Falle könnte eine Person eine Partei gewählt haben, weil sie den Wunsch nach gewissen politischen Veränderungen hatte und überzeugt war, dass die betreffende Partei genau dies bewirken werde. Erklärungen für bloße Widerfahrnisse kommen ohne einen unmittelbaren Bezug auf Gründe aus. Will man also erklären, warum eine Person ein Glas umgestoßen hat oder gestolpert ist, dann kann man z.B. darauf verweisen, dass das Glas schlecht zu sehen war, dass ein Stein im Weg lag oder die Person kurzzeitig unaufmerksam war.

Ich gehe davon aus, dass Handlungsgründe nicht notwendigerweise Gegenstände bewusster Willensakte sein müssen. Es gibt viele Aktivitäten, die wir zweifelsfrei als unsere eigenen Handlungen betrachten, ohne dass wir dazu ausdrücklich einen bewussten Willensakt vollziehen. Ein mögliches Szenario wurde bereits genannt: So könnten wir in der Vergangenheit einmal eine explizite Entscheidung getroffen haben, uns in Situationen eines gewissen Typs immer auf eine bestimmte Weise zu verhalten (»Ich werde nie mehr an der Haustür kaufen«), und diese Handlungen dann fortan ohne weitere Entscheidungen gleichsam »automatisch« ausführen. Denkbar wäre auch, dass wir uns an eine Handlungsweise gewöhnt haben, ohne dass wir uns explizit dazu entschlossen hätten, dennoch kennen wir die Konsequenzen unseres Tuns aus Erfahrung und akzeptieren sie.

Das Prinzip der alternativen Möglichkeiten

Eine der zentralen Intuitionen, mit denen sich jede Diskussion über die Willensfreiheit auseinandersetzen muss, besteht in der Vorstellung, dass man nicht frei zu handeln vermag, wenn man keine Handlungsalternativen besitzt. In der Philosophie wird diese Vorstellung häufig als das »Prinzip der alternativen Möglichkeiten« bezeichnet. Frei handle ich diesem Prinzip zufolge also nur dann, wenn ich in der fraglichen Situation auch etwas anderes hätte tun können, als ich tatsächlich getan habe. Entgegen dem ersten Eindruck ist es nicht von vornherein klar, was es genau heißt, dass man etwas anderes hätte tun können. Da diese Frage von zentraler Bedeutung für jede Konzeption von Freiheit ist, werde ich sie weiter unten noch ausführlicher diskutieren.[15]

Die offenbar zentrale Bedeutung alternativer Möglichkeiten für das Urteil darüber, ob eine Handlung frei ist, hat auch Konsequenzen für die Beschreibung von Handlungen. Vielfach wird nämlich einfach nur davon gesprochen, dass eine Person eine Handlung eben hätte unterlassen können. Dies ist jedoch unzureichend, solange die zur Verfügung stehenden Alternativen nicht explizit genannt werden.

Demonstrieren lässt sich dies an der Behauptung, der Mörder habe den tödlichen Schuss unterlassen können. Offenbar macht es einen großen Unterschied, ob seine Alternative darin bestand, das Opfer nur auf eine andere Weise umzubringen, oder darin, es völlig zu verschonen. Freiheit hat also etwas mit der Größe des zur Verfügung stehenden Spielraums zu tun. Gibt es signifikante Unterschiede zwischen den verfügbaren Alternativen, dann ist der Spielraum der Freiheit groß; sind die Differenzen dagegen vernachlässigbar klein, dann wird der Spielraum eingeschränkt, bis im Extremfall faktisch nur noch *eine* Handlungsalternative übrig bleibt. Diese Unterschiede werden jedoch nicht erfasst, wenn man von bloßer Unterlassung spricht. Im Zweifelsfall sollte man daher die Alternativen explizit benennen. So kann man etwa darauf hinweisen, dass eine Person in einer bestimmten Situation die Freiheit besaß, *x* oder *y* zu tun, während ihr die Option *z* nicht zu Gebote stand.

Determination

Eine der zentralen Voraussetzungen in den meisten Diskussionen um die Willensfreiheit betrifft das Problem der Determination. Zwar ist die Frage, ob unsere Welt determiniert ist oder nicht, für das vorliegende Buch nicht von unmittelbarer Bedeutung, da ich zeigen werde, dass das Problem der Freiheit unabhängig von dem Problem der Determination gelöst werden kann. Doch auch diese These lässt sich nur verständlich formulieren, wenn geklärt ist, was unter Determination zu verstehen ist.

Notwendig erscheint eine solche Klärung aber auch angesichts der immer noch großen Bedeutung, die das Problem in der Diskussion über die Willensfreiheit allgemein hat. Die klassische Formulierung stammt aus Pierre Simon de Laplaces Versuch über die Wahrscheinlichkeit:

> Alle Ereignisse, selbst jene, welche wegen ihrer Geringfügigkeit scheinbar nichts mit den großen Naturgesetzen zu tun haben, folgen aus diesen mit derselben Notwendigkeit wie die Umläufe der Sonne. ... Wir müssen also den gegenwärtigen Zustand des Weltalls als die Wirkung seines früheren und als die Ursache des folgenden Zustands betrachten. Eine Intelligenz, welche für einen gegebenen Augenblick alle in der Natur wirkenden Kräfte sowie die gegenseitige Lage der sie zusammensetzenden Elemente kennte und überdies umfassend genug wäre, um diese gegebenen Größen der Analysis zu unterwerfen, würde in derselben Formel die Bewegungen der größten Weltkörper wie des leichtesten Atoms umschließen; nichts würde ihr ungewiß sein und Zukunft wie Vergangenheit würden ihr offen vor Augen liegen. Der menschliche Geist bietet in der Vollendung, die er der Astronomie zu geben verstand, ein schwaches Abbild dieser Intelligenz dar.[16]

Auch wenn der Determinismus weit älter ist als die Theorie von Laplace,[17] so entspricht diese doch recht genau der Vorstellung von Determinismus, wie sie in der Diskussion über die Willensfreiheit nach wie vor relevant ist.[18]

Determinismus ist zunächst eine metaphysische These, derzufolge sämtliche Abläufe in unserer Welt vollständig determiniert sind. Determination lässt sich ihrerseits als eine objektive Eigenschaft von Systemen bestimmen. Ein System ist determiniert, wenn sich unter gleichen Umgebungsbedingungen an einen gegebenen Ausgangszustand stets wieder derselbe Folgezustand anschließen muss. Für geschlossene Systeme bedeutet dies, dass ein gegebener Ausgangszustand alle späteren Systemzustände eindeutig festlegt. Die These des Determinismus lautet dann, dass der Gesamtzustand unserer Welt zu einem beliebigen Zeitpunkt *t* festlegt, in welchem Zustand sich diese Welt zu jedem beliebigen späteren Zeitpunkt *t´* befinden wird. So legt beispielsweise der Gesamtzustand der Welt zu einem beliebigen Zeitpunkt vor meiner Geburt jeden beliebigen Zustand der Welt nach meiner Geburt fest.

Es ist von entscheidender Bedeutung, dass man diese objektive Systemeigenschaft der Determination unterscheidet von der Fähigkeit eines intelligenten Betrachters, die Systemzustände *vorherzusagen*: Aus dem Scheitern von Vorhersagen lässt sich nicht folgern, dass ein System nicht determiniert ist.[19] Das Verhalten determinierter Systeme wie das eines Doppelpendels kann also unvorhersagbar sein.

Ganz unabhängig von dem Problem der Vorhersagbarkeit gibt es allerdings ernsthafte Zweifel daran, dass unsere Welt ein determiniertes System ist, ja es ist sogar umstritten, ob sich die These eines universellen Determinismus überhaupt kohärent formulieren lässt.[20] Allerdings ist es innerhalb der Diskussion um das Problem der Willensfreiheit nicht unbedingt notwendig, einen universellen Determinismus oder Indeterminismus zu behaupten; relevant ist allein die Frage, ob menschliche Willensakte bzw. die ihnen zugrunde liegenden neuronalen Prozesse determiniert sind. In diesem Falle würde also der Zustand unseres volitionalen Systems zum Zeitpunkt *t* zusammen mit den relevanten Naturgesetzen und den gegebenen Umweltbedingungen den Zustand dieses System zu jedem beliebigen späteren Zeitpunkt *t´* festlegen. Mit anderen Worten: Unter gegebenen Umweltbedingungen würde auf eine bestimmte Ausgangslage immer wieder derselbe Willensakt folgen.

Kompatibilismus und Inkompatibilismus

In den Augen vieler Autoren ist die Determinismusthese, gleich wie man sie formuliert, unvereinbar mit der Forderung nach alternativen Handlungsmöglichkeiten. Wenn von vornherein feststeht, was passiert, dann kann es eben auch keine alternativen Handlungsmöglichkeiten geben. Und da die Existenz alternativer Handlungsmöglichkeiten in den Augen dieser Autoren eine zentrale Bedingung für Freiheit darstellt, halten sie Freiheit und Determinismus für nicht miteinander vereinbar oder inkompatibel. Vertreter dieser Auffassung werden daher im Allgemeinen als »Inkompatibilisten« bezeichnet. Ein klassischer Verfechter dieser Position ist Schiller,[21] in jüngerer Vergangenheit ist diese Auffassung u.a. von Chisholm,[22] Van Inwagen,[23] Kane,[24] Popper,[25] Pothast[26] und Seebaß vertreten worden. Manche Inkompatibilisten gehen so weit, den Sinn menschlichen Handelns in einer determinierten Welt in Frage zu stellen. So heißt es etwa bei Gottfried Seebaß:

> Wenn alles Geschehen zeitlos oder im vorhinein festgelegt ist, sind Überlegungen und Handlungen, die ihrem Sinne nach darauf ausgerichtet sind, etwas geschehen zu machen oder Geschehendes aktiv zu beeinflussen, *sinnlos*.[27]

Im Gegensatz dazu glauben Kompatibilisten, dass Freiheit und Determinismus miteinander vereinbar oder eben »kompatibel« sind. Kompatibilistische Theorien finden sich bereits in der Antike – am bekanntesten dürfte die Lehre von Augustinus sein, die wesentliche Grundgedanken der neueren Diskussion über die Willensfreiheit vorwegnimmt.[28] Weitere bekannte klassische Vertreter dieser Position sind Hobbes, Hume und Locke; neuere Ansätze finden sich u.a. bei Moore[29] und Frankfurt;[30] in letzter Zeit haben, wie schon erwähnt, Beckermann[31] und Bieri[32] kompatibilistische Ansätze entwickelt, die sich in einigen wichtigen Punkten mit der hier vertretenen Position decken.

Handlungs- und Entscheidungsfreiheit

Die Unterscheidung zwischen Kompatibilismus und Inkompatibilismus deckt sich in Teilen mit der zwischen Handlungs- und

Entscheidungsfreiheit. Handlungsfreiheit ist eine Domäne des Kompatibilismus. Inkompatibilisten ist diese Konzeption in der Regel zu schwach, sie verlangen daher typischerweise Entscheidungsfreiheit.

Handlungsfreiheit besitzt eine Person, die so handeln kann, wie sie will. Wenn ich den Willen habe, eine Zigarette zu rauchen, und die äußeren Umstände mir die Realisierung der entsprechenden Handlung erlauben, dann besitze ich Handlungsfreiheit. Eingeschränkt wird diese Freiheit also nur durch Faktoren außerhalb meines Körpers. Attraktiv ist diese Position, weil sie über ein vergleichsweise klares Kriterium verfügt und überdies mit dem Determinismus vereinbar ist. Aus Sicht einer Vertreterin der Handlungsfreiheit können freie Handlungen determiniert und determinierte Handlungen frei sein, weil nichts dagegen spricht, dass der Wille seinerseits determiniert ist. Entscheidend ist lediglich die Übereinstimmung von Wille und Handlung. Da der Wille das Kriterium der Freiheit darstellt, ist die Frage nach der Freiheit des Willens aus der Sicht eines Vertreters dieser Position wie etwa Hobbes schlicht sinnlos:

> Sollte mir jemand etwas von einem runden Viereck erzählen, … oder von immateriellen Substanzen, oder von einem freien Subjekt, einem freien Willen oder irgendetwas Freiem, … dann würde ich nicht sagen, dass er sich in einem Irrtum befindet, sondern dass seine Worte bedeutungslos sind, das heißt, sie sind absurd.[33]

Ebenso offensichtlich wie die Vorteile sind allerdings auch die Schwächen dieser Position. Sie ergeben sich im Wesentlichen daraus, dass ihr zufolge vielfach auch solche Handlungen als frei beurteilt werden müssen, die unseren vorwissenschaftlichen Kriterien von Freiheit *nicht* entsprechen. So würden wir einen Alkoholiker, der willentlich nach einer Flasche greift, normalerweise nicht als frei bezeichnen. Ein Vertreter der Handlungsfreiheit müsste zu einem gegenteiligen Ergebnis kommen: Da es keine externen Hindernisse gibt, kann der Alkoholiker so handeln, wie er will – es gibt also keinen Grund, ihm die Handlungsfreiheit streitig zu machen.

Die nächstliegende Reaktion auf dieses Problem besteht in der Forderung, dass eben nicht nur die *Handlung*, sondern auch der *Wille* – bzw. die *Entscheidung* – frei sein muss. Dies ist die Position der *Willens-* bzw. *Entscheidungsfreiheit*,[34] die vor allem von Inkompatibilisten, aber auch von einigen Kompatibilisten eingenommen wird. Zentral für diese Position ist die Forderung, dass der Handelnde auch in seiner Entscheidung frei sein muss. Was das genau heißt, ist allerdings umstritten; ich möchte daher im Folgenden einige Lösungsvorschläge vorstellen, wie sie von Inkompatibilisten und Kompatibilisten gemacht wurden.

Vorschläge aus der neueren Freiheitsdiskussion

Es liegt zunächst nahe, Entscheidungsfreiheit an die Forderung zu binden, dass die Entscheidung nicht nur äußeren Umständen gegenüber, sondern auch im Verhältnis zu den eigenen Wünschen, Überzeugungen und Bedürfnissen des Handelnden autonom ist. Das Prinzip der alternativen Möglichkeiten wird daher hier in einer »strengen« Form angewandt: Die Möglichkeit, anders zu handeln, muss dieser Position zufolge nicht nur unter identischen *externen Umständen*, sondern unter schlechthin identischen Bedingungen, einschließlich der Wünsche, Überzeugungen und Bedürfnisse des Handelnden, bestehen.

Es ist offensichtlich, dass diese Option nicht in einer determinierten Welt besteht – wir haben es also mit einem klaren Fall von Inkompatibilismus zu tun. Der entscheidende Vorteil dieser Position besteht darin, dass sie den Urheber von sämtlichen äußeren Einflussfaktoren unabhängig macht. Dies gilt nicht nur für sehr offensichtliche Fälle wie das obige Beispiel des Alkoholismus, sondern auch für wesentlich subtilere Zwänge wie psychische Abhängigkeiten, ja selbst für Wünsche, Gewohnheiten und Überzeugungen, von denen man ja immer sagen kann, dass sie letztlich ein Produkt von genetischen Anlagen und sozialen Einflüssen sind.

Diese Variante der Entscheidungsfreiheit erscheint daher auf den ersten Blick sehr plausibel; sie wird bis heute von vielen Philosophen vehement verfochten. Dennoch lassen sich hier gravierende Einwände vorbringen. Das entscheidende Problem ergibt sich aus einem Dilemma, in das man gerät, wenn man einerseits fordert, dass unter schlechthin identischen Bedingungen eine andere Handlung möglich sein soll, andererseits aber diese Handlung – im Gegensatz zu einem zufälligen Ereignis – dem Handelnden zuschreiben will. Nur dann können wir ihn schließlich für seine Tat verantwortlich machen. Doch mit welchem Recht schreiben wir die Entscheidung noch einer Person zu, wenn die Handlung doch unabhängig ist von den wichtigsten Überzeugungen, Wünschen und Bedürfnissen, also unabhängig von den Eigenschaften, die wirklich charakteristisch für diese Person sind?

Akteurskausalität

Offensichtlich gerät der Inkompatibilist hier in ein schwerwiegendes Dilemma: Hebt die Forderung, dass eine freie Handlung nicht von Vorbedingungen abhängig sein soll, nicht auch die ebenso notwendige Verbindung zwischen dem Handelnden und seiner Handlung auf? Eine der bekanntesten Antworten auf diese Frage gibt die u.a. von Roderick Chisholm[35] vertretene Konzeption der *Akteurskausalität.* Chisholm geht davon aus, dass eine freie Handlung weder durch ein anderes Ereignis determiniert sein darf, noch darf sie einfach nur zufällig geschehen. Von einer freien Handlung könne nur dann die Rede sein, wenn diese in einem letzten Sinne durch einen Akteur verursacht werde, der selbst keinen weiteren Ursachen mehr unterliegt.

Doch was hat man sich unter einer solchen Verursachung durch den Akteur vorzustellen? Unzureichend wäre es, wenn der Akteur einfach nur ein Ereignis wie etwa einen Willensakt hervorbringen würde, der dann seinerseits zur Ursache der physischen Vorgänge würde, die die Handlung ausmachen. Damit wäre das Problem nämlich nur verlagert, es würde sich sofort wieder die Frage nach den Determinanten des Willensaktes stellen. Ist der Willensakt von anderen Faktoren abhängig, dann ist er nicht frei, weil er determiniert ist; ist er nicht von anderen Faktoren abhängig, dann ist er nicht frei, weil er zufällig zustande gekommen ist. Um diesem Dilemma zu entgehen, postuliert Chisholm, dass der Akteur ein für die Handlung kritisches Ereignis »unmittelbar« verursachen müsse, d. h. ohne dass dieses Verursachen seinerseits ein Ereignis wäre. Der Akteur tritt daher in einer gottähnlichen Rolle, nämlich als ein »unbewegter Beweger« auf.

Nehmen wir also an, ich stünde vor der Entscheidung, eine Spende für eine Organisation zu machen, die den Hunger in der Dritten Welt bekämpft, und nehmen wir weiter an, ich sei längere Zeit zuvor nach reiflicher Überlegung zu der Überzeugung gekommen, dass die Bekämpfung des Hungers in der Dritten Welt nicht nur äußerst dringlich ist, sondern dass dazu auch die finanzielle Unterstützung durch Privatpersonen wie mich selbst gehört. Würde ich jetzt aufgrund meiner Überzeugung zu dem Entschluss kommen, eine Spende zu machen, dann wäre ich in den Augen Chisholms nicht wirklich frei. Voraussetzung für eine wirklich freie Handlung wäre, dass ich ganz unabhängig von meiner Überzeugung als »unbewegter Beweger« in den Entscheidungsprozess eingreife, so dass ich *im Sinne* meiner eigentlichen Überzeugung, aber eben auch *gegen* sie handeln kann.

Chisholm gibt zu, dass es sich hier um eine spezifische »immanente« Art der Kausalität handle, die sich durch die schon genannten Merkmale auszeichnet: Der Akteur bringt hier ein für die Handlung kritisches Ereignis wie z.B. eine neuronale Aktivität hervor, ohne dass dazu von seiner Seite irgendein verursachendes Ereignis oder sonst eine Veränderung erforderlich wäre. Die »immanente« Kausalität ist also eine Beziehung zwischen einem Akteur und einem Ereignis. Sie unterscheidet sich damit prinzipiell von jener Art der Kausalität, die in der physischen Welt vorherrscht und stets als eine Beziehung zwischen einem verursachenden und einem verursachten Ereignis verstanden wird; Chisholm spricht hier von »transeunter« Kausalität. Chisholm sieht in seiner Einführung einer davon abweichenden »immanenten« Kausalität jedoch kein gravierendes, zusätzliches Problem. In Wirklichkeit liefere uns die »immanente« Kausalität, mit der wir als Handelnde aus der Perspektive der ersten Person bestens vertraut sind, erst den Ansatzpunkt zu einem Verständnis der »transeunten« Kausalität, die wir nur aus der Perspektive der dritten Person kennen.

Es mag auf den ersten Blick so aussehen, als sei es Chisholm in der Tat gelungen, eine sehr anspruchsvolle Konzeption von Entscheidungsfreiheit zu entwickeln, ohne dabei die Verbindung von Handlung und Urheber aufzugeben. Chisholm hätte eines der zentralen Probleme des Inkompatibilismus überwunden und gezeigt, dass Freiheit sehr wohl durch die Aufhebung der Determination zu steigern ist.

Hat also Chisholm tatsächlich die Lösung des Dilemmas gefunden? Schauen wir uns dazu seine Theorie etwas genauer an. Die zentrale Rolle in Chisholms Theorie spielt das Konzept der »immanenten« Kausalität: Durch den Verzicht auf ein verursachendes Ereignis löst Chisholm die Handlung aus dem physischen Determinationszusammenhang, gleichzeitig vermag er durch die Bindung der Handlung an die Verursachung durch den Akteur den Unterschied zu bloß zufälligen Ereignissen aufrechtzuerhalten.

Chisholm gibt zu, dass es unklar bleibe, inwiefern der Verweis auf den Akteur dessen Handlung von einem zufälligen Ereignis unterscheidet. Doch dieses Problem stelle sich bei üblichen, »transeunten« Kausalerklärungen ebenso wie hier im Falle der »immanenten« Kausalität.

In Wirklichkeit lässt Chisholm aber außer Acht, dass übliche »transeunte« Kausalerklärungen völlig andere theoretische Ressourcen haben, das Eintreten eines bestimmten Ereignisses verständlich zu machen. Der Grund liegt darin, dass sie das als Ursache fungierende Ereignis beliebig genau beschreiben können. So wird etwa das Zerbrechen einer Scheibe nur deshalb durch den Verweis auf das Auftreffen eines Balls verständlich, weil hier z.B. genauere Angaben über die Geschwindigkeit gemacht werden können, mit der der Ball die Scheibe traf. Dies ist vor allem dann wichtig, wenn man nach den Gründen dafür sucht, dass es in einem anderen, äußerlich vergleichbaren Fall nicht zu einem Zerbrechen der Scheibe gekommen ist, obwohl diese ebenfalls von einem Ball getroffen und damit dessen Wirkung ausgesetzt wurde. Die Erklärung würde sich dann aus den spezifischen Angaben, also beispielsweise aus dem Unterschied in der Aufprallgeschwindigkeit ergeben.

Chisholms »immanente« Kausalität schließt solche spezifischen Aussagen jedoch grundsätzlich aus, weil der Akteur ja nur als unbewegter Beweger in der »immanenten« Verursachung eine Rolle spielt, also sowohl dann, wenn er sich *für,* als auch dann, wenn er sich *gegen* die Spende entscheidet. Genauere Verweise z.B. auf die spezifischen Wünsche, Überzeugungen und Bedürfnisse sind nicht möglich, weil diese Merkmale für die immanente Verursachung ja keine Rolle spielen dürfen. Doch dann macht der Verweis auf den Akteur gerade *nicht* verständlich, warum jeweils diese und keine andere bzw. warum überhaupt eine Handlung vollzogen wurde: Die Rolle des unbewegten Bewegers bleibt ja immer gleich, unabhängig davon, was geschieht.

Im Gegensatz zu Chisholms Behauptung gibt es also einen wesentlichen Unterschied, der die üblichen »transeunten« Kausalbeziehungen zwischen Ereignissen von der »immanenten« Kausalität trennt: Während Kausalbeziehungen zwischen Ereignissen sehr wohl eine Erklärung dafür liefern, warum ein spezifisches Ereignis stattgefunden hat und nicht ausgeblieben ist, besteht diese Möglichkeit bei der »immanenten« Kausalität gerade *nicht.* Doch wenn die Bezugnahme auf den Akteur keine Erklärung dafür liefert, dass diese und nicht eine andere Handlung zustande gekommen ist, dann gibt es auch keinen Grund dafür, ihm diese Handlung zuzuschreiben.

Chisholm verfehlt damit sein Ziel, Zuschreibbarkeit ohne Determination zu erreichen, weil der Verweis auf den Akteur leer bleibt, solange dieser keinen spezifischen Einfluss auf die fragliche Handlung nimmt. Damit aber scheitert Chisholms Ansatz in einem zentralen Punkt; er vermag die Minimalbedingung der Urheberschaft nicht zu erfüllen. Die Theorie der Akteurskausalität liefert also keine Lösung des oben skizzierten Dilemmas.

Ist Freiheit schon aus theoretischen Gründen unmöglich?

Es ist daher kein Wunder, dass diese Theorie, obwohl sie auf den ersten Blick denkbar attraktiv erscheint, heute nur noch eine eher untergeordnete Rolle spielt. Doch was man auch über das Konzept der Akteurskausalität denken mag, immerhin hält es prinzipiell an der Möglichkeit freier Handlungen in unserer Welt fest: Wenn es Fälle von »immanenter« Verursachung gibt, dann gibt es auch Fälle von freien Handlungen. Ob dies so ist oder nicht, ist der Theorie der Akteurskausalität zufolge eine empirische Frage.

Andere Philosophen gehen hier einen entscheidenden Schritt weiter. In ihren Augen müssen wir gar nicht mehr auf empirische Erkenntnisse warten, vielmehr können wir uns schon durch theoretische Überlegungen davon überzeugen, dass es freie Handlungen gar nicht geben *kann*. Im Mittelpunkt steht dabei das oben skizzierte Dilemma des Inkompatibilismus. Es zeigt in den Augen dieser Autoren, dass es Freiheit weder in einer determinierten noch in einer indeterminierten Welt geben kann. Ist eine Handlung determiniert, dann wird sie bestimmt von Faktoren, auf die der Handelnde keinerlei Einfluss hatte, ist sie nicht determiniert, dann ist die Verbindung zwischen dem Handelnden und seiner Handlung unterbrochen und die Handlung kann dem Akteur nicht zugeschrieben werden: In keinem Falle kann hier von Freiheit die Rede sein.

Einer der Vertreter dieser Position ist Galen Strawson.[36] Strawsons zentrale Intuition entspricht der von Chisholm: Unabdingbare Voraussetzung dafür, dass eine Handlung frei sein kann, ist, dass sie nicht determiniert ist. Andernfalls wäre der vermeintliche Urheber nicht die letzte Ursache dessen, was passiert, vielmehr wäre die Handlung aus sozialen und genetischen Bedingungen abzuleiten, die sich dem Einfluss des Urhebers entziehen.[37] Dem Handelnden würde damit jene »ultimative Verantwortung« fehlen, die in Strawsons Augen die zentrale Voraussetzung für Freiheit ist. »Ultimative Verantwortung« bedeutet, dass der Akteur nicht nur für die Tat und die ihr zugrunde liegenden Überzeugungen, Dispositionen und Charaktermerkmale verantwortlich ist, vielmehr muss er auch eine kritische Rolle in der gesamten Kausalgeschichte dieser Überzeugungen, Dispositionen und Charaktermerkmale spielen. Meine Entscheidung, eine Spende für die Bekämpfung des Hungers in der Dritten Welt zu machen, wäre danach einfach deshalb keine freie Entscheidung, weil sie aus Faktoren abzuleiten ist, auf die ich keinen Einfluss hatte. Besäße ich z.B. andere genetische Anlagen oder hätte eine andere Erziehung genossen, dann hätte ich mich vermutlich gegen eine solche Spende entschieden, doch offenbar konnte ich weder meine genetischen Anlagen noch meine Erziehung frei wählen.

Strawsons Position unterscheidet sich von der Chisholms allerdings ganz fundamental, wenn es um die Frage geht, ob die Aufhebung der Determination ein Mehr an Freiheit bringt. Während Chisholm dies unter bestimmten, oben genannten Bedingungen bejaht, hält Strawson dies für ausgeschlossen. Auch die Aufhebung der Determination würde uns nämlich keine ultimative Verantwortung bescheren, sondern nur zufällige Ereignisse. Auch in einer indeterminierten Welt würde es also keine willensfreien Handlungen geben. Wenn die Kausalbeziehung zwischen meinen Überzeugungen bezüglich der Notwendigkeit der Bekämpfung des Hungers und meiner Entscheidung für die Spende durchbrochen würde, dann wäre meine Handlung zwar nicht mehr durch Faktoren determiniert, auf die ich keinen Einfluss habe, gleichzeitig wäre aber die Verbindung zwischen mir und »meiner« Entscheidung durchbrochen. Eine solche Verbindung, so argumentiert Strawson, setzt einfach voraus, dass die Überzeugungen und Bedürfnisse, die mich ausmachen, auch einen Einfluss auf die Handlung bzw. Entscheidung haben.

Damit aber besteht wieder die Gefahr, dass Bedingungen, die sich meinem Einfluss entziehen, mein Handeln determinieren. Einen Ausweg aus diesem Dilemma gäbe es allenfalls dann, wenn ich als Urheber auch meine eigenen Überzeugungen, letztlich also mich selbst, hervorbringen könnte. Doch dies ist offenbar grundsätzlich ausgeschlossen. Selbstschöpfung ist eine inkohärente Vorstellung, weil der Schöpfer gleichzeitig Geschöpf sein müsste. Als Schöpfer müsste er schon vor dem Schöpfungsprozess existieren, als Geschöpf darf er dies gerade nicht, er müsste vielmehr allererst aus diesem Prozess hervorgehen.

Offenbar gibt es unter diesen Voraussetzungen nur die bereits genannte Schlussfolgerung, der zufolge Freiheit *prinzipiell* unmöglich ist – freie Handlungen sind also nicht nur dann ausgeschlossen, wenn sich herausstellen sollte, dass unsere Welt determiniert ist; vielmehr können wir schon aus theoretischen Überlegungen ableiten, dass es keine freien Handlungen geben kann, ganz unabhängig davon, ob sich unsere Welt nun als determiniert erweist oder nicht. In diesem Sinne heißt es bei Galen Strawson:

> Der bekannte Punkt ist der, dass wirkliches Verdienst, so wie wir es normalerweise verstehen, unmöglich ist, wenn der Determinismus zutrifft. Und Willensfreiheit und moralische Verant-

> wortung, die ganz offensichtlich durch den Bezug auf solche Verdienste definiert werden müssen, wenn man versucht, ein zentrales Moment unseres normalen Verständnisses dieser Vorstellungen zu charakterisieren, sind ebenfalls unmöglich. … Aber wirkliche, Verdienste begründende Willensfreiheit ist auch dann unmöglich, wenn der Determinismus falsch ist. Seine Falschheit kann in keiner Weise dazu beitragen, uns Verdienste begründende Freiheit zu geben. Wenn einige Handlungen indeterministische Antezedentien haben, dann kann dies uns nicht in einer Weise für sie verantwortlich machen, dass wir wirklich Lob und Tadel für sie verdienen würden. … Dieses Argument funktioniert unabhängig von irgendeinem Bezug auf Determinismus oder Indeterminismus, und wenn es gültig ist, dann zeigt es, dass Verdienste begründende Willensfreiheit nachweisbar unmöglich ist – unmöglich, egal ob der Determinismus wahr oder falsch ist.[38]

Galen Strawson ist nicht der einzige Vertreter dieser Position. Ähnliche Vorstellungen finden sich bei Thomas Nagel,[39] aber auch Peter Van Inwagen[40] hat neuerdings eine vergleichbare Auffassung geäußert; innerhalb der deutschen Literatur ist diese Position von Barbara Guckes[41] vertreten worden.

Schauen wir uns Galen Strawsons Argument noch ein wenig näher an. Die Vorstellung von ultimativer Verantwortung, auf der Strawsons Freiheitsbegriff basiert, impliziert, dass eine Handlung nicht determiniert sein darf, weil sie sonst auf Ereignisse zurückgeführt werden könnte, die nicht der Kontrolle der Handelnden unterliegen. Gleichzeitig impliziert diese Vorstellung aber auch, dass die Handlung nicht indeterminiert sein darf, weil die Handelnde ansonsten den Einfluss auf »ihre« Handlungen verlieren würde. Dies zeigt, dass Strawsons Vorstellung von ultimativer Verantwortung und damit auch sein Freiheitsbegriff offenbar inkohärent sind: Sie implizieren nämlich, dass eine freie Handlung nicht determiniert und auch nicht indeterminiert sein darf.

Kann man unter diesen Voraussetzungen wirklich sagen,

dass es Freiheit »nicht gibt«, so wie man sagen kann, dass es keine Einhörner oder kein Perpetuum mobile gibt? Dies ist offensichtlich nicht der Fall. Erstens gilt dies, weil Aussagen über die Freiheit einer Handlung bzw. über die Nichtexistenz freier Handlungen einfach unverständlich zu werden drohen, wenn man den Freiheitsbegriff von Strawson akzeptiert. Begriffe wie »Einhorn« oder »Perpetuum mobile« liefern uns klare Kriterien, die ein Objekt erfüllen muss, damit es unter einen dieser Begriffe subsumiert werden kann. Doch wenn die obige Analyse stimmt, dann gilt dies für Galen Strawsons Begriff von Freiheit gerade *nicht.* Seiner Analyse zufolge wäre Freiheit ein inkohärenter Begriff, so ähnlich wie »Dreiecksquadrat« oder »verheirateter Junggeselle«. Die Inkohärenz solcher Begriffe hat zur Folge, dass auch die Aussagen, in denen sie vorkommen, leer und gleichzeitig unverständlich sind. Während wir durch die Behauptung, dass es keine Einhörner gibt, etwas über unsere Welt erfahren, ist die Aussage, dass es keine Dreiecksquadrate gibt, keine Aussage über unsere Welt, sondern einfach eine leere Trivialität. Gleichzeitig ist sie aber auch unverständlich: Während nämlich jemand, der behauptet, dass es keine Einhörner gibt, uns eine sehr genaue und in sich kohärente Vorstellung von den fraglichen Lebewesen verschaffen kann, fehlt einer Person, die die Existenz von Dreiecksquadraten bestreitet, prinzipiell jede Möglichkeit, verständlich zu machen, wie die Objekte beschaffen sein müssen, die es ihrer Meinung nach nicht gibt. Der Verweis darauf, dass solche Objekte gleichzeitig dreieckig und viereckig sein müssen, hilft hier nicht weiter, denn er wiederholt einfach nur die miteinander unvereinbaren Kriterien.

Das Gleiche würde auch für den Freiheitsbegriff gelten: Die Behauptung »Es gibt keine freien Handlungen« wäre einfach leer und unverständlich, weil sie nur besagen würde, dass es keine Handlungen gibt, die gleichzeitig determiniert und indeterminiert sind. Auch dies ist keine Aussage über unsere Welt und damit auch keine Aussage über Handlungen in dieser Welt. Dies wird auch daran deutlich, dass es wiederum unverständlich bleibt, wie denn die Handlungen beschaffen sein müssten, deren Existenz bestritten werden soll. Strawson und die anderen Vertreter dieser Position haben also keineswegs einen theoretischen Beweis dafür erbracht, dass Freiheit nicht existiert. Folgern lässt sich aus diesen Theorien eigentlich nur, dass der von ihnen vorgeschlagene Begriff von Freiheit unbrauchbar zur Klassifikation oder Beschreibung von Handlungen ist.

Damit verfehlen diese Theorien zweitens auch das Ziel einer philosophischen Analyse des vorwissenschaftlichen Freiheitsbegriffes, nämlich die Bereitstellung eines klaren und kohärenten Konzeptes. Nun ist es keineswegs ausgeschlossen, dass sich unsere vorwissenschaftlichen Intuitionen einfach als zu widersprüchlich für eine klare und kohärente Konzeption von Freiheit erweisen. Doch solange es konkurrierende Analysen des Freiheitsbegriffs gibt, die solche Inkohärenzen vermeiden und damit eines der zentralen Ziele solcher Analysen verwirklichen, verdienen diese prinzipiell den Vorzug, vorausgesetzt, sie lassen nicht wesentliche vorwissenschaftliche Intuitionen außer Acht. Dies bedeutet, dass solche Analysen den von Strawson und den anderen Vertretern dieser Position hervorgehobenen Widerspruch auflösen müssten. Sie müssten also entweder zeigen, wie wahre Urheberschaft auch in einer indeterminierten Welt möglich ist, oder deutlich machen, warum in einer determinierten Welt eine Handlung einer Person auch dann zugeschrieben werden kann, wenn sich die Handlung auf genetische und soziale Faktoren zurückführen lässt, die dem Einfluss der Person entzogen sind.

Nur am Rande möchte ich bemerken, dass selbst Vertreter der Strawsonschen Position zugeben müssen, dass es jenseits der leider unmöglichen »echten« Freiheit andere wichtige und klärungsbedürftige Unterschiede hinsichtlich der Freiheit bzw. Selbstbestimmtheit von Handlungen gibt. Die Differenz zwischen einer Handlung, die durch äußeren Zwang veranlasst wird, und einer Handlung, die aus den tiefsten Überzeugungen des Handelnden erwächst, verschwindet ja nicht dadurch, dass sich das Prinzip der ultimativen Verantwortung und damit auch die auf diesem Prinzip basierende Vorstellung von Freiheit als inkohärent erweisen. Aufgabe einer philosophischen Theorie der Willensfreiheit könnte es daher immer noch sein, diese Unterschiede zu konkretisieren und zu systematisieren.

Lösung durch den Dualismus?

Fragen kann man sich allerdings, warum uns das Prinzip der ultimativen Verantwortung trotz seiner Inkohärenz so plausibel erscheint. Der Verdacht liegt nahe, dass hier wie auch bei anderen scheinbar anspruchsvollen Konzeptionen der Willensfreiheit ein impliziter Dualismus eine wichtige Rolle spielt. In diesem Sinne hat Ansgar Beckermann argumentiert, dass bei vielen Vertretern derartiger Theorien »eine im Kern Cartesianische Konzeption des Selbst zugrunde« liege.[42] Tatsächlich: Unterstellt man die Existenz eines immateriellen Ich, dann könnte eine Aufhebung des Determinismus »Raum« für dessen Eingreifen schaffen, ohne dass damit die Zuschreibbarkeit der Handlung in Frage gestellt würde. Durch seine Bestimmung von Handlungen würde jenes immaterielle Ich an die Stelle der Naturkausalität treten und Entscheidungen hervorbringen, die dem Einfluss aller externen Faktoren in unserer materiellen Welt entzogen sind. Die oben skizzierte Inkohärenz scheint im Rahmen einer dualistischen Ontologie einfach deshalb nicht aufzutreten, weil ein Ereignis, das nicht dem Determinismus der Naturgesetze unterliegt, natürlich noch durch immaterielle Einflüsse bestimmt sein kann.

Damit aber zeigt sich, dass auch der Dualismus das Problem nicht löst, sondern nur verlagert. Auch einem immateriellen Ich könnte man eine Handlung nur zuschreiben, sofern sich die Handlung auf dieses Ich zurückführen ließe. Zweifellos wären dazu physikalische Kausalbeziehungen nicht ausreichend, vielmehr müsste man irgendeine Art psychophysischer Einflussnahme unterstellen. Die Probleme, die in diesem Zusammenhang auftreten, sind zu bekannt, als dass sie noch einmal eigens erörtert werden müssten. Hier möchte ich nur darauf hinweisen, dass sich an der generellen Problematik im Rahmen eines dualistischen Ansatzes überhaupt nichts verändern würde: Es muss nach wie vor eine einsichtige Beziehung zwischen dem Handelnden und seiner Handlung geben, doch damit wird ausgeschlossen, dass das fragliche Ereignis einfach schlechthin indeterminiert ist. Tatsächlich bleibt die Vorstellung eines immateriellen Ich, das seine Entscheidungen in einer indeterminierten Welt unabhängig von physikalischen Kausalgesetzen trifft, nur solange wirklich überzeugend, wie man eine nicht-physikalische Bestimmung eigener Entscheidungen durch dieses Ich unterstellt.[43] Dies war im Übrigen auch Descartes' Konzeption, die Willensfreiheit eindeutig von Unbestimmtheit unterscheidet.[44] Damit aber tritt das bekannte Dilemma wieder auf: Die Entscheidung des immateriellen Ich darf nicht undeterminiert sein, da sie sonst nicht zuschreibbar wäre. Ist sie aber determiniert, dann kann sie wieder auf Faktoren zurückgeführt werden, die sich dem Einfluss eines immateriellen Ich entziehen. Auch dessen Einstellungen werden ja entweder durch den Entstehungsprozess, beispielsweise einen göttlichen Schöpfungsakt, und spätere Einflüsse und Erfahrungen festgelegt oder sie entstehen zufällig; Prozesse, die vor der Entstehung des Ich ablaufen, entziehen sich daher trivialerweise dessen Einfluss – genauso, wie das bei einem materiellen Ich auch der Fall ist.

Urheberschaft ohne Abhängigkeit?

Dies bedeutet, dass der Dualismus nur die scheinbare Plausibilität des Prinzips der ultimativen Verantwortung verständlich macht; er vermag jedoch weder die Inkohärenz dieser Vorstellung zu beseitigen, noch bietet er eine Lösung für das Dilemma des Inkompatibilismus. Es gibt allerdings noch einen anderen, besonders raffinierten Ansatz, das Dilemma zu vermeiden und Urheberschaft mit der Abwesenheit einer deterministischen Abhängigkeitsbeziehung zu vereinbaren. Dies ist die so genannte Theorie der »teleologischen Intelligibilität«. Die Theorie versucht zu zeigen, dass eine Handlung im Hinblick auf ihr Ziel verständlich gemacht und damit ihrem Urheber zugeschrieben werden kann, auch wenn sie nicht determiniert ist. Urheberschaft wäre in diesem Falle auch dann möglich, wenn keine deterministische Abhängigkeit der Handlung vom Urheber bestünde.

Der am weitesten entwickelte Ansatz in dieser Richtung stammt von Robert Kane.[45] Wie praktisch alle anderen Teilnehmer an der Debatte um das Problem der Willensfreiheit akzeptiert auch Kane die Forderung nach der Zuschreibbarkeit einer Handlung. Zu erfüllen sei diese Forderung nur dann, wenn Erkenntnisse über den Urheber Auskunft darüber geben, warum dieser in der fraglichen Situation so und nicht anders gehandelt hat. Gleichzeitig vertritt auch Kane das Autonomieprinzip in einer sehr starken Form: Von wirklicher Autonomie kann in seinen Augen nur dann die Rede sein, wenn der Handelnde in einem letzten Sinne für sein Tun verantwortlich gemacht werden kann. Dies bedeutet nach Kane, dass keine andere Ursache als der Handelnde selbst in Frage kommt: Notwendig ist daher auch in seinen Augen eine Unterbrechung der »Kausalkette«.[46]

Im Prinzip macht Kane sich damit Forderungen zu Eigen, die unter Inkompatibilisten sehr weit verbreitet sind. Ebenso originell wie raffiniert ist jedoch sein Lösungsvorschlag. Kane geht davon aus, dass freie Handlungen typischerweise in Konfliktfällen auftreten, also dann, wenn der Handelnde starke Gründe sowohl *für* als auch *gegen* die Ausführung einer bestimmten Handlung hat. Da sich diese Gründe auf den Handelnden zurückführen lassen, ist das Urheberprinzip erfüllt.

Dem Autonomieprinzip in der strikten, hier gemeinten Fassung ebenso wie der Forderung nach Aufhebung der Determination sucht Kane nun dadurch gerecht zu werden, dass er die eigentliche Entscheidung noch von einem zusätzlichen Glaubensakt abhängig macht. Dieser Glaubensakt soll sich auf die Relevanz der miteinander konkurrierenden Gründe beziehen. Wenn die Person also glaubt, dass die *für* die Handlung sprechenden Gründe wichtiger sind, dann wird sie sich *für* die Handlung entscheiden. Geht die Person dagegen davon aus, dass die *gegen* die Handlung sprechenden Gründe wichtiger sind, dann wird sie sich auch *gegen* die Handlung entscheiden. Das erforderliche Moment der Indetermination kommt nun durch diesen Glaubensakt ins Spiel. Dieser, so fordert Kane, darf *nicht* determiniert sein.

Die Konsequenzen sind nicht schwer zu erkennen: Da die Entscheidung insgesamt von diesem Glaubensakt abhängig ist, ist auch sie nicht determiniert. Dennoch ist das Problem der Zuschreibung in den Augen Kanes gelöst, schließlich sind alle Gründe, die hier miteinander konkurrieren, Gründe des Handelnden selbst. Zwar ist es voraussetzungsgemäß vor dem Vollzug der Handlung unklar, welche Gründe der Handelnde für wichtiger halten und damit zur Grundlage seiner Entscheidung machen wird – schließlich soll die Handlung ja indeterminiert sein. Dieser noch fehlende Stein im Puzzle lässt sich jedoch dem Ausgang der Handlung selbst entnehmen: Er zeigt, welchen Glaubensakt der Handelnde letztlich vollzogen hat. Damit, so argumentiert Kane, gewinnen wir die erforderliche Erklärung und können dem Urheberprinzip gerecht werden.

Kane sucht überdies zu zeigen, dass es solche Handlungen in unserer Welt tatsächlich gibt. Er glaubt aus der Quantentheorie derartige Momente von Indeterminiertheit ableiten zu können, die auch auf der makroskopischen Ebene relevant sind; insofern gibt es in seinen Augen gute Gründe für die Annahme, dass wir tatsächlich frei im Sinne seiner Konzeption sind.

Kanes Theorie stellt wie gesagt den wohl raffiniertesten Versuch dar, den Inkompatibilismus mit der Forderung nach Urheberschaft zu vereinbaren. Ist es Kane also gelungen, das Dilemma des Inkompatibilismus aufzulösen? Es lässt sich unschwer zeigen, dass dies nicht der Fall ist. Nehmen wir an, ich stehe vor der Frage, ob ich meine Tochter wegen irgendeines Vergehens bestrafen soll. *Für* die Strafe spricht, dass damit zumindest kurzfristig die Wahrscheinlichkeit steigt, dass meine Tochter sich an diese und auch an andere Regeln hält; *gegen* die Strafe spricht neben allgemeinen Vorbehalten vor allem, dass es zumindest langfristig besser sein könnte, mein Kind innerlich zu überzeugen, statt es durch äußeren Druck zu einer bloßen Verhaltensänderung zu bewegen. Nach langem Nachdenken komme ich schließlich zu der – nicht determinierten – Überzeugung, dass die Gründe, die für die Bestrafung sprechen, wichtiger sind, und führe diese Handlung auch aus.

Meine Handlung war also letztlich nicht determiniert; dennoch lassen sich sowohl die Motive, die *für*, als auch diejenigen, die *gegen* die Handlung sprechen, mir zurechnen, außerdem kann man zumindest im Nachhinein erklären, warum ich diese und nicht eine andere Handlung vollzogen habe: Ich habe nämlich geglaubt, dass die Gründe, die *für* diese Handlung sprechen, wichtiger sind als diejenigen, die *dagegen* angeführt werden können. Das entscheidende Glied in dieser Kette ist offensichtlich die Erklärung dafür, dass ich *diesen* und keinen *anderen* Glaubensakt vollzogen habe, schließlich ist dieser Glaubensakt dafür verantwortlich, dass ich so und nicht anders gehandelt habe. Natürlich kann man mir sowohl die Motive für als auch die Motive gegen die fragliche Handlung zuschreiben. Erklären lässt sich damit aber nur, warum ich davon abgesehen habe, eine ganz andere Handlung zu vollziehen, die beiden Motiven widersprochen hätte, etwa das Fehlverhalten meines Kindes einfach zu ignorieren. Doch um diese Frage ging es hier nicht. Zur Diskussion steht nicht eine Erklärung dafür, warum ich überhaupt auf das Verhalten meiner Tochter reagiert habe, vielmehr wollten wir wissen, warum ich mich zu einer Strafe entschlossen habe, statt zu versuchen, auf die Überzeugungen meiner Tochter einzuwirken. Wollen wir zeigen, dass *ich* dafür verantwortlich bin, dass das Kind bestraft und nicht belehrt wurde, dann muss es möglich sein, auch den hierfür entscheidenden Glaubensakt auf mich zurückzuführen. Dazu reicht es jedoch nicht, einfach – wie von Kane vorgeschlagen – aus dem Vollzug der Handlung zu schließen, wie denn dieser Glaubensakt ausgesehen haben muss. Kane selbst gibt den zirkulären Charakter seines Verfahrens zu, glaubt aber, dass es dennoch »informativ« sei.

Vielleicht ist es tatsächlich informativ, doch sicherlich kann keine Rede davon sein, dass wir damit dem Akteur eine Handlung zugeschrieben hätten. Wichtig ist zum einen, dass Kanes Modell nur anwendbar ist, wenn die handelnde Person beide Alternativen akzeptiert und damit der Wahl gegenüber fast indifferent ist. Damit wären Handlungen, die sich auf eindeutige, für die Person konstitutive Überzeugungen zurückführen lassen, nicht frei. Dies erscheint jedoch sehr unplausibel: Schon Descartes bezeichnet die Indifferenz völlig zu Recht als die schwächste Form von Freiheit.[47]

Ein weiteres Problem ergibt sich daraus, dass der Glaubensakt nicht determiniert sein soll. Aus diesem Grund ist es nicht nur vor dem Eintreten dieses Aktes unmöglich, ihn zu prognostizieren, vielmehr haben wir nach dem Eintreten dieses Aktes auch keine Möglichkeit, ihn zu *erklären*. Wir können aus dem Eintreten der Handlung erschließen, *dass* dieser und nicht ein anderer Glaubensakt vollzogen worden ist, doch wir wissen nicht, *warum* dies der Fall ist. Eine Erklärung ist daher nicht möglich; damit aber entfällt auch die Grundlage dafür, diesen Glaubensakt dem Handelnden zuzuschreiben. Und da der Glaubensakt letztlich entscheidend für die Wahl zwischen den beiden zur Verfügung stehenden Handlungsoptionen ist, können wir auch diese Wahl nicht erklären. Damit aber verfehlt Kane das selbstgesteckte Ziel; von einem besonders anspruchsvollen Freiheitsbegriff kann also hier keine Rede sein, und das Dilemma des Inkompatibilismus bleibt erhalten.

Einen Willen wünschen: Freiheit in einer determinierten Welt

Es sieht daher so aus, als wären die Probleme des Inkompatibilismus nicht so ohne weiteres zu lösen. Bevor ich meinen eigenen Vorschlag entwickle, möchte ich daher zumindest noch einen kompatibilistischen Ansatz vorstellen, nämlich den von Harry G. Frankfurt,[48] der die Diskussion über den Kompatibilismus in den letzten Jahren maßgeblich beeinflusst hat.[49] Grundlegend für Frankfurts Konzeption ist die Unterscheidung zwischen Wünschen erster und Wünschen zweiter Stufe. Während Wünsche erster Stufe sich auf beliebige Sachverhalte richten, haben Wünsche zweiter Stufe andere Wünsche zum Gegenstand.

So könnte ich einen Wunsch erster Stufe haben, eine Tafel Schokolade zu essen; gleichzeitig könnte dieser Wunsch Gegenstand eines Wunsches zweiter Stufe sein, beispielsweise des Wunsches, den Wunsch erster Stufe *nicht* zu besitzen, also kein Verlangen nach Schokolade zu haben. Frankfurt dehnt außerdem die übliche Unterscheidung zwischen Wünschen und Willensakten auf beide Stufen aus: Ist ein Wunsch erster Stufe handlungswirksam, dann wird er zum Willen; hat eine Person den Wunsch zweiter Stufe, dass ein bestimmter Wunsch erster Stufe zu ihrem Willen wird, dann besitzt sie eine *Volition* zweiter Stufe.

Das obige Beispiel zeigt einen wichtigen Aspekt der Frankfurtschen Unterscheidung: In den Wünschen zweiter Stufe kommen nämlich gewisse reflexive Fähigkeiten zum Ausdruck, die es dem Subjekt erlauben, die Wünsche erster Stufe im Lichte von generellen Überzeugungen und Bedürfnissen zu bewerten. Die Fähigkeit, Wünsche zweiter Stufe auszubilden, ist für Frankfurt gleichzeitig das zentrale Merkmal von Personen; Tiere sind dagegen nur zu Wünschen erster Stufe fähig.

Die Unterscheidung zwischen Wünschen erster und zweiter Stufe bildet die Basis für Frankfurts Konzeption der Entscheidungsfreiheit. Wie oben gezeigt, wird Handlungsfreiheit im Allgemeinen als die Übereinstimmung zwischen einer Handlung und einem Willensakt erster Stufe verstanden. Analog dazu definiert Frankfurt Willens- bzw. Entscheidungsfreiheit als die Übereinstimmung zwischen einem handlungswirksamen Wunsch erster und dem entsprechenden Wunsch zweiter Stufe. Frei in diesem Sinne bin ich also, wenn ich den Willen, der faktisch mein Handeln bestimmt, auch zu haben wünsche. Wenn ich meinen Wunsch nach einer Tafel Schokolade zu meinem Willen mache, dann bin ich in den Augen Frankfurts frei, sofern ich diesen Willen auch zu haben wünsche, wenn er also einer Volition zweiter Stufe entspricht. Wird mein Handeln dagegen von einem Wunsch bestimmt, den ich nicht zu haben wünsche, dann bin ich nicht frei.

Frankfurt hält es nicht für ausgeschlossen, dass ich einen Wunsch zweiter Stufe zum Gegenstand eines Wunsches dritter Stufe mache, der dann seinerseits Gegenstand eines Wunsches vierter Stufe wird etc. Dies scheint insbesondere dann möglich zu sein, wenn ich mir in meiner Einstellung zu dem ursprünglichen Wunsch nicht sicher bin. Identifiziere ich mich jedoch vorbehaltlos mit einem Wunsch erster Stufe, dann soll der reflexive Prozess bereits auf der zweiten Stufe abgeschlossen sein.

Frankfurts Ansatz zählt nicht ohne Grund zu den wichtigsten kompatibilistischen Theorien der Entscheidungsfreiheit, schließlich besitzt er zumindest auf den ersten Blick eine sehr hohe Plausibilität. Dennoch lassen sich auch hier schwerwiegende Einwände vorbringen. Die zentrale Frage betrifft die Hierarchie der Willensakte: Wenn die Freiheit eines Willensaktes erster Stufe die Übereinstimmung mit einem Wunsch zweiter Stufe voraussetzt, warum setzt dann die Freiheit eines Wunsches zweiter Stufe nicht die eines Wunsches dritter Stufe voraus etc.? Offenbar droht hier ein Regress.[50] Dabei wäre die Antwort, der Wunsch zweiter Stufe müsse gar nicht frei sein, offensichtlich unbefriedigend, da nicht zu erkennen ist, wie ein Willensakt erster Stufe kraft seiner Abhängigkeit von einem unfreien Wunsch zweiter Stufe frei sein soll. Es ist ja in der Tat nicht schwer vorzustellen, dass z.B. meine Missbilligung des Wunsches nach einer Tafel Schokolade durch einen Wunsch zweiter Stufe das direkte Produkt meiner Erziehung ist. Zumindest auf den ersten Blick liefert meine Abhängigkeit von der Erziehung ein Argument gegen die Freiheit der eigentlichen Handlung.

Frankfurt selbst sucht dem Regress zu entgehen, indem er darauf verweist, dass wir uns oft bestimmte Merkmale und Einstellungen »von ganzem Herzen« zu eigen machen und damit eine »Kohärenz innerhalb des Systems von Wünschen und Volitionen zweiter Stufe«[51] herstellen. In diesem Falle stellt sich in den Augen Frankfurts die Frage nach Wünschen dritter und vierter Ordnung gar nicht mehr: Wenn ich mich also voll und ganz mit meiner Liebe zu meinen Kindern identifiziere, dann ist nicht zu erwarten, dass es einen Wunsch fünfter oder noch höherer Ordnung gibt, der dieser Liebe widerspricht.

Ich glaube nicht, dass Frankfurt damit die eigentliche Frage beantwortet. Um dies zu erkennen, muss man zwei eng miteinander zusammenhängende Probleme unterscheiden. Zum einen geht es darum, ob das hierarchische Modell Frankfurts *im Einzelfall* Antworten auf die Frage nach der Freiheit einer Handlung liefert. Dies träfe dann nicht zu, wenn im konkreten Fall nicht ausgeschlossen werden könnte, dass es immer noch einen abweichenden Wunsch höherer Stufe gibt. Selbst wenn ich also den Wunsch vierter Stufe kenne, könnte ich keine endgültige Antwort über die Freiheit einer Handlung geben, weil es immer noch einen mir unbekannten Wunsch fünfter Stufe geben kann etc. Frankfurts Antwort scheint dieses Problem zu lösen: Wenn ich einen Wunsch von ganzem Herzen akzeptiere, dann muss ich mit keinem abweichenden Wunsch höherer Ordnung rechnen.[52]

Unabhängig hiervon stellt sich jedoch die grundsätzlichere Frage, ob Frankfurts hierarchisches Modell *überhaupt* ein adäquates Kriterium für die Zuschreibung von Freiheit liefert. Das Problem ergibt sich daraus, dass Hierarchien offenbar Legitimation nicht generieren, sondern nur transferieren können: Ein untergeordneter Beamter wird seine Tätigkeit nicht durch die Abhängigkeit von einem König legitimieren können, dessen Macht illegitim ist – es wird ihm allenfalls gelingen, die mangelnde Legitimität seines eigenen Tuns zu verschleiern.

Das Gleiche gilt für die Zuschreibung von Freiheit: Der Verweis auf einen Wunsch zweiter Stufe kann die Zuschreibung von Freiheit nur dann legitimieren, wenn dieser Wunsch zweiter Ordnung bestimmte Eigenschaften hat, die für die Freiheit relevant sind.

Frankfurt scheint hier an den reflexiven Charakter bestimmter Wünsche zu denken, durch den unsere allgemeinen Wertvorstellungen und unsere tief verwurzelten Überzeugungen zum Ausdruck kommen. Außerdem spricht er in seinen späteren Arbeiten davon, dass wir uns um unsere eigenen Wünsche »sorgen«. Es ist jedoch zum einen unklar, ob es sich hier wirklich um spezifische Eigenschaften von Wünschen zweiter Ordnung handelt, zweitens fehlt hier ein überzeugendes Argument dafür, dass der reflexive Charakter solcher Wünsche wirklich die Zuschreibung von Freiheit rechtfertigt. Warum sollten meine grundsätzlichen Werte und Überzeugungen, die in solchen Reflexionsprozessen zum Ausdruck kommen, nicht genauso unfrei sein wie meine ursprünglichen Wünsche erster Stufe?[53]

Es kommt hinzu, dass Frankfurt in seiner Theorie keinen Platz für alternative Handlungsmöglichkeiten lässt: Wenn ich aufgrund eines Merkmals gehandelt habe, mit dem ich mich wirklich von ganzem Herzen identifiziere, dann hätte ich in den Augen Frankfurts nicht anders handeln können. Zwar glaubt

Frankfurt sich hier auf ein raffiniertes Argument stützen zu können, demzufolge Freiheit die Existenz alternativer Handlungsmöglichkeiten nicht erfordert; es wird sich jedoch weiter unten[54] herausstellen, dass dieses Argument nicht erfolgreich ist.

Personale Freiheit: Eine Minimalkonzeption

Zwei Prinzipien

Frankfurt liefert also ebenso wenig wie Chisholm und Strawson eine wirklich überzeugende Theorie der Entscheidungsfreiheit – auch wenn sich in seinem Ansatz zweifellos wichtige Hinweise finden.

Ich werde daher im Folgenden einen anderen Weg gehen und die bereits angekündigte Minimalkonzeption der personalen Freiheit entwickeln. Basis dieser Konzeption sind zwei Annahmen darüber, was Freiheit *nicht* ist. Diese Annahmen sind sowohl in unserer alltäglichen Praxis wie in der wissenschaftlichen Diskussion um das Problem der Willensfreiheit praktisch unumstritten. Offenbar müssen wir freie Handlungen grundsätzlich von zwei Typen von Geschehnissen abgrenzen, die wir in keinem Falle als frei bezeichnen würden: Von erzwungenen Handlungen und von zufälligen Ereignissen. Jede Konzeption von Freiheit muss also diese beiden Unterscheidungen begründen können. Dies gilt völlig unabhängig davon, welche weiteren Überzeugungen in Bezug auf freie Handlungen man besitzt oder welche Kriterien man im Einzelnen für relevant hält. Auch wenn man glaubt, mit relativ schwachen Anforderungen auszukommen, wird man zeigen müssen, dass man auf diese Weise freie von erzwungenen bzw. zufälligen Handlungen unterscheiden kann. Das Gleiche gilt erst recht für einen anspruchsvollen Ansatz: Eine solche Theorie würde hinter eine einfachere Konzeption zurückfallen, sollte sie uns nicht die Möglichkeit geben, freie Handlungen von erzwungenen Verhaltensweisen ebenso abzugrenzen wie von zufälligen Aktivitäten.

Ich möchte im Folgenden zeigen, dass diese unerlässliche Abgrenzung an zwei Prinzipien gebunden ist: An *Autonomie* und *Urheberschaft*. Hier handelt es sich um Minimalbedingungen, die jede Freiheitskonzeption erfüllen muss, wenn sie die genannten Abgrenzungen leisten soll. Ich werde zunächst diese beiden Prinzipien vorstellen, um anschließend den Begriff der Selbstbestimmung zu erläutern, durch den sich diese Prinzipien besonders gut erfassen lassen. Dies erfordert schließlich eine Klärung der Frage nach dem Subjekt dieser Selbstbestimmung. Im nächsten Kapitel werde ich dann der Frage nachgehen, ob die hier vorgelegte Minimalkonzeption nicht einfach zu schwach ist. Hierzu werde ich sowohl vorwissenschaftliche Intuitionen als auch wichtige philosophische Argumente diskutieren, die zeigen könnten, dass eine stärkere Konzeption *nötig* ist. Außerdem werde ich die Frage stellen, ob eine stärkere Konzeption von Freiheit nicht zumindest *möglich* ist.

Es wird sich dabei herausstellen, dass die hier vorgelegte Minimalkonzeption von personaler Freiheit, sofern sie richtig ausformuliert und begründet wird, erstens allen zentralen vorwissenschaftlichen Intuitionen gerecht wird. Zweitens scheiden vermeintlich stärkere Konzeptionen einfach deshalb aus, weil sie stets gegen eines der beiden Prinzipien verstoßen. Versuche, Freiheit durch eine Aufhebung der Determination zu steigern, verletzen in der Regel das Prinzip der Urheberschaft. Personale Freiheit ist also alles, was man benötigt und verlangen kann, wenn man von Freiheit spricht.

Das Autonomieprinzip

Freie Handlungen müssen also erstens von Ereignissen unterschieden werden, die unter Zwang oder vollständig unter dem

Diktat externer Notwendigkeiten zustande gekommen sind. Es ist nicht ganz trivial zu bestimmen, was genau unter Zwang und unter externen Notwendigkeiten zu verstehen ist. Doch *wenn* eine Handlung auf diese Weise zustande gekommen ist, dann würden wir sie in keinem Falle mehr als frei bezeichnen.

Dies ist offensichtlich bei Zwang. Ich bezeichne als Zwang solche externen Einflussfaktoren, die das Zustandekommen einer Handlung *gegen* den Willen des Handelnden bewirken oder bewirken können.[55] Sollte sich herausstellen, dass der vermeintliche Mörder nur durch einen für ihn nicht zu überwindenden äußeren Zwang zu seiner Tat gebracht werden konnte, dann könnte man ihn nicht mehr für die Tat verantwortlich machen. Relevant ist hier allerdings nicht nur die Ausübung von Zwang, vielmehr würden wir auch dann nicht mehr von Freiheit sprechen, wenn der Handelnde vollständig von außen gesteuert ist, etwa durch Hypnose, mit Hilfe von Psychopharmaka oder durch einen ins Gehirn implantierten Chip.

Der entscheidende Punkt scheint in beiden Fällen darin zu bestehen, dass eine freie Handlung sich nicht ausschließlich auf *externe* Umstände zurückführen lassen darf – auch wenn externe Faktoren schon allein deshalb immer eine wichtige Rolle spielen werden, weil sie die Bedingungen bilden, unter denen wir gegebenenfalls frei handeln. Zwar gibt es grundlegende Differenzen bezüglich der Frage, wo die Grenze zu ziehen ist zwischen »internen« Faktoren, die dem Handelnden zugerechnet werden können, und »externen« Rahmenbedingungen, die ihm nicht zuzurechnen sind. Die Grenze des eigenen Körpers ist hier offenbar ungeeignet, da physische und psychische Abhängigkeiten wie Alkoholismus oder Kleptomanie von Faktoren ausgehen, die innerhalb des eigenen Körpers zu verorten sind.

Doch unabhängig davon, wo die Grenze verläuft: In jedem Falle dürfen freie Handlungen nicht ausschließlich auf äußere

Umstände zurückzuführen sein. Diese Forderung werde ich im Folgenden als das »*Autonomieprinzip*« bezeichnen.[56]

Das Urheberprinzip

Freie Handlungen müssen zweitens auch von zufälligen Ereignissen abgegrenzt werden. Sollten wir erfahren, dass eine zufällige neuronale Aktivität im Motorkortex einer Person dafür verantwortlich war, dass die Person einen Schuss abgegeben hat, dann könnten wir ebenfalls nicht mehr von einer freien Handlung sprechen. Der Grund besteht offenbar darin, dass sich die fragliche Aktivität unter diesen Umständen völlig unabhängig von dem Handelnden ereignet hat. Der entscheidende Unterschied zwischen einem zufälligen Ereignis und einer freien Handlung scheint mithin darin zu bestehen, dass die freie Handlung eine Person zum Urheber hat und folglich dieser Person auch zugeschrieben werden kann. Freie Handlungen müssen also dem »*Urheberprinzip*« entsprechen.

Dass freie Handlungen zuschreibbar sein müssen, zeigt sich auch daran, dass wir Personen für ihre freien Handlungen und die mit ihnen verbundenen Konsequenzen verantwortlich machen. Dies wäre jedoch bei einer zufälligen und daher nicht zuschreibbaren Handlung offenbar völlig ungerechtfertigt.

Doch was heißt es, einer Person eine Handlung zuzuschreiben? Der hier gemeinte Sinn von Zuschreibbarkeit lässt sich am einfachsten erläutern, wenn man berücksichtigt, dass Freiheit, wie anfangs begründet, einen Handlungsspielraum zwischen einer Option x und einer Option y impliziert. Zuschreibbar ist eine Handlung unter diesen Bedingungen dann, wenn der Bezug auf die Person eine kritische Rolle in der Erklärung dafür spielt, dass die Handlung x statt der Handlung y vollzogen worden ist, d. h. wenn erst der Bezug auf die Person selbst *verständlich* machen kann, warum in der gegebenen Situation die Handlung x und nicht die Handlung y vollzogen worden ist.[57] Voraussetzung dafür ist eine hinreichend robuste Verbindung zwischen der Person und ihrer Handlung; dies bedeutet jedoch nicht, dass hier eine deterministische Beziehung erforderlich ist. In Frage kommen hier auch starke probabilistische Erklärungen. Solche Erklärungen zeigen, dass das fragliche Ereignis unter den gegebenen Umständen mit einer hinreichend großen *Wahrscheinlichkeit* eintreten musste.

Weitere Festlegungen sind zunächst nicht erforderlich. Möglich erscheinen einerseits so genannte *intentionalistische* Erklärungen, die sich auf die Intentionen oder Handlungsgründe beziehen, wie sie die Handelnde selbst in einer Erläuterung ihres Tuns nennen würde. Möglich sind aber auch *kausalistische* Erklärungen, also Erklärungen, die sich auf die Ursachen eines Ereignisses beziehen. Solche Erklärungen würden etwa eine Neurobiologin und eventuell auch eine Psychologin nennen, die die Perspektive der dritten Person einnehmen. Aus nahe liegenden Gründen spielen kausalistische Erklärungen bei der Erörterung des Determinismus eine zentrale Rolle, schließlich impliziert der Determinismus, dass jedes Ereignis vollständig durch seine Ursachen festgelegt wird.

Nehmen wir einmal an, ich hätte die feste Überzeugung, dass finanzielle Hilfen für die Dritte Welt angesichts der dort herrschenden Armut zwingend geboten seien, während der Konsum von Gebrauchsartikeln wegen des damit verbundenen Verbrauchs von Umweltressourcen eingeschränkt werden müsse. Unter diesen Voraussetzungen sieht es zumindest auf den ersten Blick so aus, als könnte man es mir zuschreiben, wenn ich mein Weihnachtsgeld für die Dritte Welt spende, statt es für die Anschaffung eines neuen CD-Spielers auszugeben. Diese Handlung scheint[58] also dem Urheberprinzip zu entsprechen.

Selbstbestimmung

Die Forderungen nach Urheberschaft und Autonomie begründen somit einen Minimalbegriff von Freiheit. Was auch immer man unter Freiheit versteht: Zumindest diese beiden Bedingungen müssen erfüllt sein. Tatsächlich entsprechen diese Bedingungen nicht nur unseren vorwissenschaftlichen Intuitionen, sondern sind auch in der philosophischen Literatur weitgehend anerkannt, wenn auch häufig unter anderen Bezeichnungen. Umstritten ist allerdings, wie diese Bedingungen im Einzelnen zu verstehen und auszulegen sind. Ich werde mich im Folgenden ausführlich mit dieser Frage auseinandersetzen.

In jedem Falle lässt sich Freiheit in diesem Minimalsinne auch als »*Selbstbestimmung*« verstehen, sofern man eine Handlung *x* dann und nur dann als selbstbestimmt bezeichnet, wenn der Bezug auf die handelnde Person eine kritische Rolle in der Erklärung dafür spielt, dass *x* und nicht eine alternative Handlung *y* ausgeführt wurde. Damit ist wie gesagt gemeint, dass erst der Bezug auf die Person selbst verständlich macht, warum in der fraglichen Situation *x* und nicht *y* ausgeführt wurde.[59]

Selbstbestimmung stellt erstens eine *hinreichende* Bedingung für Autonomie und für Urheberschaft dar. Ganz unabhängig davon, wie man die beiden Bedingungen im Einzelnen auslegt,[60] so werden sie durch selbstbestimmte Handlungen erfüllt: *Selbstbestimmung* ist unverträglich mit Fremdbestimmung und daher auch mit Zwang und externer Determination – selbstbestimmte Handlungen erfüllen also das Autonomieprinzip. Gleichzeitig entsprechen selbstbestimmte Handlungen auch der Forderung nach Urheberschaft: Von *Selbstbestimmung* kann schließlich nur dann die Rede sein, wenn die handelnde Person *selbst* bestimmt, was sie tut. Dies schließt aus, dass die fragliche Aktivität zufällig zustande gekommen ist, vielmehr muss es möglich sein, die Handlung der Person zuzuschreiben. Selbstbestimmte Handlungen erfüllen damit auch das Urheberprinzip.

Selbstbestimmung stellt aber auch eine *notwendige* Bedingung zumindest[61] für die Erfüllung des Urheberprinzips dar: Wir würden nicht sagen, dass eine Handlung auf ihren Urheber zurückzuführen ist, wenn es nicht der Handelnde selbst war, der die fragliche Handlung bestimmt hat.

Es ist insofern nicht weiter überraschend, dass sich das Kriterium der Selbstbestimmung ohne größere Probleme auf das oben skizzierte Beispiel anwenden lässt: Wenn ich also die feste Überzeugung besitze, dass Spenden für die Dritte Welt dringend notwendig sind, die Anschaffung von Konsumartikeln jedoch reduziert werden sollte, dann handle ich offenbar selbstbestimmt, wenn ich aufgrund dieser Überzeugung eine Spende für die Dritte Welt mache, statt mir einen neuen CD-Spieler zu kaufen. Umgekehrt könnte man ohne einen Bezug auf diese Überzeugung nicht verständlich machen, warum ich die Spende gemacht habe, statt mir den CD-Spieler zu kaufen: Meine Überzeugung spielt daher eine kritische Rolle in der Erklärung für das Zustandekommen der Handlung.

Offenbar erfasst der Begriff der Selbstbestimmung unsere grundsätzlichen Intuitionen in Bezug auf Freiheit. Es erübrigt sich, noch einmal darauf hinzuweisen, dass damit nur zwei interpretationsbedürftige Minimalkriterien angegeben worden sind. Ich werde beide Kriterien im Folgenden erläutern.

»Selbst« und personale Merkmale

Zentral für die erforderliche Konkretisierung der skizzierten Minimalkonzeption von personaler Freiheit sind zunächst genauere Angaben über das »Selbst« jener Person, die gleichzeitig als Subjekt und als Objekt dieser Selbstbestimmung auftritt. Der Ausdruck »Selbst« wird hier in einem übertragenen Sinne gebraucht. Er steht also nicht für ein immaterielles Ich, das auf irgendwelchen geheimnisvollen Wegen das Gehirn dirigiert.[62] Gemeint sind hiermit vielmehr diejenigen Fähigkeiten und Eigenschaften, die konstitutiv für eine Person sind, die sich selbst bestimmt. Mit der Beschränkung auf »konstitutive« Merkmale soll deutlich gemacht werden, dass keineswegs alle Merkmale, die eine Person faktisch besitzt, das »Selbst« ausmachen und damit zur Grundlage von selbstbestimmten Handlungen werden können.

Eine philosophische Theorie der Willensfreiheit muss schon allein deshalb Angaben über die Merkmale machen, die das Subjekt der Selbstbestimmung konstituieren, weil anders die Forderungen nach Autonomie und Urheberschaft gar nicht zu erfüllen wären. Von Autonomie kann man nur sinnvoll sprechen, wenn es eine Grenze gibt zwischen denjenigen Merkmalen, die sich einer Person selbst zurechnen lassen, und den Merkmalen, bei denen das nicht der Fall ist. Das Gleiche gilt für die Urheberschaft: Will man erklären, warum ich in einer bestimmten Situation die Waren in meinem Einkaufskorb bezahlt und nicht gestohlen habe, dann muss man auf *bestimmte*, für mich charakteristische Eigenschaften verweisen können, die es verständlich machen, warum ich so und nicht anders gehandelt habe. Würde man die Existenz solcher Eigenschaften prinzipiell bestreiten, dann wäre keine Erklärung und somit auch keine Zuschreibung der Handlung zum Urheber möglich. Wie bereits die obige Diskussion der Akteurskausalität gezeigt hat, reicht der Verweis auf die bloße Existenz eines Urhebers zur Beantwortung dieser Frage nicht aus: Ein solcher Verweis kann uns nicht einmal eine Erklärung dafür liefern, warum hier *überhaupt* eine Handlung vollzogen wurde, ganz zu schweigen von einer Erklärung dafür, dass hier eine *bestimmte* Handlungsoption gewählt wurde.

Völlig unabhängig von diesen Überlegungen scheinen Angaben über den Urheber auch deshalb erforderlich zu sein, weil man deutlich machen muss, *wer* hier als frei oder eben unfrei bezeichnet werden soll. Der Verweis auf ein Handlungssubjekt, dessen Freiheit zur Diskussion steht, bliebe völlig mysteriös, könnte man nicht genauere Angaben über dieses Subjekt machen, könnte man also nicht Merkmale nennen, die konstitutiv für das Subjekt und sein Handeln sind.

Ich werde im Folgenden diejenigen Merkmale, die das »Selbst« ausmachen, allgemein als *personale Merkmale* bezeichnen. Personale Merkmale können ihrerseits in *personale Fähigkeiten* und *personale Präferenzen* unterteilt werden.

Personale Fähigkeiten müssen grundsätzlich vorhanden sein, damit eine Person sich selbst bestimmen kann. Ganz generell wird man hierzu diejenigen Fähigkeiten zählen, die erforderlich sind, um selbstbestimmte Entscheidungen zu treffen und sie in die dazugehörigen Handlungen umzusetzen.

Bei *personalen Präferenzen* dagegen handelt es sich um *spezifische* Überzeugungen, Wünsche und Dispositionen, die eine Person als ein ganz bestimmtes Individuum gegenüber anderen Individuen auszeichnen. Diese Präferenzen dürften also eine zentrale Rolle in der Erklärung dafür spielen, dass eine Person eine bestimmte Handlungsoption einer anderen Option vorgezogen hat. Zu betonen ist dabei, dass personale Präferenzen nur eine *Auswahl* derjenigen Überzeugungen, Wünsche und Dispositionen darstellen, die eine Person faktisch besitzt. Vor allem Inkompatibilisten haben ja zu Recht immer wieder darauf hingewiesen, dass die Freiheit einer Handlung durch Eigenschaften eingeschränkt werden kann, die wir zumindest auf den ersten Blick als Eigenschaften der Person ansehen würden. Wenn eine Kettenraucherin sich eine Zigarette nach der anderen ansteckt, dann mag man diese Disposition in einem gewissen Sinne als Eigenschaft der Person auffassen, doch wir würden kaum davon sprechen, dass die Raucherin frei handelt, indem sie dieser Disposition folgt. Es ist also notwendig, eine systematisch begründete Auswahl unter den Merkmalen zu treffen, die eine Person faktisch besitzt. Auf diese Weise müsste sich insbesondere verständlich machen lassen, warum psychische und physische Abhängigkeiten, anders als bewusste und sorgfältig durchdachte Überzeugungen, keine personalen Merkmale und die auf sie zurückführbaren Handlungen folglich auch nicht frei sind. Typische Beispiele für solche Abhängigkeiten sind Alkoholismus, Nikotinsucht, Waschzwänge etc.

Personale Fähigkeiten

Personale Fähigkeiten sind, wie schon bemerkt, diejenigen Fähigkeiten, die jede Person notwendigerweise besitzen muss, um selbstbestimmte Entscheidungen und Handlungen vollziehen zu können.

Was heißt das konkret? Wie erwähnt, spielen personale Präferenzen eine zentrale Rolle in der Erklärung selbstbestimmter Handlungen. Dies setzt voraus, dass diese Handlungen in einem rational nachvollziehbaren Verhältnis zu diesen Präferenzen stehen – andernfalls wäre eine solche Erklärung prinzipiell unmöglich; es wäre ausgeschlossen, der Handelnden ihr Tun zuzuschreiben, und von Selbstbestimmung könnte keine Rede sein. Offensichtlich erfordert all dies ein Minimum an Rationalität auf Seiten der Handelnden: Sie muss also imstande sein, im Sinne ihrer Präferenzen zu handeln. Dabei kommt es lediglich darauf an, dass eine Person in der Lage ist, sich an ihren *faktischen* Interessen, Wünschen und Bedürfnissen zu orientieren, es ist nicht erforderlich, dass die Person in einem umfassenden Sinne vernünftig handelt, also etwa tatsächlich vorhandene gute Gründe in ihren Entscheidungen berücksichtigt etc.[63]

Dies bedeutet erstens, dass die Person in der Lage sein muss, die Konsequenzen ihres Tuns zu erkennen. Stellen wir uns vor, Peter würde Gerda eine Flasche Whisky geben. Gerda, die eine Alkoholikerin ist, würde die Flasche in einem Zug austrinken und anschließend an einer Alkoholvergiftung sterben. Ob wir Peter für den Tod von Gerda verantwortlich machen würden, hängt ganz offensichtlich davon ab, ob Peter die Konsequenzen seines Handelns erkannt hat bzw. ob sie für ihn erkennbar waren. Dabei kommt es nicht nur auf Peters Informationen an; nicht weniger wichtig sind seine rationalen Fähigkeiten. Peter benötigt eine gewisses Mindestmaß solcher Fähigkeiten, um aus diesen Informationen die richtigen Rückschlüsse zu ziehen, also zu erkennen, dass Gerda als Alkoholikerin den Whisky gleich trinken würde und dass dies unter den gegebenen Umständen eine tödliche Gefahr für sie darstellt. Notwendig sind diese Fähigkeiten vor allem deshalb, weil eine Person, die die Konsequenzen ihres Handelns nicht abzuschätzen vermag, auch nicht in der Lage ist, ihr Handeln an den eigenen Handlungszielen auszurichten. Es wäre daher unmöglich, diese Ziele zur Erklärung der Handlung heranzuziehen; damit würde eine wichtige Voraussetzung für die Handlungszuschreibung fehlen.

Eng hiermit zusammen hängt eine zweite wichtige Voraussetzung für die Zuschreibung von Handlungen, nämlich der rationale Umgang mit Konflikten zwischen den eigenen Wünschen, Überzeugungen und Bedürfnissen. Stellen wir uns eine Person vor, zu deren festen Überzeugungen die Notwendigkeit eines möglichst umfassenden Schutzes der Umwelt gehört. Offenbar kann die Person nur dann im Sinne ihrer Präferenzen handeln, wenn sie eine Vielzahl recht unterschiedlicher Faktoren gegeneinander abwägt: Ist es sinnvoll, Strom durch Windkraft zu produzieren oder wiegt der Landschaftsverbrauch die dadurch gewonnenen Vorteile beim Verbrauch nicht erneuerbarer Energien auf? Soll die Person dafür plädieren, energieaufwendige Schnellzugstrecken einzurichten, um den Zugverkehr attraktiver zu machen, oder sollte dies unterbleiben, auch wenn dann vermutlich wieder mehr Personen mit dem Auto fahren? Würde sich die Person in solchen Konfliktfällen immer wieder zugunsten solcher Optionen entscheiden, die im Endergebnis zu klaren Nachteilen für die Umwelt führen, dann fiele es wiederum schwer, die fragliche Präferenz zur Erklärung der Handlung heranzuziehen. Natürlich sind die meisten alltäglichen Entscheidungen wesentlich unproblematischer, aber fast immer ist es erforderlich, unterschiedliche Präferenzen und die entsprechenden Optionen gegeneinander abzuwägen.

Andere Fähigkeiten müssen hinzukommen. So würden wir erhebliche Zweifel äußern, ob eine Person zu selbstbestimmtem Handeln in der Lage ist, sollte sie prinzipiell *nicht* für Handlungsnormen, also für moralische oder rechtliche Forderungen, aber auch für soziale Konventionen ansprechbar sein. Dabei muss man nicht verlangen, dass eine Person sich *faktisch* an solchen Normen orientiert, noch viel weniger ist hier eine Festlegung auf die in den westlichen Kulturen üblichen Normen gerechtfertigt. Verlangt wird nur, dass eine Person in der Regel Normen als solche erkennt und in ihrer Handlungsplanung zu berücksichtigen vermag. Ein Gangsterboss, der bei dem Versuch, einen seiner Rivalen aus dem Weg zu räumen, den gültigen Ehrenkodex berücksichtigt, würde diese Forderung also erfüllen.[64] Umgekehrt würden wir einer Person, die prinzipiell außerstande ist, derartige Normen zu verstehen und zu berücksichtigen, die Fähigkeit zur Selbstbestimmung absprechen.

Außerdem muss eine Person imstande sein, ihre Entschlüsse tatsächlich umzusetzen. Auch wenn ein Raucher sich auf der Basis seiner Präferenzen dafür entschieden hat, die vor ihm liegende Zigarette *nicht* zu rauchen, kann es passieren, dass ihn sein Wunsch nach dem momentanen Genuss übermannt und er die Zigarette anzündet. Die Entscheidung alleine reicht also nicht; notwendig ist darüber hinaus noch die Fähigkeit, die Entscheidung in die Tat umzusetzen. Eine besondere Rolle spielt diese Fähigkeit, wenn es zu einem Konflikt zwischen kurzfristigen und längerfristigen Interessen kommt. In diesem Falle muss häufig eine Entscheidung gegen eine unmittelbar attraktive Option (Genuss einer Zigarette) zugunsten einer Alternative getroffen werden, die erst auf längere Sicht positive Konsequenzen hat (Vermeidung gesundheitlicher Schäden). Umzusetzen ist diese Entscheidung nur dann, wenn der Handelnde auf Dauer an ihr festhält und daher immer wieder solchen Anfechtungen widersteht; der Verzicht auf eine einzige Zigarette dürfte das Krebsrisiko schließlich nicht entscheidend verringern. Auch sonst ist diese Fähigkeit wichtig für die Abschirmung einer einmal gewählten Handlungsstrategie gegen neue Optionen, die erst während der Ausführung der gewählten Handlung sichtbar werden.

Im Allgemeinen wird die hier erforderliche Fähigkeit als »Willensstärke« bezeichnet. Ist man in der Lage, die eigene Entscheidung in die entsprechende Handlung umzusetzen, dann verfügt man über Willensstärke, kann man dies nicht, dann ist man willensschwach – schon Aristoteles hatte dieses Problem in der Nikomachischen Ethik diskutiert.[65] Zweifellos gibt es Situationen, die ein höheres Maß an Willensstärke erfordern, und solche, bei denen die Willensstärke eine weniger große Rolle spielt. Insgesamt stellt jedoch Willensstärke offenbar eine notwendige Bedingung für Selbstbestimmung dar: Wer nicht imstande ist, die von ihm als richtig erkannten Handlungsoptionen auch tatsächlich umzusetzen, der wird auch nicht in der Lage sein, sich selbst zu bestimmen.

Selbstbestimmung impliziert also in jedem Falle die Fähigkeit zum Erkennen von Handlungsfolgen und zur Abwägung konkurrierender Wünsche und Überzeugungen, notwendig ist aber auch die Ansprechbarkeit für Normen und die Fähigkeit, getroffene Entscheidungen in die Tat umzusetzen. Personen, denen diese Fähigkeiten abgehen, sind offenbar *grundsätzlich* außerstande, selbstbestimmt zu handeln. Natürlich kann eine Person ihr Vermögen zur Selbstbestimmung auch vorübergehend verlieren, nämlich dann, wenn die erforderlichen Fähigkeiten etwa durch einen Affekt oder den Konsum von Alkohol zeitweilig außer Kraft gesetzt sind.

Personale Präferenzen

Diese Fähigkeiten muss also *jeder* besitzen, der in der Lage sein soll, sich selbst zu bestimmen. Dies bedeutet aber auch, dass sich mit dem Verweis auf diese Fähigkeiten nur erklären lässt, warum eine Person in einer bestimmten Situation *überhaupt* in der Lage war, selbstbestimmt zu handeln. Die personalen Fähigkeiten allein können jedoch in der Regel nicht verständlich machen, warum die konkrete Entscheidung so und nicht anders ausgefallen ist; sie können also nicht die erforderliche kritische Rolle in der Erklärung dafür spielen, dass die Person die Handlung *x* und nicht die Handlung *y* vollzogen hat. In der Regel sind diese Fähigkeiten nämlich mit einer Vielzahl von unterschiedlichen Handlungsoptionen verträglich.

Soll die Handlung auf den Urheber zurückgeführt werden, dann benötigen wir Merkmale, die *spezifisch* für diese individuelle Person sind und damit eine ganz bestimmte Handlung in einer konkreten Situation zu erklären vermögen. Wie schon angekündigt, werde ich diese individuellen Merkmale im Folgenden als *personale Präferenzen* bezeichnen. Angenommen werden muss die Existenz personaler Präferenzen auch deshalb, weil nur so das individuelle Moment berücksichtigt werden kann, das konstitutiv ist für unseren vorwissenschaftlichen Begriff von Personen, aber auch für jeden sinnvollen Begriff von Selbstbestimmung. Anders ausgedrückt: Ein Begriff von Freiheit, der keine individuellen Merkmale berücksichtigt und daher unterschiedlichen Personen keine unterschiedlichen Handlungsoptionen offenlassen würde, dürfte unseren Intuitionen kaum gerecht werden. Wir hätten es dann nicht mehr wirklich mit Selbstbestimmung zu tun, sondern mit einer Bestimmung des Handelns durch einen subjektübergreifenden Maßstab. Angesichts der Tatsache, dass jede andere Person in derselben Situation exakt gleich gehandelt hätte, sofern sie frei in diesem Sinne gewesen wäre, würde man in diesem Falle von Zurechenbarkeit nur noch in einem sehr schwachen Sinne sprechen können.

Es gibt somit mehrere Gründe für die Forderung, dass selbstbestimmungsfähige Subjekte personale Präferenzen haben müssen, die zur Grundlage ihrer Handlungen werden können. Personale Präferenzen sind also Merkmale, die konstitutiv für eine Person sind und damit gleichzeitig die Basis dafür bilden, dass sich selbstbestimmungsfähige Individuen voneinander unterscheiden. Natürlich kann mit dem individuellen Charakter von personalen Präferenzen nicht gemeint sein, dass hier nur solche Merkmale in Frage kommen, die ein Individuum mit *keiner* anderen Person teilt. Entscheidend ist vielmehr, dass sich aus der Gesamtheit personaler Präferenzen einer Person die Möglichkeit ergibt, diese von anderen selbstbestimmungsfähigen Personen zu unterscheiden und sie als handelndes Individuum zu identifizieren.

Auf den ersten Blick würde man insbesondere Wünsche, Bedürfnisse und Überzeugungen, die eine besondere Bedeutung für eine Person haben, als personale Präferenzen betrachten. Es ist jedoch notwendig, ein allgemeines Kriterium anzugeben, das eine *systematische* Unterscheidung zwischen personalen Präferenzen und anderen Einstellungen erlaubt. Das Selbstverständnis einer Person dürfte dabei nur *einen* von mehreren Gesichtspunkten bilden. Sicher wäre es schwierig, einer Person eine Überzeugung zuzuschreiben, wenn die Person selbst aufrichtig bestreitet, eine solche Überzeugung zu besitzen. Auf der anderen Seite kommt es jedoch oft genug vor, dass sich Personen hinsichtlich ihrer eigenen Einstellungen irren: Natürlich kann sich ein Geizhals für einen Ausbund an Großzügigkeit halten. Letztlich entscheidend sind hier wie in anderen Fällen die Einstellungen, die die Person *tatsächlich* besitzt – nicht diejenigen, die sie sich aus welchen Gründen auch immer zuschreiben mag. Dies gilt unbeschadet der Tatsache, dass es in vielen Fällen schwierig, häufig sogar unmöglich sein dürfte, die konkreten personalen Präferenzen einer Person mit hinreichender Sicherheit zu bestimmen.

Selbstbestimmte Handlungen

Damit sind die zentralen Merkmale von selbstbestimmungsfähigen Personen genannt. Ich werde im Folgenden eine Person, die über die genannten Merkmale, also personale Fähigkeiten und personale Präferenzen, verfügt, als »rationalen Akteur« bezeichnen. Auch wenn bislang noch völlig offen ist, wie man personale Präferenzen von nicht-personalen Präferenzen unterscheidet, so lässt sich aus dem bislang Gesagten schon eine wichtige Schlussfolgerung ziehen. Zieht man nämlich in Betracht, dass als personale Fähigkeiten und Präferenzen einfach diejenigen Merkmale bezeichnet werden, die das »Selbst« einer selbstbestimmungsfähigen Person, also einen »rationalen Akteur«, konstituieren, dann zeigt sich, dass Handlungen, die durch diese Merkmale bestimmt werden, notwendigerweise *selbstbestimmte* Handlungen sind. Wenn diese Merkmale das Selbst konstituieren und wenn Bestimmung durch ein Selbst Selbstbestimmung ist, dann *muss* eine Handlung, die sich auf die personalen Merkmale ihres Urhebers zurückführen lässt, eine durch das Selbst, also eine selbstbestimmte Handlung sein.

Bislang ist allerdings noch offen, welche Merkmale als personale Präferenzen gelten können, und es ist nicht ausgeschlossen, dass man bei jedem *einzelnen* Merkmal zweifeln kann, ob es sich wirklich um eine personale Präferenz handelt. Unplausibel wäre es jedoch, die Existenz personaler Präferenzen *generell* zu bestreiten.

Eine Theorie der Willensfreiheit, die dies täte, könnte erstens nicht mehr erklären, was sie unter einem Handlungssubjekt versteht. Ein Wesen, dem man keine Wünsche, Bedürfnisse und Überzeugungen zuschreiben kann, ist eine pure Abstraktion, die nichts mit dem zu tun hat, was wir üblicherweise unter einem handelnden Subjekt verstehen. Problematischer noch ist, dass eine solche Theorie mit dem Urheberprinzip in Konflikt geriete; sie könnte nämlich grundsätzlich nicht verständlich machen, warum sich ein Subjekt in einer bestimmten Situation so und nicht anders verhalten hat: Wenn es keine personalen Präferenzen gibt, also keine Merkmale, die man dem Subjekt selbst zuschreiben kann, dann kann man mit Bezug auf dieses Subjekt nicht mehr erklären, warum diese und nicht eine andere Handlung vollzogen worden ist. Die Minimalbedingung der Urheberschaft wäre verletzt und der Versuch einer philosophischen Explikation von Freiheit gescheitert. Will man diese Konsequenz vermeiden, dann muss man die Existenz von Präferenzen zugeben, die für das Subjekt selbst konstitutiv sind. Doch dann gilt wie gesagt, dass Handlungen, die durch diese Präferenzen bestimmt sind, als selbstbestimmte Handlungen betrachtet werden müssen.

Personale Präferenzen – drei Vorschläge

Dies ist jedoch nur eine prinzipielle Begründung dafür, dass jede Theorie der Willensfreiheit, die den obigen Minimalbedingungen gerecht werden will, die Existenz personaler Präferenzen akzeptieren muss. Offen ist bislang, was genau unter personalen Präferenzen verstanden werden soll, d. h. wie eine systematische Unterscheidung zwischen personalen und nicht-personalen Präferenzen aussehen kann.

Generell wird sich zeigen, dass es keinen Vorschlag gibt, der ähnlich problemlos aus den Ausgangsannahmen abzuleiten ist, wie dies bei den bisherigen Überlegungen möglich war. Dennoch lässt sich zwischen mehr oder minder sinnvollen Vorschlägen unterscheiden. Ich werde zunächst einige allgemeine Anforderungen benennen, die sich ohne größere Probleme begründen lassen, die jedoch alleine zur Bestimmung personaler Präferenzen nicht ausreichen. Anschließend werde ich drei Vorschläge für eine systematische Bestimmung personaler Präferenzen diskutieren und dabei begründen, warum einer dieser Vorschläge den Vorzug verdient.

Allgemeine Anforderungen

In der Regel gehen wir davon aus, dass die Einstellungen, die konstitutiv für eine Person sind, eine gewisse Stabilität besitzen. Eine klare Grenze ist hier aus nahe liegenden Gründen schwer zu ziehen; ich werde stattdessen wiederum ein Minimalkriterium nennen, das für die hier verfolgten Zwecke ausreicht und in jedem Falle erfüllt sein muss, wenn man überhaupt sinnvoll von einer personalen Präferenz sprechen will. Als Minimalkriterium schlage ich vor, dass eine Person die betreffende Präferenz seit zumindest einem Tag besitzt und diese Präferenz außerdem zumindest einmal handlungswirksam geworden ist. Wir würden sicher nicht davon sprechen, dass jemand eine für seine Persönlichkeit konstitutive Leidenschaft für italienische Opern besitzt, wenn er gerade zum ersten Mal eine Oper besucht.

Eigentlich ist dieses Kriterium bei weitem zu schwach; unsere Anforderungen an die zeitliche Stabilität von personalen Präferenzen sind im Allgemeinen wesentlich höher: Natürlich würden wir zweifeln, wenn eine Person eine erst gestern entdeckte Opernleidenschaft als eine für sie konstitutive Einstellung bezeichnen würde. Diese Unzulänglichkeit ist jedoch unproblematisch, da es hier wie gesagt nur um ein Minimalkriterium geht. Es muss nur sichergestellt sein, dass eine Einstellung, die das Kriterium verletzt, keine personale Präferenz ist.

Abgesehen davon ist dieses Kriterium aber auch deshalb unzureichend, weil Personen äußerst stabile Eigenschaften besitzen können, die wir sicher *nicht* als personale Präferenzen bezeichnen würden. Dies gilt insbesondere für psychische und physische Abhängigkeiten: Diese sind vielfach sehr stabil, stellen aber gerade keine personalen Präferenzen in dem hier interessierenden Sinne dar. Weit entfernt davon, den Handlungsspielraum einer Person zu konstituieren, stellen psychische und physische Abhängigkeiten vielmehr erhebliche Einschränkungen dieses Spielraums dar.

Die rationale Variante

Doch wie kann man systematisch zwischen personalen und nicht-personalen Präferenzen unterscheiden, also zwischen Merkmalen, die selbstbestimmtes Handeln ermöglichen, und solchen, die die Fähigkeit zur Selbstbestimmung einschränken oder außer Kraft setzen? Auf den ersten Blick scheint sich hier eine sehr einfache Antwort anzubieten. Wenn Selbstbestimmung ohnehin rationalen Akteuren vorbehalten ist, dann liegt es nahe, personale Präferenzen an Rationalität zu binden: Eine bestimmte Präferenz wäre dieser Auffassung zufolge genau dann eine *personale Präferenz,* wenn der Akteur gute Gründe für diese Präferenz hat. Die Begründung erscheint zunächst überzeugend: Rationale Akteure müssen ja nicht nur *per definitionem* Zugang zu guten Gründen haben, vielmehr sollten sie sich solche Gründe auch zu eigen machen können. Die Konsequenz wäre, dass rationale Akteure dann und nur dann selbstbestimmt handeln, wenn sie nach guten Gründen handeln.

Ich möchte von vornherein zugeben, dass gute Gründe ein *hinreichendes* Merkmal für personale Präferenzen sind; in der Tat sollte ein rationaler Akteur in der Lage sein, sich gute Gründe zu Eigen zu machen und entsprechend zu handeln. Ich glaube jedoch nicht, dass Rationalität ein *notwendiges* Merkmal personaler Präferenzen darstellt. Mit anderen Worten: Es gibt personale Präferenzen, die sich nicht rational rechtfertigen lassen.

Für diese Behauptung gibt es zwei Argumente. Das erste, wichtigere Argument stützt sich auf die inakzeptablen Konsequenzen, die eintreten würden, wenn wir personale Präferenzen in dieser Form an gute Gründe bänden. Dabei gehe ich davon aus, dass sich moralische und rechtliche Verpflichtungen in der Regel mit guten Gründen rechtfertigen lassen. Damit meine ich nicht, dass man diese Pflichten aus allgemein akzeptablen Prämissen deduzieren kann; es lässt sich jedoch zeigen, dass es insgesamt vernünftig ist, diese Pflichten zu akzeptieren. Dies bedeutet konkret, dass es bessere Gründe *für* als *gegen* ein Akzeptieren dieser Pflichten gibt; diese Behauptung dürfte wohl für die Vertreter aller moralphilosophischen Konzeptionen akzeptabel sein.

Doch wenn eine Person nur dann selbstbestimmt handelt, wenn sich ihr Handeln auf gute Gründe zurückführen lässt, und wenn außerdem Verstöße gegen moralische und rechtliche Pflichten Verstöße gegen gute Gründe sind, dann würden solche Pflichtverletzungen niemals als freie Handlungen zählen können. Ganz allgemein würden Personen nur dann frei handeln, wenn sie ihren moralischen und rechtlichen Verpflichtungen nachkommen; umgekehrt wäre niemand für seine Pflichtverletzungen verantwortlich. Wenn es gute Gründe gegen den Ladendiebstahl gibt, dann würde nur derjenige, der den Ladendiebstahl unterlässt, nicht aber der, der ihn begeht, frei handeln. Niemand könnte daher für einen solchen Diebstahl verantwortlich gemacht werden, doch dies erscheint äußerst unplausibel. Zumindest in unseren alltagsweltlichen Urteilen gehen wir selbstverständlich davon aus, dass es Situationen gibt, in denen man eine Person für ihre Normverletzungen zur Rechenschaft ziehen kann. Es erscheint einfach abwegig, Personen nur für pflichtgemäße Handlungen, nicht jedoch für Pflichtverletzungen verantwortlich zu machen.[66]

John Martin Fischer hat einen Alternativvorschlag für einen solchen rationalistischen Ansatz gemacht, der eine »schwache Empfänglichkeit für Gründe« verlangt. Schwach empfänglich für Gründe ist eine Person genau dann, wenn ihr Handeln durch einen kognitiven Prozess gesteuert wird, der *prinzipiell* für Gründe empfänglich ist; dabei müssen diese Gründe in der gegenwärtigen Situation keine Rolle spielen. Selbst wenn man also gegenwärtig einer irrationalen Versuchung unterliegt und damit gegen das obige strenge Rationalitätskriterium verstößt, besitzt man immer noch eine »schwache Empfänglichkeit für Gründe«, sofern der kognitive Prozess, der das eigene Handeln leitet, *überhaupt* für gute Gründe empfänglich ist. So könnte ich mich in die Sonne setzen, obwohl ich gute Gründe hätte, mit meiner Arbeit fortzufahren; dennoch wäre ich in Fischers Sinne schwach empfänglich für Gründe, solange es *irgendwelche* guten Gründe gäbe, die mich in dieser Situation dazu veranlassen könnten, mich an meine Arbeit zu setzen – z.B. dann, wenn meine berufliche Existenz hiervon abhinge.

Zweifellos entgeht Fischer auf diese Weise dem oben vorgebrachten Einwand: Schwache Empfänglichkeit für Gründe setzt nicht voraus, dass man sich stets an gut begründete moralische oder rechtliche Normen hält. Oder umgekehrt: Man kann diesem Kriterium zufolge auch frei handeln, wenn man gute Gründe missachtet. Ich glaube jedoch, dass Fischers Kriterium letztlich zu schwach ist, weil es auch von Personen erfüllt wird, die wir eindeutig nicht als frei und verantwortlich bezeichnen würden. So ist es ohne weiteres vorstellbar, dass es Gründe gibt, die auch einen schweren Alkoholiker veranlassen würden, nicht nach der Flasche zu greifen, ohne dass wir damit schon sagen würden, dass sein Griff nach der Flasche eine freie Handlung ist. Fischers Vorschlag scheint das Problem des rationalistischen Ansatzes daher nicht zu lösen.

Es gibt jedoch noch ein zweites Argument gegen eine solchen Ansatz. Das Argument beruht auf der Annahme, dass Personen zwar *auch*, aber eben *nicht nur* rationale Wesen sind. Ich hatte schon darauf hingewiesen, dass es unseren vorwissenschaftlichen Vorstellungen widersprechen würde, wenn sich individuelle Unterschiede nicht in Unterschieden des Handelns niederschlagen könnten. Offenbar gehört es also zu unserem Begriff von Personen, dass sie sich hinsichtlich ihrer Präferenzen unterscheiden. Diese Unterschiede würde entfallen, wenn personale Präferenzen ausschließlich dem Universalismus guter Gründe gehorchen würden: Wenn es gute Gründe für eine bestimmte Verhaltensweise gibt, dann müssten sie von allen einsichtsfähigen Akteuren akzeptiert werden, und sofern personale Präferenzen ausschließlich auf guten Gründen basieren dürfen, wären nur solche Handlungen einem rationalen Akteur zuzuschreiben, die jeder andere rationale Akteur an seiner Stelle ebenfalls vollzogen hätte.[67]

Tatsächlich wird die Individualität einer Person vor allem durch spezifische Wünsche, Emotionen und Bedürfnisse begründet, die nicht unmittelbar von guten Gründen abhängig sind: Ich besitze keine rationale Rechtfertigung dafür, dass es mir bei einer Verdi-Arie heiß und kalt den Rücken herunterläuft, und ich benötige eine solche Rechtfertigung auch nicht. Ich habe dieses Gefühl einfach, ohne dass hierfür weitere Gründe erforderlich wären.

Wenn wir also davon ausgehen, dass Emotionen, Bedürfnisse und Wünsche konstitutiv für Personen sind, und wenn wir weiterhin davon ausgehen, dass die Individualität von Personen unter anderem durch spezifische Unterschiede hinsichtlich ihrer Emotionen, Bedürfnisse und Wünsche begründet wird, dann scheint eine rein rationale Begründung personaler Präferenzen eindeutig unangemessen zu sein.

Die liberale Variante

Sie haben eine große Vorliebe für Opern, doch in ein Ballett kann man Sie nur durch die Androhung von Gewalt oder dauerhaftem Liebesentzug verschleppen. Diese Einstellungen sind einfach konstitutiv für Sie als Person. Wenn Sie also aufgrund dieser Einstellungen handeln, dann handeln Sie selbstbestimmt. Doch kann man nicht auch sagen, dass Ihre Vorliebe für die Oper und die Abneigung gegen das Ballett letztlich Produkte Ihrer genetischen Anlagen, Ihrer Erziehung und Ihrer Erfahrungen sind? Und wenn dies so ist: Kann man Ihnen dann diese Einstellungen überhaupt zurechnen?

Aus den oben genannten Gründen scheint es wenig sinnvoll, personale Präferenzen ausschließlich an gute Gründe zu binden. Ein Begriff von Freiheit, der Emotionen, Bedürfnisse und individuelle Wünsche von vornherein ausschließt, wäre entschieden zu eng – ganz abgesehen davon, dass eine Festlegung auf rationale Präferenzen, wie oben skizziert, ein gravierendes Problem hinsichtlich der Zuschreibung von Normverstößen aufwerfen würde.

Doch gerade dann, wenn man Emotionen und Bedürfnisse

als mögliche Bestimmungsgründe freier Handlungen akzeptiert, stellt sich die Frage nach den Kriterien für eine systematische Unterscheidung zwischen personalen und nicht-personalen Präferenzen noch dringlicher. Offenbar können Personen durch ihre Emotionen, Wünsche und Bedürfnisse auf spezifische Handlungen festgelegt werden. Würden also die Wünsche, Emotionen und andere nicht-rationale Präferenzen einer Person durch externe Faktoren determiniert, dann wären offenbar auch die von diesen Präferenzen geleiteten Handlungen extern determiniert und würden somit das Autonomieprinzip verletzen. Die Kriterien für die Bestimmung personaler Präferenzen müssen daher so gewählt werden, dass sie derartige Fälle von externer Determination ausschließen.

Auf den ersten Blick bietet sich hier die Forderung nach ultimativer Verantwortung an, wie sie u.a. von Galen Strawson vertreten wird. Ultimative Verantwortung hinsichtlich einer bestimmten Präferenz setzt voraus, dass sich die Präferenz ausschließlich auf den Urheber selbst zurückführen lässt. Es darf also nicht möglich sein, die Entstehung der Präferenz bzw. die Entscheidung für sie aus Faktoren abzuleiten, die sich dem Einfluss des Urhebers entziehen, also z.B. auf genetische und soziale Bedingungen oder auf Ereignisse, die vor der Geburt des Urhebers stattgefunden haben. Ich habe jedoch oben[68] bereits im Zusammenhang mit der Diskussion der Position von Galen Strawson gezeigt, dass die Vorstellung der ultimativen Verantwortung letztlich inkohärent ist: Eine Entscheidung, die dem Prinzip der ultimativen Verantwortung entsprechen soll, *muss* nämlich einerseits determiniert sein, weil sie nur so als Entscheidung des Urhebers betrachtet werden und von rein zufälligen Ereignissen unterschieden werden kann; andererseits *darf* sie aber *nicht* determiniert sein, weil sie sich ansonsten auf Faktoren zurückführen ließe, die dem Einfluss des Urhebers entzogen sind.

Mithin bleibt es dabei, dass ultimative Verantwortung kein brauchbares Kriterium für die Bestimmung personaler Merkmale liefert. Damit stellt sich abermals die Frage nach Kriterien für die Bestimmung personaler Präferenzen, die unsere vortheoretischen Intuitionen erfassen, ohne zu solchen Schwierigkeiten zu führen. Unabdingbare Voraussetzung ist dabei selbstverständlich, dass Urheberschaft und Autonomie gesichert bleiben. Dies bedeutet, dass eine Handlung nicht einfach, vermittelt über die zugrunde liegenden Präferenzen, auf externe Determinanten zurückgeführt werden darf. Doch landet man damit nicht wieder zwangsläufig bei den oben skizzierten Schwierigkeiten? Mit welchem Recht soll man einer Person Wünsche, Überzeugungen und Bedürfnisse zurechnen können, die sie nicht selbst hervorgebracht hat?

Ich glaube, dass es hier zumindest zwei Lösungsvarianten gibt; ich werde die erste, von mir bevorzugte Variante als »liberal« und die zweite, in meinen Augen problematischere Version als »identifikatorisch« bezeichnen. Beide Optionen basieren auf der Annahme, dass es nicht darauf ankommt, dass schon die *Entstehung* personaler Präferenzen der Person zugerechnet werden kann. Entscheidend ist es diesen Auffassungen zufolge vielmehr, welche Stellung die Person an einem bestimmten Punkt ihrer Entwicklungsgeschichte zu ihren Präferenzen einnimmt bzw. einnehmen kann.

Für die liberale Variante qualifiziert sich eine Einstellung genau dann als personale Präferenz, wenn sie *möglicher Gegenstand einer wirksamen selbstbestimmten Entscheidung* ist. Mit der Fähigkeit zu wirksamen Entscheidungen spricht man einer Person insbesondere die Fähigkeit zu, Präferenzen aufzugeben. Als personale Präferenzen qualifizieren sich diesem Kriterium zufolge also nur diejenigen meiner Überzeugungen, Wünsche und Bedürfnisse, die ich aufgeben könnte, an denen ich *de facto* aber festgehalten habe.

Nehmen wir an, ich würde an mir die Neigung feststellen, in einer Warteschlange leicht ungeduldig zu werden, außerdem hätte ich die Tendenz, Bücher aus der Bibliothek immer erst nach der ersten Mahnung zurückzugeben. Beide Neigungen würden nur dann als personale Präferenzen zählen, wenn ich sie auch in einer selbstbestimmten Entscheidung aufgeben könnte. Bei meiner Neigung, ungeduldig zu werden, könnte man jedoch zweifeln, dass dies der Fall ist. Es wäre durchaus möglich, dass eine selbstbestimmte Entscheidung, diese Neigung aufzugeben, nicht wirksam würde, weil ich meine Ungeduld nicht zu überwinden vermag. Wesentlich besser kann man sich vorstellen, dass ich mein problematisches Verhalten bei der Ausleihe von Bibliotheksbüchern aufzugeben vermag. Wenn ich es dennoch nicht tue, dann, so die Annahme, handelt es sich um eine Art stillschweigenden Einverständnisses. Man wird mir dann nicht nur das Merkmal selbst zuschreiben können, sondern auch die Handlungen, die hierauf zurückzuführen sind.

Schauen wir uns diesen Vorschlag noch etwas genauer an: Wichtig ist zunächst, dass es sich hier nur um *mögliche* Gegenstände wirksamer selbstbestimmter Entscheidungen handelt. Damit wird insbesondere nicht verlangt, dass sich jede personale Präferenz *de facto* auf eine selbstbestimmte Entscheidung zurückführen lässt. Gefordert wird nur, dass eine solche Entscheidung gegebenenfalls getroffen werden *kann*. Der Entstehungsprozess personaler Präferenzen wird damit nicht festgelegt; offen bleibt insbesondere die Möglichkeit, dass Präferenzen, die sich später als personale Präferenzen qualifizieren, zu einem Zeitpunkt entstehen, zu dem das fragliche Individuum noch gar keine selbstbestimmten Entscheidungen treffen kann.

Wichtig ist zweitens, dass eine Präferenz nur dann möglicher Gegenstand einer wirksamen selbstbestimmten Entscheidung ist, wenn eine Person die Möglichkeit hat, sich gegebenenfalls auch *gegen* diese Präferenz zu entscheiden und sich damit von dieser Präferenz zu lösen. Als personale Präferenzen zählen somit nur solche Präferenzen, die von einer Person aufgegeben werden können. Wenn ich also prinzipiell nicht in der Lage bin, meine Neigung zu kalorienreichem Essen aufzugeben, auch wenn es aus meiner Sicht gute Gründe hierfür gäbe, dann wäre diese Neigung eben keine personale Präferenz und ich würde nicht frei handeln, wenn ich mich von dieser Neigung leiten lasse.

Drittens ist zu beachten, dass die Fähigkeit zu einer selbstbestimmten Entscheidung nicht etwa impliziert, dass man sich willkürlich für oder gegen eine solche Präferenz entscheiden kann. Auch hier kann nur dann von einer selbstbestimmten Entscheidung die Rede sein, wenn eine Rückführung auf die personalen Merkmale des Urhebers möglich ist. Dies bedeutet insbesondere, dass auch solche Präferenzen personale Präferenzen sein können, deren Korrektur völlig außerhalb meiner Intentionen liegt. Meine Überzeugung, dass Diebstahl verwerflich ist, erfüllt dieses Kriterium also auch dann, wenn sich im Prinzip vorhersagen lässt, dass ich niemals nur einen einzigen Gedanken auf die Möglichkeit verschwenden werde, diese Präferenz aufzugeben. Entscheidend ist lediglich, dass ich die Präferenz aufgeben *kann,* sofern eine solche Korrektur meinen personalen Präferenzen entsprechen *würde.* Wenn es sich hier wirklich um eine rationale Überzeugung handelt, dann sollten mich gute Argumente tatsächlich zu einer Korrektur meiner Überzeugung veranlassen. Tun sie dies nicht, dann deutet dies darauf hin, dass ich diese Überzeugung vielleicht gar nicht aufgeben kann – etwa weil ich hier einfach ein Dogma aus meiner Erziehung übernommen habe. Das vorgelegte Kriterium erlaubt es also, auch solche Fälle einer offensichtlichen Indoktrination auszuschließen.

Fraglich ist allerdings, ob diese Position nicht einfach in einen Regress führt. Völlig unabhängig davon, wie die personalen Präferenzen entstanden sein mögen, kann man doch offenbar nur dann erkennen, ob eine Person eine selbstbestimmte Entscheidung für oder gegen eine Präferenz zu treffen vermag, wenn man ihre übrigen personalen Präferenzen kennt. Doch auch in diesem Fall benötigt man die Kenntnis anderer Präferenzen, für die wiederum das Gleiche gilt: Offenbar befinden wir uns hier wieder auf direktem Wege in einen Regress.

Eine genauere Untersuchung zeigt jedoch, dass dies nicht der Fall ist. Um festzustellen, ob eine Person die Fähigkeit hat, eine bestimmte Präferenz gegebenenfalls zu korrigieren, muss man keineswegs deren übrige Präferenzen kennen. Gemeint ist ja von vornherein nur ein hypothetisches Szenario, in dem die übrigen aktuellen Präferenzen einer Person überhaupt keine Rolle spielen und stattdessen angenommen wird, dass die Person irgendwelche Präferenzen hat, die gegen das fragliche Merkmal sprechen. Zur Diskussion steht also nicht, ob, und wenn ja, unter welchen Umständen die fragliche Person ihre Präferenz korrigieren *wird*; zur Diskussion steht vielmehr, ob die Person die dispositionale Fähigkeit hat, die fragliche Präferenz überhaupt willentlich zu korrigieren.

Doch wie findet man eine Antwort auf diese Frage, wie kann man also feststellen, ob ein gegebenes Merkmal nun eine personale Präferenz ist oder nicht? Im Prinzip gibt es hier zwei Möglichkeiten. In einigen paradigmatischen Fällen reichen theoretische Überlegungen. So gehört es offenbar zu unserem Begriff von rationalen Überzeugungen, dass wir diese angesichts guter gegenteiliger Gründe aufgeben würden. Meine Überzeugung, dass die Erde eine Scheibe ist, wäre also irrational, sofern ich an ihr festhielte, obwohl mir gute Gründe dafür bekannt sind, dass die Erde eine Kugel ist. Wenn also nur solche Überzeugungen als rational gelten, die aktuell gut begründet sind und die außerdem angesichts guter widersprechender Gründe aufgegeben würden, dann erfüllen rationale Überzeugungen das obige Kriterium; es würde sich hier also um personale Präferenzen handeln.

Theoretische Überlegungen reichen umgekehrt aber auch bei psychischen oder physischen Abhängigkeiten. Solche Abhängigkeiten sind dadurch definiert, dass ein Willensakt alleine gerade *nicht* dazu ausreicht, sie zu überwinden – hierzu sind externe Hilfsmittel wie eine Entziehungskur, eine medizinische Therapie etc. erforderlich, die dann mittelbar eine Aufhebung der Abhängigkeit bewirken können. Handelt es sich jedoch um eine Präferenz, die ohne solche Hilfsmittel direkt durch einen Willensakt aufgegeben werden kann, dann würden wir im Allgemeinen nicht von einer Abhängigkeit sprechen. Mit anderen Worten: Psychische und physische Abhängigkeiten kommen grundsätzlich nicht als personale Präferenzen in Betracht.

Empirische Erkenntnisse

Diese Bestimmungen liefern jedoch allenfalls eine Teillösung, da viele gute Kandidaten für personale Präferenzen weder rationale Überzeugungen noch psychische oder physische Abhängigkeiten sind. Soweit ich sehen kann, dürften bei der Entscheidung über diese Einstellungen empirische Erkenntnisse aus den Neuro- und Kognitionswissenschaften eine wichtige Rolle spielen.[69] So spricht nichts dagegen, dass man Präferenzen, die potentiell Gegenstand wirksamer selbstbestimmter Entscheidungen sind, mit Hilfe psychologischer oder neurowissenschaftlicher Verfahren von solchen Präferenzen unterscheiden kann, bei denen solche wirksamen Entscheidungen nicht möglich sind. Denkbar wären hier bestimmte Verhaltensmerkmale ebenso wie Unterschiede in der neuronalen Realisierung. Schon heute lassen sich bestimmte psychische Abhängigkeiten anhand charakteristischer neuronaler Aktivitätsmuster identifizieren. Es ist anzunehmen, dass diese Verfahren in Zukunft noch weiter entwickelt werden, so dass sich hier Möglichkeiten der Identifikation von Abhängigkeiten durch empirische Verfahren ergeben sollten.

Von noch größerer Bedeutung könnten allerdings Erkenntnisse der Volitionspsychologie sein. Auch diese Theorie postuliert nämlich die Existenz eines Ich, das als eine Art »Auftraggeber« für Prozesse der Willensbildung fungieren soll:

> Beim Menschen basiert dieses Steuerungsprinzip, das den Auftraggeber des Willens darstellt, technisch gesprochen also den ›Input‹ ins Volitionssystem ausmacht, sehr stark auf höheren kognitiven

> Funktionen wie dem Bewußtsein, verbalen Repräsentationen und einem mehr oder weniger kohärenten, selbstreflexiven Modell eigener Ziele, Absichten, Vorhaben, Gefühle und erfahrener Schwierigkeiten (dem ›Ich‹).[70]

Von Interesse ist diese Theorie vor allem deshalb, weil sie zumindest einen Ansatzpunkt dafür bildet, empirisch gestützte Aussagen über das »Selbst«, also die Merkmale zu machen, die man einer Person wirklich zuschreiben kann. Natürlich kann man nicht davon ausgehen, dass der hier nur ansatzweise skizzierte psychologische Begriff des Ich identisch ist mit dem Begriff des Selbst, wie er in der vorliegenden Arbeit verwendet wird. Dennoch gibt es eine prinzipielle Übereinstimmung, die es erlauben sollte, aus psychologischen Untersuchungen über das »Ich«, soweit es in Willensakten relevant ist, Rückschlüsse auf personale Präferenzen abzuleiten.

Auch wenn sich diese Vermutungen als zutreffend erweisen sollten, wird es immer eine große Zahl von Zweifelsfällen geben, bei denen nicht eindeutig entschieden werden kann, ob es sich nun um eine personale Präferenz handelt oder nicht. Dies ist sicher bedauerlich, doch man kann wohl von keiner Theorie ernsthaft erwarten, dass sie alle Zweifelsfälle in Bezug auf die Willensfreiheit klärt.

Notwendig sind lediglich Kriterien, mit Hilfe derer man überhaupt eine systematisch begründete Unterscheidung treffen kann; wünschenswert wäre es, wenn diese Kriterien sich auf möglichst viele Fälle anwenden ließen. Diese Möglichkeit scheint die liberale Variante aber nach dem bislang Gesagten durchaus zu bieten.

Externe Determination?

Die entscheidende Frage dürfte allerdings sein, ob das skizzierte Kriterium wirklich sicherstellen kann, dass das Handeln der Person nicht zumindest indirekt doch durch externe Faktoren gesteuert wird. Die Frage tritt vor allem deshalb auf, weil diesem Kriterium zufolge auch solche Merkmale als personale Präferenzen zählen würden, die ihren Ursprung außerhalb der Person haben, z.B. in sozialen und genetischen Determinanten. Insofern liegt der Verdacht nahe, dass hier das Autonomieprinzip verletzt wird. Als selbstbestimmt scheinen dem gegenwärtigen Kriterium zufolge auch solche Handlungen zugelassen zu werden, die in Wirklichkeit von externen Faktoren abhängen.

Es muss nicht eigens erwähnt werden, dass es sich hier um einen äußerst gravierenden Vorwurf handelt. Sollte er sich als berechtigt herausstellen, dann müsste die vorgeschlagene liberale Variante der Bestimmung personaler Präferenzen in jedem Falle zurückgewiesen werden, weil sie gegen eine der beiden Minimalbedingungen von Freiheit verstößt. Der Einwand ist eng verwandt mit dem so genannten »Konsequenz-Argument«, auf das ich weiter unten noch ausführlicher eingehen werde. Hier werde ich mich auf einige kurze Bemerkungen beschränken, die die Kriterien personaler Präferenzen betreffen.

Entscheidend ist dabei die Tatsache, dass von externen Faktoren sinnvoll nur in Abgrenzung zu internen Faktoren gesprochen werden kann, also in Abgrenzung zu denjenigen Merkmalen, die man einer Person rechtmäßigerweise zuschreiben kann. Unnötig zu erwähnen, dass ein Merkmal, das bestimmten Kriterien zufolge als internes Merkmal klassifiziert wurde, nicht gleichzeitig auch als externes Merkmal betrachtet werden kann.

Selbstverständlich kann sich immer herausstellen, dass die ursprüngliche Klassifikation fehlerhaft war oder dass die zugrunde gelegten Kriterien unzulänglich waren; hierzu bedarf es allerdings nachvollziehbarer Argumente. Genau die liefert der obige Einwand jedoch nicht – auch wenn dies auf den ersten Blick anders aussehen mag. Entscheidend ist, dass der Einwand auf der Annahme basiert, dass jedes Merkmal, dessen Kausalgeschichte nicht vollständig auf den Urheber zurückzuführen ist, ein externes Merkmal sei. Damit wird aber das Prinzip der ultimativen Verantwortung zugrunde gelegt, doch dieses Prinzip ist, wie oben gezeigt, inkohärent.

Aus diesem Grund kann man den obigen Einwand grundsätzlich zurückweisen: Einstellungen, die das liberale Kriterium erfüllen, sind Einstellungen dieser Person selbst, sie können nicht gleichzeitig als »eigentlich« externe Merkmale klassifiziert werden. Natürlich kann sich das liberale Kriterium als korrekturbedürftig erweisen. Der Verweis darauf, dass bestimmte Merkmale nicht vollständig auf die Urheberin zurückzuführen sind, stellt jedoch keinen Grund für eine solche Korrektur dar: Wenn man die Existenz personaler Präferenzen überhaupt akzeptiert, dann muss man akzeptieren, dass auch solche Einstellungen als personale Präferenzen zählen können, deren Entstehungsgeschichte nicht vollständig auf den Urheber zurückzuführen ist.

Bislang habe ich mich bei Vorstellung und Verteidigung der liberalen Variante ausschließlich auf theoretische Argumente gestützt. Es bleibt daher die Frage, ob es sich nicht auch intuitiv plausibel machen lässt, warum man einer Person Präferenzen zurechnen kann, deren Entstehungsgeschichte sie nicht vollständig bestimmt hat.

Grundlage dieser Variante ist wie gesagt die Annahme, dass eine Person im Laufe ihrer Entwicklung nicht nur gewisse Präferenzen, sondern auch rationale und volitionale Fähigkeiten erwirbt, die sie in dem bereits skizzierten Sinne als rationalen Akteur qualifizieren. Kraft dieser Fähigkeiten, die oben im Einzelnen benannt wurden, kann die Person kritisch zu ihren eigenen Präferenzen Stellung nehmen bzw. diese aufgeben, sofern ihr das erforderlich oder sinnvoll erscheinen sollte.

Anlässe für solche Entscheidungen gibt es z.B. dann, wenn ein rationaler Akteur erkennt, dass eine bestimmte Präferenz zu Konflikten mit seinen übrigen Präferenzen führt. So könnte eine Person erkennen, dass ihre Präferenz für die berufliche Karriere substantiellen Bedürfnissen gegenüber Familie oder Freunden widerspricht; in einem anderen Fall könnte eine Person sich veranlasst sehen, bestimmte politische Präferenzen aufzugeben, die sie seit ihrer Jugend besessen hat. Es scheint mir nicht nur theoretisch, sondern auch intuitiv plausibel, der Person die Präferenzen zuzurechnen, die derartigen Korrekturprozessen unterworfen werden *können*, und zwar unabhängig davon, ob die Person die Präferenz faktisch auf die Dauer beibehält oder irgendwann einmal aufgibt. Plausibel erscheinen sollte dies nicht zuletzt dann, wenn man sich vor Augen hält, dass eine Lösung des Entscheidungsprozesses von den übrigen Präferenzen, wie sie der Inkompatibilist fordert, die Fähigkeit zur Selbstbestimmung untergraben würde: Wie sollte ich zu einer angemessenen Bewertung meiner beruflichen Präferenzen in der Lage sein, ohne dabei meine übrigen Wünsche, Überzeugungen und Bedürfnisse einzubeziehen?

Natürlich ist es auch im Rahmen dieses Modells möglich, dass Personen sich von ihrer Vorgeschichte emanzipieren; als selbstbestimmt könnten solche Prozesse allerdings nur dann gelten, wenn sie sich wiederum auf die Person selbst, also auf ihre übrigen Wünsche, Überzeugungen und Bedürfnisse zurückführen ließen, nicht aber, wenn es hier plötzlich zu einem unerklärlichen Bruch kommen würde. Damit ist nicht gesagt, dass es solche vollständigen Brüche nicht geben kann; behauptet wird nur, dass sie sich nicht als selbstbestimmte Entscheidungen qualifizieren würden.

Wie weit die Fähigkeit zu solchen selbstbestimmten Entscheidungen und damit auch die Freiheit einer Person im Einzelfalle tatsächlich reicht, hängt von sehr vielen Faktoren ab – von der Einsichtsfähigkeit der Person selbst, von ihrem Vermögen, getroffene Entscheidungen umzusetzen, es hängt ab von zeittypischen Überzeugungen oder schlichten Moden, aber auch von dem Kenntnisstand, den eine Person zu einem bestimmten Zeitpunkt besitzt. Hat die Person jedoch einen solchen Spielraum hinsichtlich der Entscheidung für oder gegen ein bestimmtes Merkmal gewonnen, dann kann man ihr das Merkmal zuschreiben, auch wenn sie auf Dauer an dem Merkmal festhalten wird.

Die identifikatorische Variante

Das zentrale Kriterium für die Zuschreibung einer Präferenz ist der liberalen Variante zufolge also die Möglichkeit zu einer selbstbestimmten Distanzierung. Die Annahme, dass man einer Person eine Präferenz zuschreiben kann, ergibt sich hier nur *indirekt* daraus, dass eine Person sich *nicht* von einer Präferenz distanziert, von der sie sich doch distanzieren könnte. Es gibt jedoch noch eine ganz andere Variante der Bestimmung personaler Präferenzen: Das zentrale Kriterium ist hier nicht die Möglichkeit der Distanzierung, entscheidend ist vielmehr, ob die Person bereit ist, sich gegebenenfalls mit der fraglichen Präferenz zu *identifizieren*. Es kommt also darauf an, dass eine Person die fragliche Präferenz vorbehaltlos akzeptiert; dabei wird in Kauf genommen, dass sich die Person möglicherweise *nicht* mehr gegen die Präferenz entscheiden kann. So könnte man davon sprechen, dass bestimmte Menschen die Bereitschaft, mitleidig oder besorgt auf das Elend anderer zu reagieren, gar nicht aufgeben *können,* weil diese Bereitschaft so etwas wie das Zentrum ihres Wesens ausmacht. Der identifikatorischen Variante zufolge ist dies jedoch solange unproblematisch, wie die Person keine Motive hat, sich von dieser Bereitschaft zu lösen. Dabei wird offenbar unterstellt, dass sich eine Person nicht mit denjenigen Präferenzen identifizieren würde, die normalerweise als Beeinträchtigungen freier oder selbstbestimmter Handlungen betrachtet werden, also z.B. mit psychischen oder physischen Abhängigkeiten. Für Harry Frankfurt etwa stellt die Elternliebe ein Paradebeispiel für eine solche Einstellung dar.[71]

Auch diese Variante muss keine konkreten Festlegungen bezüglich der Entstehungsgeschichte eines Merkmals machen. Es muss also *nicht* gefordert werden, dass schon der *Erwerb* eines bestimmten Merkmals auf einen Akt der Identifikation zurückgeht; genauso wenig ist erforderlich, dass jedes Merkmal, das als personales Merkmal zählt, *faktisch* irgendwann einmal von der Person akzeptiert wurde. Gefordert werden muss nur, dass die Person das fragliche Merkmal akzeptieren *würde*, *wenn* sie es zum Gegenstand einer selbstbestimmten Entscheidung machte. Gemessen an diesem Kriterium könnte meine Leidenschaft für italienische Opern daher auch dann als personale Präferenz zählen, wenn mir keine Möglichkeit bleibt, mich wirksam gegen das Merkmal zu entscheiden. Notwendig ist nur, dass ich dieses Merkmal vorbehaltlos akzeptieren würde, sofern ich mich zu einer Stellungnahme veranlasst sähe. Hier besteht also ein klarer Unterschied zu der »liberalen« Variante, der zufolge meine Leidenschaft *keine* personale Präferenz darstellen würde, sofern ich mich nicht gegen sie entscheiden kann.

Zwar stellt der Identifikationsprozess auf den ersten Blick ein plausibles Kriterium für die Zuschreibung eines Merkmals dar; tatsächlich gibt es jedoch eine Reihe von Problemen, die gegen diese Variante sprechen. Entscheidend ist dabei, dass der Regressvorwurf nur noch mit Schwierigkeiten auszuräumen ist. Die Situation ist hier einfach deshalb schwieriger als bei der liberalen Variante, weil es nun nicht mehr reicht zu wissen, ob eine Entscheidung *überhaupt* möglich wäre; vielmehr kommt es auf das *konkrete Ergebnis* der Entscheidung, nämlich auf die vorbehaltlose Zustimmung an. Will man wissen, ob eine Person zu einer solchen Zustimmung bereit ist, dann muss man die anderen personalen Präferenzen der Person kennen, bei denen sich wieder dasselbe Problem stellt. Zu umgehen wäre dieses Problem allenfalls, wenn man bei der Frage nach der vorbehaltlosen Zustimmung den Unterschied zwischen personalen und nichtpersonalen Präferenzen ignoriert und einfach vollständige Vorbehaltlosigkeit fordert. Dann allerdings würden vermutlich nur noch sehr wenige Merkmale als personale Präferenzen zählen. Ein Mörder, der seiner eigenen Gewaltbereitschaft nicht vorbehaltlos gegenübersteht, würde also nicht frei handeln, wenn er einen Mord beginge, der sich auf diese Gewaltbereitschaft zurückführen ließe; er könnte daher auch nicht verantwortlich gemacht werden.

Es kommt hinzu, dass Vorbehalte auch von personalen Präferenzen ausgehen können. Frankfurt[72] hat der Sache nach völlig Recht, wenn er die Möglichkeiten von Konflikten zwischen Merkmalen betont, die für eine Person konstitutiv sind: Nicht nur in Fausts Brust wohnen zwei Seelen. Es leuchtet ein, dass die Zulassung solcher Konflikte noch größere Probleme für die identifikatorische Variante aufwerfen würde: Wie soll man zulässige von nicht zulässigen Konflikten unterscheiden? Oder anders ausgedrückt: Welche Konflikte beeinträchtigen die geforderte Vorbehaltlosigkeit bei der Identifikation und haben daher zur Folge, dass eine Präferenz nicht als personale Präferenz gilt?

Trotz dieser Schwierigkeiten glaube ich, dass auch die identifikatorische Variante zu den ernsthaften Kandidaten für die Bestimmung personaler Präferenzen zählt. Im Gegensatz dazu scheiden die rationale Variante und das Kriterium der ultimativen Verantwortung von vornherein aus. Unter den beiden verbleibenden Optionen verdient allerdings die »liberale« eindeutig den Vorzug: Zum einen ist sie nicht von den Problemen betroffen, die der identifikatorischen Variante zu schaffen machen; zum zweiten wird sich herausstellen, dass sie besser mit dem Prinzip der alternativen Möglichkeiten übereinstimmt als die identifikatorische Option.

Ein eigentliches »Selbst«?

Es mag ja sein, dass die Handlung meinen wichtigsten Überzeugungen, Wünschen und Bedürfnissen entsprach. Aber gehört zur Freiheit nicht auch die Möglichkeit, dass ich mich notfalls gegen meine Überzeugungen, Wünsche und Bedürfnisse entscheiden kann, dass also mein Ich unabhängig bleibt auch gegenüber meinen Einstellungen?

Wenn man so denkt, dann läuft man Gefahr, einer fundamentalen Verwirrung zum Opfer zu fallen. Ziel der vorgelegten Analyse ist eine Bestimmung derjenigen Merkmale, die ein handelndes »Selbst« konstituieren. Es mag sein, dass die bislang genannten Kriterien für die Bestimmung personaler Präferenzen korrekturbedürftig sind – vermutlich sind sie es. In diesem Falle müssen die Kriterien eben entsprechend modifiziert werden. Doch auch wenn die Präferenzen einer Handelnden zu einem gewissen Zeitpunkt richtig erkannt wurden, kann die Handelnde sich im weiteren Verlauf so entwickeln, dass sie zu einem späteren Zeitpunkt ganz andere Präferenzen besitzt. Möglicherweise sieht die Person ihre Freiheit irgendwann einmal durch genau diejenigen Eigenschaften beeinträchtigt, die zuvor zu ihren personalen Präferenzen zählten.

Entscheidend ist hier, dass alle diese Fragen erst auftauchen können, wenn es andere zurechenbare Merkmale gibt, mit denen die fragliche Eigenschaft nicht mehr zusammenstimmt: So kann man z.B. durch eine intensivere Auseinandersetzung mit dem Problem der Genforschung zu einer Revision seiner bisherigen Ablehnung dieser Wissenschaft kommen. Basis dieser Revision wären dann die anderen Präferenzen der Person, insbesondere ihre Überzeugungen und Interessen, aber natürlich können auch neue Informationen und andere Einflüsse von außen in den Revisionsprozess eingehen.

Man widerspricht sich jedoch selbst, wenn man einerseits zugibt, dass das Selbst durch personale Merkmale konstituiert wird, auf der anderen Seite jedoch eine Unabhängigkeit von diesen Merkmalen fordert und damit unterstellt, dass wirkliche Freiheit durch eben die Wünsche, Überzeugungen und Bedürfnisse eingeschränkt wird, die das »Selbst« doch konstituieren. Offenbar wird dabei stillschweigend unterstellt, was zuvor bestritten wurde, nämlich dass es noch ein »eigentliches« Selbst jenseits dieser Merkmale gibt. Man verfällt damit einem Fehler, der von Gilbert Ryle[73] schon in der Mitte des vergangenen Jahrhunderts[74] aufgedeckt worden ist. Ryle veranschaulicht diesen

Fehler am Beispiel des Besuchers einer Universität. Der Besucher lässt sich durch die einzelnen Gebäude der Universität führen und bemerkt anschließend: Nun gut, ich habe die Seminargebäude gesehen, ich habe die Mensa gesehen und auch das Verwaltungsgebäude – aber wo ist denn nun die *Universität?* Offensichtlich macht der Besucher einen fundamentalen Fehler, Ryle spricht von einem Kategorienfehler: Der Besucher glaubt, dass »Universität« ein Ausdruck derselben Kategorie ist wie »Seminargebäude« oder »Mensa« und erwartet daher noch ein zusätzliches Gebäude. Er erkennt nicht, dass mit »Universität« die gesamte Institution gemeint ist, die durch genau die Gebäude konstituiert wird, die er bereits gesehen hat. Es ist also völlig verfehlt, hier noch ein zusätzliches Gebäude zu erwarten. Ryles Argument ist nicht unumstritten[75], und es bezieht sich zudem eigentlich auf die Leib-Seele-Debatte, dennoch erfasst es sehr gut den Fehler, den man macht, wenn man einerseits zugibt, dass das Selbst durch bestimmte Wünsche, Überzeugungen und Bedürfnisse konstituiert wird, auf der anderen Seite dann aber doch mit einem eigentlichen Selbst operiert, das unabhängig von jenen Merkmalen sein soll. Erkennt man diesen Fehler, dann muss man zugeben, dass es kein eigentliches Selbst jenseits der personalen Merkmale geben kann, wenn man vorher akzeptiert hat, dass das Selbst durch diese Merkmale konstituiert wird. Das bedeutet, dass Handlungen, die durch die personalen Präferenzen bestimmt sind, selbstbestimmte Handlungen sind.

Natürlich kann man von vornherein bestreiten, dass es Merkmale gibt, die für das »Selbst« einer Person konstitutiv sind – die Theorie der Akteurskausalität geht genau diesen Weg. Ich habe jedoch bereits gezeigt, warum dies zu inakzeptablen Konsequenzen führt. Zum einen würde das »Selbst«, also das handelnde Subjekt, somit zu einer bloßen Abstraktion, die nichts mehr mit dem zu tun hat, was wir normalerweise unter einer Person verstehen. Offensichtlich gehört es zu unserem vorwissenschaftlichen Begriff von Personen, dass diese bestimmte Wünsche, Überzeugungen und Bedürfnisse haben, doch genau dies würde ausgeschlossen, wenn man unterstellt, dass das »eigentliche« Selbst jenseits der konkreten personalen Merkmale zu finden sei. Zum zweiten könnte man nicht mehr verständlich machen, warum eine Person in einer bestimmten Situation so und nicht anders gehandelt hat, wenn es keine konkreten Merkmale mehr gibt, die der Person wirklich zugerechnet werden können: Das Prinzip der Urheberschaft wäre damit prinzipiell verletzt. Die Aufgabe der Voraussetzung, dass es Merkmale geben muss, die für das »Selbst« konstitutiv sind, stellt also auch keinen gangbaren Weg dar.

Eine erste Zwischenbilanz

Akzeptiert man die bisher angestellten Überlegungen und Vorschläge, dann ergeben sich vergleichsweise klare Kriterien für personale Freiheit. Frei im Sinne dieser Konzeption handelt eine Person, die in einer bestimmten Situation eine Option *x* statt einer Option *y* wählt, genau dann, wenn sich die Entscheidung für *x* und gegen *y* auf die personalen Präferenzen der Person zurückführen lässt. Man kann auch sagen, dass die personalen Präferenzen eine kritische Rolle in der Erklärung dieser Entscheidung spielen müssen. Wenn es sich also bei meiner Überzeugung, dass Diebstahl verwerflich ist, um eine personale Präferenz handelt, und diese Überzeugung eine Erklärung dafür gibt, dass ich in der betreffenden Situation die Waren bezahlt und nicht gestohlen habe, dann liegt hier eine selbstbestimmte und insofern freie Handlung vor.

Eine solche Erklärung setzt eine hinreichend robuste Verbindung zwischen dem Handelnden und seiner Handlung voraus; die Handlung muss jedoch durch den Handelnden nicht im strengen Sinne determiniert sein. Andererseits schließt es der hier vorgelegte Minimalbegriff auch nicht aus, dass die Handlung determiniert ist. Eine Handlung kann nämlich auch dann die Kriterien für Selbstbestimmung erfüllen, wenn Ereignisse vor der Geburt des Akteurs eine Prognose der Handlung erlauben. Voraussetzung dafür ist, dass die eigentliche Entscheidung am Ende dieser Kausalkette auf den Akteur und nicht ausschließlich auf äußere Umstände zurückzuführen ist, so dass die Prognose den Akteur und seine personalen Präferenzen einbeziehen muss.

Zwar würden die Kriterien für »ultimative Verantwortung« unter diesen Bedingungen verfehlt; dies ist jedoch trivial, weil die zugrunde liegende Vorstellung inkohärent ist und die Kriterien prinzipiell nicht zu erfüllen sind. Dies bedeutet, dass sich aus der Vorstellung von »ultimativer Verantwortung« keine plausiblen Kriterien für personale Präferenzen ableiten lassen. Als überzeugendste Strategie für die Bestimmung personaler Präferenzen hatte sich die »liberale« Variante herausgestellt: Zentral ist dabei die Vorstellung, dass eine Person die Möglichkeit haben muss, sich wirksam gegen eine Präferenz zu entscheiden. Besitzt sie diese Möglichkeit, macht aber von ihr keinen Gebrauch, dann kann man davon ausgehen, dass sie dieses Merkmal akzeptiert; Handlungen, die sich auf dieses Merkmal zurückführen lassen, wären dann freie Handlungen.

Der letzte, bislang nur am Rande behandelte Punkt betrifft das Leib-Seele-Problem bzw. die Frage, ob unsere geistigen Eigenschaften materiell realisiert sind, so wie es ein Monist behaupten würde, oder ob sie prinzipiell von materiellen Eigenschaften unterschieden werden können, so wie es dem Leib-Seele-Dualismus entsprechen würde. Tatsächlich enthält die hier vorgestellte Konzeption von Freiheit keine Festlegung auf eine dieser Optionen. Mit der Behauptung, dass eine Handlung dann und nur dann frei ist, wenn sie sich auf die personalen Präferenzen des Handelnden zurückführen lässt, sagt man nämlich noch nichts darüber, wie diese Präferenzen realisiert sind. Diese Aussage ist sowohl mit einem dualistischen wie mit einem monistischen Ansatz verträglich, allerdings habe ich bereits gezeigt, dass der Dualismus entgegen einer weit verbreiteten Vorstellung keinen Zugewinn an Freiheit ermöglicht, sondern nur die Probleme von der materiellen auf die immaterielle Ebene verlagert; abgesehen davon gibt es bislang keine empirischen Belege für den Dualismus.

Zweifellos erscheint die Behauptung, unsere geistigen Prozesse würden durch die Aktivität einfacher Nervenzellen realisiert, auf den ersten Blick alles andere als plausibel – viele Autoren meinen sogar, diese Behauptung lasse sich auch dann niemals wirklich verstehen, wenn sie faktisch wahr sei.[76] In der Tat fällt es schwer, sich vorzustellen, dass die Prozesse, die wir aus der Innenperspektive der ersten Person als Willensakte, Überlegungen oder Wunschvorstellungen erfahren, identisch sein sollen mit den neuronalen Aktivitäten, die wir aus der Außenperspektive der Naturwissenschaften beschreiben können. Sicherlich würden Neurowissenschaften und Philosophie eine Weile damit zu tun haben, uns diesen Sachverhalt verständlich zu machen. Doch *wenn* mentale Prozesse allgemein durch neuronale Aktivitäten realisiert sind, dann gilt das natürlich auch für unsere Entscheidungen.

Unter diesen Voraussetzungen könnte man aus der Tatsache, dass eine Handlung von neuronalen Prozessen gesteuert wird, nicht schließen, dass sie nicht durch uns bestimmt wird. Es käme also nicht mehr darauf an, *ob* eine Handlung durch neuronale Prozesse gesteuert wird, entscheidend wäre vielmehr, durch *welche* neuronalen Prozesse dies geschieht. Wird die Handlung z.B. durch basale Hirnaktivitäten gesteuert, die prinzipiell unabhängig von unserem Bewusstsein und unseren Erfahrungen sind,[77] dann ist sie *nicht* selbstbestimmt – im einfachsten Fall gilt dies für Reflexe und instinktive Reaktionen. Lässt sich die Handlung dagegen auf diejenigen höherstufigen neuronalen Prozesse zurückführen, die auch unsere bewussten Entscheidungen, Gedanken und Emotionen realisieren, dann wäre sie durch uns gesteuert. Gäbe es *diese* Prozesse nicht, dann würden auch die entsprechenden Wünsche, Überzeugungen und Bedürfnisse nicht existieren.

Mit anderen Worten: Ob der Monismus wahr ist oder nicht, kann und soll hier nicht entschieden werden; doch *wenn* er sich als wahr herausstellt, muss sich daraus keine Einschränkung unserer Freiheit ergeben.

Das Maß der Freiheit

Sie stehen vor der Frage, was Sie am heutigen Abend unternehmen sollen. Zur Auswahl stehen eine Oper, ein Fußballspiel, ein Klavierabend, ein Jazzkonzert und ein Boxkampf. Die Oper ist ausverkauft, doch für alle anderen Veranstaltungen sind noch Karten erhältlich, allerdings hassen Sie Boxen und es zieht Sie eindeutig zu dem Klavierabend. Ist damit nicht Ihre Freiheit eingeschränkt? Und wie ließe sich Ihr Freiheitsspielraum vergrößern? Gibt es überhaupt unterschiedliche Grade oder gar ein »Maß« der Freiheit?

Die bisherigen Ausführungen könnten den Eindruck erweckt haben, als sei Freiheit eine Frage des Alles oder Nichts: Eine Handlung scheint entweder frei oder eben unfrei zu sein. Ich glaube nicht, dass dies zutrifft; es gibt ganz offensichtlich unterschiedliche Grade von Freiheit. Dies liegt – wie schon erwähnt – zum einen daran, dass es sehr große Unterschiede hinsichtlich der Alternativen gibt, die einer Person für selbstbestimmte Handlungen offen stehen. Natürlich macht es einen Unterschied, ob sich meine Alternativen darauf beschränken, eine Arbeit entweder als Reinigungskraft oder als Kassierer anzunehmen, oder ob mir auch eine Karriere als Wissenschaftler oder Künstler offen steht.

Das Gleiche gilt für das obige Beispiel: Zweifellos wird meine Freiheit *eingeschränkt* dadurch, dass keine Karten für die Oper mehr verfügbar sind, *beseitigt* wird sie damit aber nicht, solange noch andere Optionen offen stehen. Und wenn Freiheit eingeschränkt werden kann, ohne gleich beseitigt zu werden, dann muss es unterschiedliche Grade von Freiheit geben. Eine andere

Frage ist, ob diese Unterschiede objektiv erfassbar sind. Angesichts des Fehlens allgemeiner Kriterien für einen Vergleich der Handlungsspielräume, von denen hier die Rede ist, dürfte dies wohl unmöglich sein. Dennoch sind die Unterschiede in Fällen wie den oben genannten einfach evident. Es ist daher auch nur selten bestritten worden, dass z.B. Differenzen in den politischen, ökonomischen oder sozialen Bedingungen zu unterschiedlichen Graden von Freiheit führen können.

Dies bedeutet natürlich auch, dass die Handelnde durch eine Veränderung der äußeren Bedingungen in einem gewissen Maße selbst mit darüber entscheiden kann, wie frei sie ist. So könnte sie ihren Handlungsspielraum erweitern, indem sie ihre finanziellen Ressourcen vergrößert. Die Konsequenzen lassen sich an dem obigen Beispiel erkennen: Mit größeren finanziellen Ressourcen könnte ich mir z.B. ein Opernabonnement leisten und müsste nicht mehr befürchten, keine Karten mehr zu bekommen.

Auch diese Art der Einwirkung ist wenig umstritten und philosophisch letztlich uninteressant. Anders steht es dagegen mit den Präferenzen einer Person. Auf den ersten Blick könnte es so aussehen, als lasse sich der Spielraum dadurch erweitern, dass man bestimmte Präferenzen aufgibt, weil diese einen daran »hindern«, andere Optionen wahrzunehmen. So scheint sich in dem obigen Beispiel mein Spielraum signifikant zu vergrößern, wenn ich meine Abneigung gegen den Besuch von Boxveranstaltungen aufgebe. Konsequent zu Ende gedacht, liefe dies wieder darauf hinaus, dass ich dann am freiesten wäre, wenn ich überhaupt keine Präferenzen hätte.

Diese Annahme beruht jedoch auf einem grundlegenden Missverständnis. Wenn ich keine Präferenzen habe, dann kann ich mir auch keine Ziele setzen, ich kann also nicht wirklich selbst bestimmen, was ich tue – ganz abgesehen davon, dass es unter solchen Voraussetzungen aus den genannten Gründen unmöglich wäre, mir eine bestimmte Handlung auch zuzuschreiben: Jede andere Handlung, einschließlich des genauen Gegenteils, könnte mir mit derselben Berechtigung zugeschrieben werden. Eine Steigerung der Freiheit durch eine Lockerung der Beziehung zwischen Handlung und Handelndem ist also offenbar unmöglich.

Freiheit wird daher nicht *eingeschränkt* durch diejenigen Merkmale, die für mich selbst konstitutiv sind. Dies gilt nicht nur dann, wenn ich aufgrund eines für mich selbst konstitutiven Merkmals etwas *tue*, sondern auch dann, wenn ich aufgrund eines solchen Merkmals etwas *unterlasse:* Wenn die Abneigung gegen das Boxen oder die Überzeugung von der Verwerflichkeit öffentlicher Zurschaustellung von Gewalt konstitutiv ist für mich selbst, dann handle ich selbstbestimmt, wenn ich dieser Abneigung und der damit verbundenen Überzeugung folge.

Dies wird auch intuitiv plausibel, wenn man sich vor Augen hält, was passieren würde, wenn man sich nicht von seiner Abneigung gegen Boxkämpfe und der entsprechenden Überzeugung leiten ließe: Man würde dann nicht nur eine Form der Unterhaltung unterstützen, die den eigenen Überzeugungen widerspricht; vielmehr würde man sich auch Erfahrungen aussetzen, die für einen selbst nicht sonderlich angenehm sein dürften. Umgekehrt steigert der Ausschluss dieser für mich sehr wenig attraktiven Option die Wahrscheinlichkeit von Handlungen, die meinen Präferenzen entsprechen.

Diese Lösung führt also nicht zum Ziel. Doch es gibt noch eine andere Möglichkeit, wie eine Person ihren Handlungsspielraum erweitern kann, indem sie Einfluss auf ihre eigenen Präferenzen nimmt. Stellen wir uns vor, der Besuch von Jazzkonzerten käme für mich einfach aufgrund einer instinktiven Abneigung gegen diese Musik nicht in Frage. Ich könnte dann meine Abneigung gegen den Jazz nicht einfach nach Belieben aufgeben – insofern würde diese Abneigung auch nicht als personale Präferenz zählen. Dennoch könnte ich diese Abneigung unter Umständen auf indirektem Wege verändern, etwa indem ich mich mehr oder minder planmäßig mit dieser Musik vertraut mache. Sofern dadurch aus meiner instinktiven Abneigung nicht einfach eine Sucht wird, sondern eine personale Präferenz, würde sich mein Handlungsspielraum durch das Hinzutreten dieser Präferenz zweifellos erweitern.

Es gibt noch zwei weitere Möglichkeiten der Vergrößerung des Handlungsspielraumes, nämlich erstens durch die Auflösung von Konflikten zwischen bestehenden Präferenzen und zweitens, indem die Handelnde lernt, die Konsequenzen ihres Tuns besser abzuschätzen.[78] Dass es Konflikte zwischen den Präferenzen einer Person geben kann, scheint mir evident; ebenso offensichtlich ist es, dass solche Konflikte den Handelnden blockieren können. Wenn ich mich nicht zwischen zwei Präferenzen entscheiden kann und daher zu einer selbstbestimmten Handlung nicht in der Lage bin, dann wird dadurch mein Handlungsspielraum eingeschränkt – eine Auflösung dieses Konfliktes würde also meinen Spielraum erweitern.

Vergleichbares gilt aber auch für den Fall, dass ich lerne, die Konsequenzen meines Tuns besser abzuschätzen. Die grundlegende Bedeutung dieser Fähigkeit war oben bereits betont worden. Sie ergibt sich schon daraus, dass man einer Person offenbar nur solche Handlungsfolgen zuschreiben kann, die für die Person absehbar waren. Tatsächlich kann ich ja nur dann abschätzen, ob ich ein Ziel mit einer bestimmten Aktivität zu erreichen vermag, wenn ich die Konsequenzen dieser Aktivität abschätzen kann. Dies betrifft nicht nur die unmittelbaren, sondern auch die mittelbaren Konsequenzen: Wenn ich nicht nur weiß, dass das Anstecken einer Zigarette mir einen kurzfristigen Genuss verschafft, sondern gleichzeitig auch erkenne, dass die Erfüllung dieses Bedürfnisses auf längere Sicht mit meiner Präferenz, gesund zu leben, kollidiert, dann gewinne ich damit eine zusätzliche Möglichkeit, meinen Präferenzen entsprechend und damit selbstbestimmt zu handeln. In diesem Falle liegt der Gewinn also nicht in zusätzlichen Handlungsoptionen, sondern eher in einer besseren Auswahl unter den bereits zur Verfügung stehenden Alternativen. Abermals dürfte es schwierig sein, verlässliche Aussagen über das Maß einer solchen Verbesserung zu machen, dennoch kann wohl kein Zweifel daran bestehen, dass man auf diese Weise die Fähigkeit, den eigenen Präferenzen entsprechend zu handeln, verbessern kann. Wenn ich also erkenne, dass der Besuch des Klavierkonzerts alles in allem positivere Folgen für mich hat als der Besuch des Jazzkonzerts, dann vergrößert auch dies meine Fähigkeit zu selbstbestimmtem Handeln.

Einwände

Nach wie vor handelt es sich bei dem vorgestellten Modell lediglich um eine Minimalkonzeption, die im Grunde[79] nur aus zwei basalen Prinzipien, den Forderungen nach Autonomie und Urheberschaft, abgeleitet ist. Die Vorteile dieser Konzeption bestehen zum einen darin, dass die Prinzipien, auf denen sie basiert, fast allgemein akzeptiert sind; zum zweiten ist Freiheit in diesem Sinne auch in einer determinierten Welt möglich.

Völlig offen ist bei dem jetzigen Stand der Auseinandersetzung allerdings noch, ob nicht anspruchsvollere Kriterien erforderlich sind, wenn man unseren vorwissenschaftlichen Vorstellungen von Freiheit und den wichtigsten philosophischen Argumenten zu diesem Thema in einem umfassenderen Sinne gerecht werden will.

Bei der Klärung dieser Frage werde ich in zwei Schritten vorgehen. Zunächst werde ich fragen, ob eine anspruchsvollere Konzeption *möglich* ist. Zu diesem Zweck werde ich zwei Intuitionen diskutieren, die nicht nur eine zentrale Bedeutung für unsere vorwissenschaftlichen Vorstellungen von Freiheit besitzen, sondern auch innerhalb der philosophischen Diskussion eine entscheidende Rolle gespielt haben. Die erste Intuition liegt dem bereits mehrfach erwähnten »Prinzip der alternativen Möglichkeiten« zugrunde, die zweite Intuition kommt am besten in dem so genannten »Konsequenz-Argument« zum Ausdruck.

Einer sehr weit verbreiteten Vorstellung zufolge zeigen beide Intuitionen und die aus ihnen abgeleiteten Argumente, dass es Freiheit in einer determinierten Welt nicht geben kann. Dies würde bedeuten, dass die vorgelegte Minimalkonzeption von personaler Freiheit zu schwach sein muss, schließlich lassen sich deren Kriterien auch in einer determinierten Welt erfüllen. Da die genannten Intuitionen sehr stark und weit verbreitet sind, scheinen sich hieraus wichtige Argumente für eine anspruchsvollere Konzeption von Freiheit zu ergeben. Ich werde diese Argumente jedoch zurückweisen und zeigen, dass man den genannten Intuitionen auf der Basis der vorgestellten Minimalkonzeption auch in einer determinierten Welt gerecht werden kann. Eine anspruchsvollere Konzeption als personale Freiheit ist also nicht *nötig*.

Damit ist allerdings noch nicht die Frage beantwortet, ob eine anspruchsvollere Konzeption *möglich* ist. Ich werde dieser Frage im darauf folgenden Abschnitt nachgehen. Konkret werde ich untersuchen, ob man mit der Forderung nach einer Aufhebung der Determination zu einer stärkeren Konzeption gelangen würde, ob also in einer indeterminierten Welt Freiheit in einem höheren Maß möglich wäre. Es wird sich herausstellen, dass dies nicht der Fall ist. Die Frage, ob unsere Welt determiniert ist oder nicht, ist für das Problem der Freiheit daher irrelevant.

Anders handeln können: Das Prinzip der alternativen Möglichkeiten

Ich habe in einem Supermarkt eingekauft und gehe nun mit einem gut gefüllten Einkaufskorb auf die Kasse zu. Die Kassiererin ist gerade weggegangen und auch der Ladendetektiv macht Pause – ich könnte die Waren also gefahrlos stehlen. Doch ich bin fest davon überzeugt, dass Ladendiebstahl verwerflich ist, und warte daher auf die Kassiererin, um meine Waren zu bezahlen. Später frage ich mich: Hätte ich überhaupt anders handeln können, oder war es nicht vielmehr determiniert, dass alles so kommen würde?

Das Prinzip der alternativen Möglichkeiten steht für die wohl wichtigste Intuition in Bezug auf Freiheit: Wenn wir das Handeln einer Person als frei bezeichnen, dann setzen wir damit in der Regel voraus, dass die Person unter den gegebenen Umständen auch anders hätte handeln können. Besteht diese Möglichkeit nicht, dann sprechen wir normalerweise nicht mehr von einer freien, durch die Person zu verantwortenden Handlung, schließlich war es offenbar nicht die Person, die festgelegt hat, was passiert ist.

Ein Problem für kompatibilistische Ansätze wie die hier vorgeschlagene Minimalkonzeption ergibt sich nun wie gesagt daraus, dass in einer determinierten Welt einer weit verbreiteten Vorstellung zufolge keine alternativen Möglichkeiten bestehen. Ich werde in diesem Zusammenhang im Folgenden von der »strengen« Interpretation des Prinzips der alternativen Möglichkeiten sprechen. Dieser strengen Interpretation zufolge sind alternative Möglichkeiten ausgeschlossen, wenn alle Geschehnisabläufe eindeutig durch Naturgesetze festgelegt sind. Aufgrund dieser Festlegung bliebe einer Person in einer gegebenen Situation nur noch *eine* Handlungsoption, nämlich diejenige, die durch die Naturgesetze festgelegt ist und daher theoretisch auch lange vor der Geburt der Person hätte vorhergesagt werden können.

Was ist mit dem Prinzip gemeint?

Es scheint sinnvoll, sich zunächst kurz darüber zu verständigen, warum das Prinzip in der Diskussion über die Willensfreiheit eine so große Rolle spielt und was konkret mit der Forderung nach alternativen Möglichkeiten gemeint ist. Die erste Frage ist schnell beantwortet, wenn man sich Fälle vor Augen hält, in denen wir die Existenz alternativer Handlungsmöglichkeiten bestreiten würden. Dies wäre etwa dann der Fall, wenn jemand unter äußerem Zwang stand, in einem Affekt oder aus einer psychischen oder physischen Abhängigkeit heraus gehandelt hat. Einen schwer Alkoholabhängigen würden wir allenfalls in einem eingeschränkten Maße dafür verantwortlich machen, dass er nach der Flasche greift. Sein Handeln hängt nämlich nicht wirklich von ihm selbst, sondern von physischen und psychischen Prozessen ab, die sich seinem Einfluss entziehen. Ähnliches gilt, wenn eine Person durch Gewalt zu einer bestimmten Handlung veranlasst wird. Offensichtlich wäre es falsch, eine Person für eine Handlung verantwortlich zu machen, die gar nicht durch sie selbst festgelegt wurde. Aus genau diesem Grunde würden wir auch davon sprechen, dass die Person keine Handlungsalternative hatte.

Gibt es dagegen alternative Handlungsmöglichkeiten, dann hat die Person mehrere Optionen und der Ausgang der Handlung ist nicht durch äußere Umstände festgelegt. Wenn der Mörder den Schuss abfeuern, aber dies auch unterlassen kann, dann ist damit eine wichtige Bedingung dafür erfüllt, dass wir *ihn* und nicht die Umstände für sein Tun verantwortlich machen können.

Alternative Handlungsmöglichkeiten, so lässt sich die erste Frage beantworten, sind also offenbar deshalb so wichtig in der Diskussion um die Willensfreiheit, weil sie den Spielraum beschreiben, den eine Person in einer bestimmten Situation besitzt.

Hieraus lassen sich zwei wichtige Konsequenzen für die Beantwortung der zweiten Frage ableiten. Erstens bedeutet dies, dass wir daran interessiert sein müssen, ob die Person *unter den faktisch vorhandenen Bedingungen* und nicht unter irgendwelchen anderen Umständen anders hätte handeln können. Natürlich kann es sein, dass sie unter anderen Umständen anders gehandelt hätte, doch dies ist erstens trivial und zweitens uninteressant, weil wir ja wissen wollen, welchen Spielraum die Person unter den faktisch existierenden Umständen hatte. Sicherlich hätte der Alkoholiker vom Griff nach der Flasche abgelassen, wenn sich keine Flasche in seiner Reichweite befunden hätte, aber dies ist für die Frage nach seiner Freiheit unter den gegebenen Umständen nicht von Bedeutung.

Allgemein heißt dies, dass Handlungsalternativen, die durch eine Veränderung äußerer Umstände zustande kommen, keine Rolle spielen dürfen, wenn es um die Frage geht, ob eine Person anders hätte handeln können. Anders ausgedrückt: Es müssen Handlungsalternativen bei unveränderten Hintergrundbedingungen existieren. Soweit ich sehe, wird diese Bedingung nicht weiter angezweifelt; es wird sich allerdings herausstellen, dass sie längst nicht immer beachtet wird.

Zweitens ergibt sich aus den obigen Feststellungen, dass Handlungsalternativen uninteressant sind, sofern sie nur durch einen Zufall zustande kommen. Solche Alternativen mag es geben, doch offenbar geben sie keinen Aufschluss über den Freiheitsspielraum einer Person. Es mag also sein, dass ein Zufall dazu hätte führen können, dass der Alkoholiker den Griff nach der Flasche unterlassen hätte, doch offenbar würde damit sein Spielraum in der ursprünglichen Situation nicht erweitert, schließlich steht das Eintreten von Zufällen nicht in seiner Macht. Nach wie vor würden also von ihm nicht zu verantwortende Umstände darüber entscheiden, was passiert.

Allgemein ergibt sich hieraus die Forderung, dass nicht nur die ursprüngliche Handlung selbst, sondern auch mögliche Handlungsalternativen dem Prinzip der Urheberschaft entsprechen müssen, sofern sie Bedeutung innerhalb der Diskussion um die Willensfreiheit besitzen sollen. Von einem Spielraum kann nur dann die Rede sein, wenn die Person unter den faktisch existierenden Hintergrundbedingungen zumindest *eine* echte Handlungsalternative besaß. Echt ist diese Handlungsalternative nur dann, wenn ihre Ausführung genauso wie die ursprüngliche Handlung von der Person selbst abhing. Offenbar wäre diese Bedingung verletzt, wenn die Entscheidung von einem Zufall, und erst recht, wenn sie von äußeren Umständen abhinge. Es gibt hier also eine *Symmetriebedingung*: Der Vollzug der faktisch ausgeführten Handlung muss genauso vom Urheber abhängen wie der Nichtvollzug der nicht ausgeführten Handlungsalternative. Letztlich besagt diese Symmetriebedingung nichts anderes, als dass die Wahl zwischen den beiden Alternativen wirklich vom Urheber abhängen muss.

Die Konditionalanalyse

Das Prinzip der alternativen Möglichkeiten ist jedoch noch in einem weiteren Punkt dringend interpretationsbedürftig. Entgegen dem ersten Augenschein ist es nämlich nicht von vornherein klar, was gemeint ist, wenn man davon spricht, dass eine Person, die eine bestimmte Handlung ausgeführt hat, auch eine andere Handlung hätte ausführen »*können*«. Die Interpretationsbedürftigkeit ist weithin anerkannt; die für Kompatibilisten zentrale Annahme ist dabei, dass »können« immer als bedingtes oder eben konditioniertes Können zu verstehen ist; aus diesem Grund wird diese Analyse gemeinhin als »Konditionalanalyse« bezeichnet. Zu behaupten, eine Person hätte anders handeln können, bedeutet dieser Analyse zufolge also, dass die Person anders gehandelt hätte, *wenn sie anders gewollt hätte.* Unter diesen Voraussetzungen gibt es alternative Handlungsmöglichkeiten auch in einer determinierten Welt: Selbst wenn es determiniert war, dass ich die Waren in meinem Einkaufskorb bezahlen würde, kann es doch wahr sein, dass ich die Waren nicht bezahlt hätte, *wenn ich es so gewollt hätte.*

Häufig wird G. E. Moore[80] als der Urheber dieser Analyse genannt, tatsächlich findet sie sich aber schon bei Locke, Leibniz[81], Hume und Schopenhauer[82], die älteste Quelle dürfte Augustinus' Bemühen sein, die Freiheit des menschlichen Willens mit der gottgewollten, notwendigen Ordnung der Dinge in Einklang zu bringen:[83] »Also ist unser Wollen eine Tatsache und vollbringt das, was wir wollend vollbringen, was nicht geschähe, wenn wir nicht wollten.«[84]

Die Konditionalanalyse ist von vielen Autoren als zu schwach abgelehnt worden. Ähnlich wie die traditionelle Vorstellung von Handlungsfreiheit verletzt die Konditionalanalyse nämlich unsere Intuitionen, weil sie Handlungen als frei klassifiziert, die unseren vorwissenschaftlichen Kriterien zufolge eindeutig *nicht* als frei gelten würden. Dies ist insbesondere dann der Fall, wenn der Wille einer Person unter dem Diktat einer psychischen oder physischen Abhängigkeit steht. So mag es zutreffen, dass ein Rauschgiftsüchtiger den Griff nach der Droge unterlassen hätte, *wenn er dies gewollt hätte,* doch offensichtlich war sein Wille abhängig von seiner Sucht. In diesem Falle scheint sogar die grundlegende Unterscheidung zwischen Wollen und Können unstabil zu werden, man kann sich nämlich fragen, ob die Person überhaupt anders »*wollen konnte*«.

Lehrer[85] bringt das Beispiel einer Person, die die roten Bonbons in einer Tüte nicht etwa deshalb verschmäht, weil äußere Umstände sie daran hindern, sondern weil sie angesichts einer pathologischen Angst vor Blut einfach nicht den Willen aufbringen kann, die roten Bonbons zu essen. Angesichts solcher pathologischen Dispositionen ist es völlig unklar, ob der Wille der Person frei ist, ja man kann fragen, ob die Person überhaupt anders hätte *wollen können.*

Zwar versucht Moore, Einwände dieses Typs auszuräumen, indem er die Freiheit eines Willensaktes erster Stufe an einen Willensakt zweiter Stufe bindet. Es kommt also nicht nur darauf an, dass ich anders gehandelt hätte, wenn ich etwas anderes gewollt hätte; vielmehr ist es zweitens wichtig, dass ich etwas anderes gewollt hätte, wenn ich einen Willen zweiter Stufe gehabt hätte, etwas anderes zu wollen. Diese Bedingung scheint jedoch in dem von Lehrer vorgebrachten Beispiel ebenso wenig erfüllt zu sein wie bei anderen pathologischen Abhängigkeiten.

Einmal abgesehen davon, dass diese Lösung nicht sonderlich elegant erscheint, droht hier ein Regress.[86] Wenn die Freiheit eines Willensaktes erster Stufe von einem Willensakt zweiter

Stufe abhängig ist, dann muss die Freiheit eines Willensaktes zweiter Stufe von der eines Willensaktes dritter Stufe abhängig sein etc.[87]

Freiheit ohne alternative Möglichkeiten?

Es sieht so aus, als seien Moores Kriterien unzulänglich. Letztlich verlagert Moore das Problem nur, indem er die Fähigkeit, anders zu handeln, an die Bedingung knüpft, dass die Person ihren Willen verändert. Das hilft offenbar nicht viel: Kann man sich bei der ursprünglichen Fassung des Prinzips fragen, ob die Person tatsächlich anders *handeln* konnte, so fragt man sich bei der Konditionalanalyse, ob die Person anders *wollen* konnte.

Es liegt daher nahe, auf solche Bedingungen zu verzichten und statt dessen zu fordern, dass eine andere Handlung unter völlig unveränderten Bedingungen möglich sein muss.[88] Die zugrunde liegende Idee kann man sich am besten verdeutlichen, wenn man sich den Handlungsablauf wie einen Film vorstellt, den man noch einmal zum Beginn der Handlung zurückspulen kann. Gefordert wird dann, dass in diesem Falle auch die jeweils andere Handlungsmöglichkeit zum Zuge kommen könnte.

Attraktiv erscheint diese Forderung, weil damit offenbar sämtliche denkbaren Abhängigkeiten ausgeschlossen werden. Diese Interpretation des Prinzips der alternativen Möglichkeiten wird von vielen Philosophen akzeptiert, außerdem hat sie eine hohe intuitive Plausibilität. Dennoch sollte man sich darüber im Klaren sein, dass es sich hier um eine *Interpretation* des Prinzips handelt, und diese Interpretation kann sich als falsch herausstellen. Die Aufgabe einer philosophischen Analyse besteht darin, genau dies zu überprüfen.

Folgt man dieser Interpretation, dann scheint in jedem Falle klar, dass es in einer determinierten Welt keine alternativen

Möglichkeiten geben kann: Hier liegt von vornherein fest, was passieren wird. Für einen Kompatibilisten ergibt sich daraus ein schwerwiegendes Problem: Angesichts der Tatsache, dass die Mooresche Analyse von den meisten Philosophen als gescheitert betrachtet wird und eine andere Analyse des Prinzips der alternativen Möglichkeiten offenbar nicht zur Verfügung steht, bleibt ihm nur noch die Wahl zu zeigen, dass Freiheit eben doch nicht an alternative Handlungsmöglichkeiten gebunden ist. Frei kann man in den Augen dieser Philosophen also auch dann handeln, wenn man keine alternative Möglichkeit hat. Die bekanntesten Bemühungen in dieser Richtung stammen von Daniel Dennett und Harry Frankfurt; letzterer hat hierzu ein mittlerweile klassisches Gedankenexperiment vorgelegt. Ich möchte zunächst kurz auf Dennett eingehen, um danach ausführlicher das Gedankenexperiment Frankfurts zu diskutieren.

Dennetts Beispiele

Dennett stützt sich im Wesentlichen auf Beispiele, die zeigen sollen, dass in typischen Fällen von freien Handlungen keine alternativen Handlungsmöglichkeiten bestehen. Er beruft sich dabei u.a. auf den Luther zugeschriebenen Ausspruch: »Hier stehe ich und kann nicht anders«, mit dem der Reformator 1521 angeblich seine Aussage auf dem Reichstag zu Worms abgeschlossen hat, in der er sich weigerte, seine Thesen zurückzuziehen. Das Beispiel ist allerdings aus verschiedenen Gründen sehr unglücklich gewählt. Zum einen handelt es sich nach allem, was sich heute feststellen lässt, wohl nicht um einen Ausspruch Luthers, sondern um einen späteren Zusatz durch die Wittenberger Lektoren und Drucker, die Luthers Aussage einen heroischen Schlussakzent hinzuzufügen suchten. Es kommt hinzu, dass Luther seinem eigenen, wohl dokumentierten Selbstverständnis zufolge *kein* Vertreter der Willensfreiheit war – ausdrücklich hatte er diese Position im Streit mit Erasmus zurückgewiesen. Seinem Selbstverständnis nach hätte er sich mit diesem Satz also gar nicht auf eine freie Handlung beziehen können.

Es kommt hinzu, dass seine Wormser Aussage ganz ausdrücklich so angelegt ist, dass sie nicht als freie Handlung verstanden werden kann. Das ist angesichts der Umstände nicht weiter verwunderlich: Luther steht im Konflikt mit den höchsten Gewalten seiner Zeit, mit Papst und Kaiser. Er tritt daher nicht auf als Individuum, das sich frei für eine bestimmte Position entschieden hat, dabei aber sowohl der weltlichen als auch der geistlichen Macht untergeordnet ist, denen er sich gegenüber sieht. Luther gibt sich vielmehr als Vertreter der göttlichen Autorität, der sowohl durch das Wort Gottes als auch durch sein Gewissen gebunden ist. Er spricht davon, dass ihn die Worte der Schrift »bezwungen« hätten und sein Gewissen »durch die Worte Gottes gefangen« sei. Er »kann und will« daher nichts widerrufen. Wenn Kaiser und Papst ihn dennoch dazu zwingen, dann – so versucht Luther hier deutlich zu machen – leisten sie damit Gott selbst Widerstand. Insofern gibt es eine ganze Reihe von Gründen dafür, dass Luthers Aussage keinen Beleg für eine freie Handlung bildet, die in der Abwesenheit alternativer Möglichkeiten vollzogen wird.

Dies ändert allerdings nichts daran, dass es in der Tat Fälle gibt, in denen man auf den ersten Blick vielleicht sagen würde, man habe frei und selbstbestimmt gehandelt, obwohl nur eine Option in Frage kam. Oft scheint es einfach von vornherein festzustehen, was wir tun werden. So beruft sich Dennett darauf, dass er niemals jemanden foltern würde, nur um damit 1000 Dollar zu erlangen[89] – eine alternative Handlungsmöglichkeit scheint hier nicht zu bestehen, und dennoch würden wir von einer freien und verantwortlichen Handlung sprechen. Ein Verfechter des Prinzips der alternativen Möglichkeiten dürfte sich von diesem Beispiel schwerlich beeindrucken lassen. Sollte Dennett tatsächlich Recht haben, dann kann das für einen Inkompatibilisten nur heißen, dass unser Alltagsverständnis hier in die

Irre geht: Unter den skizzierten Bedingungen ist Dennett eben in Wirklichkeit gar nicht frei.

Frankfurts Gedankenexperiment

Ich sehe daher nicht, dass Dennett ein überzeugendes Gegenargument präsentiert hätte. Ganz anders steht es mit den Gedankenexperimenten von Harry Frankfurt,[90] die ebenso raffiniert wie suggestiv sind. Lassen sich die Experimente halten, dann kann es Freiheit auch in der Abwesenheit alternativer Möglichkeiten geben; vor allem Kompatibilisten haben sich daher gerne von Frankfurt überzeugen lassen, hilft er ihnen doch, einen zentralen Einwand gegen ihre Position zurückzuweisen.

Nehmen wir an,[91] Peter habe sich nach reiflicher Überlegung und aus Gründen, die seinen tiefsten Überzeugungen entsprechen, bei der amerikanischen Präsidentschaftswahl im Jahre 2000 für Bush und gegen Gore entschieden, und habe tatsächlich auch so abgestimmt. Nehmen wir weiterhin an, dass Peters Entscheidung frei im Sinne einer beliebigen Theorie von Freiheit war.

So weit, so gut. Interessant wird das Gedankenexperiment erst durch eine Entdeckung, die einen der vielen böswilligen Neurowissenschaftler ins Spiel bringt, die in philosophischen Gedankenexperimenten ihr Unwesen treiben. Spätere Nachforschungen ergeben nämlich, dass hier noch ein Prof. Black im Hintergrund tätig war. Black hatte sich zum Ziel gesetzt, den Sieg von Bush auf alle Fälle sicherzustellen. Zu diesem Zweck hatte er ein Gerät entwickelt, das auch noch in größerer Distanz hochempfindlich auf elektromagnetische Signale aus Peters Gehirn reagiert und gleichzeitig über Magnetstimulation ebenfalls aus größerer Entfernung Peters geistige Prozesse gegebenenfalls so beeinflussen kann, dass Peter eine Entscheidung für Bush und gegen Gore treffen wird. Tatsächlich ist das Gerät jedoch völlig passiv geblieben; es hat also keinen Einfluss auf Peters Entscheidung ausgeübt. Zentral in Frankfurts Szenario ist nämlich, dass das Gerät nur dann eingegriffen hätte, wenn es das geringste Anzeichen dafür erkannt hätte, dass Peter für Gore stimmen will. In diesem Falle hätte es magnetische Impulse ausgesendet, die dafür gesorgt hätten, dass Peter eine Entscheidung zugunsten von Bush getroffen hätte. Dies ist jedoch nicht geschehen: Das Gerät hat also nur die elektromagnetischen Signale aus Peters Gehirn ausgewertet, ansonsten ist es völlig passiv geblieben und hat keinerlei Einfluss auf Peters Gehirn ausgeübt.

Es gibt mithin keinen Grund, etwas an der ursprünglichen Einschätzung zu verändern: Peter hat offenbar frei gehandelt, schließlich hat es keinerlei Einfluss auf seine Entscheidungsprozesse gegeben. Auf der anderen Seite, und das ist entscheidend, scheint Peter jedoch keine Möglichkeit besessen zu haben, anders zu handeln: Hätte er nämlich auch nur das geringste Anzeichen für eine Entscheidung zugunsten von Gore erkennen lassen, dann wäre das Gerät aktiv geworden und hätte Peter zu einer Entscheidung zugunsten von Bush veranlasst.

Es sieht daher so aus, als hätte Frankfurt mit seinen Bemühungen Erfolg: Eine Handlung scheint auch dann frei sein zu können, wenn es keine Möglichkeit gab, anders zu handeln. Das Prinzip der alternativen Möglichkeiten wäre außer Kraft gesetzt und ein schwerer Einwand gegen die Möglichkeit von Freiheit in einer determinierten Welt beseitigt.

Warum Frankfurts Gedankenexperiment scheitert

Diese Option mag auf den ersten Blick attraktiv erscheinen; bei genauerem Nachdenken zeigt sich jedoch, dass Frankfurts Gedankenexperiment scheitert. Für die weitere Diskussion sowohl des Frankfurtschen Gedankenexperimentes wie auch des Prinzips der alternativen Möglichkeiten ist es sinnvoll, noch einmal an eine der oben genannten Bedingungen zu erinnern: Wenn eine Alternative zu einer faktisch vollzogenen Handlung in der Diskussion um die Willensfreiheit von Bedeutung sein soll, dann muss sie *unter genau den Bedingungen* möglich sein, unter denen die ursprüngliche Handlung vollzogen wurde – schließlich wollen wir ja wissen, ob man unter *diesen* und nicht unter irgendwelchen *anderen* Bedingungen anders hätte handeln können. Unter *veränderten* Hintergrundbedingungen können natürlich viele Handlungsalternativen hinzukommen, die ursprünglich nicht bestanden, genauso können Alternativen ausgeschlossen werden, die ursprünglich vorhanden waren. Es mag sein, dass der Alkoholsüchtige sich kein Bier gekauft hätte, wenn der Kiosk geschlossen gewesen wäre, doch offenbar sagt dies nichts über den Handlungsspielraum in der Situation aus, die uns interessiert, nämlich als seine Sucht ihn dazu trieb, das Bier am geöffneten Kiosk zu kaufen. Wenn das Prinzip der alternativen Möglichkeiten zeigen soll, dass die Entscheidung zwischen beiden Optionen tatsächlich Sache des Handelnden war, dann darf es keinen Unterschied hinsichtlich der Hintergrundbedingungen des faktischen und des kontrafaktischen Szenarios geben – andernfalls bestünde die Gefahr, dass die Hintergrundbedingungen festlegen, was passiert, und nicht der Handelnde selbst.

Unter diesen Voraussetzungen ergibt sich ein schwerwiegender Einwand gegen Frankfurts Gedankenexperiment. Vergleichen wir zu diesem Zweck das Alternativszenario, in dem das Gerät aktiv wird und die Entscheidung des Akteurs bestimmt, mit dem faktischen Szenario, in dem das Gerät passiv bleibt. Das Gedankenexperiment beruht wie gesagt auf der Voraussetzung, dass im faktischen Szenario die Hintergrundbedingungen eine freie und selbstbestimmte Handlung zulassen – nur so gewinnt Frankfurt ja überhaupt eine Basis für seine Behauptung, dass Freiheit in der Abwesenheit von alternativen Möglichkeiten denkbar ist. In dem Alternativszenario ist dies jedoch nicht der Fall. Wo auch immer man die Unterscheidung zwischen Hintergrundbedingungen und internen Faktoren ansetzt: In keinem Falle wird man das Eingreifen des Gerätes, das von dem böswilligen Neurowissenschaftler entwickelt wurde, zu den internen Faktoren zählen können. Das bedeutet, dass sich die Hintergrundbedingungen im Alternativszenario von denen des faktischen Szenarios unterscheiden: Im faktischen Szenario bleibt das Gerät passiv, im Alternativszenario wird es aktiv und sendet Magnetimpulse aus.

Damit aber ist eine zentrale Voraussetzung des Prinzips der alternativen Möglichkeiten verletzt: Was unter veränderten Bedingungen passiert, kann keine Bedeutung für unsere Einschätzung der ursprünglichen Situation haben. Im Prinzip haben wir es also mit zwei ganz unterschiedlichen Situationen zu tun: Zum einen mit dem faktischen Szenario, in dem Peter tatsächlich frei handelt. Wenn wir wissen wollen, ob Peter unter *diesen* Bedingungen anders hätte handeln können, dann dürfen wir eben *diese* Bedingungen nicht verändern. Entwirft man unter Beachtung dieser eigentlich trivialen Voraussetzung ein zweites Alternativszenario, das den Anforderungen des Prinzips der alternativen Möglichkeiten entspricht, dann zeigt sich, dass Peter natürlich anders hätte handeln können: Unter *diesen* Bedingungen muss das Gerät nämlich passiv bleiben; Peter *könnte* also Gore statt Bush wählen.

Die Interpretationsbedürftigkeit des Prinzips der alternativen Möglichkeiten

Treffen diese Überlegungen zu, dann wäre Frankfurts Einwand gegen das Prinzip der alternativen Möglichkeiten gescheitert. Für einen Kompatibilisten ist dieses Ergebnis nicht besonders erfreulich, bleibt damit doch einer der zentralen Einwände gegen seine Position in Kraft: In einer determinierten Welt kann es Freiheit nicht geben, weil hier keine alternativen Möglichkeiten bestehen. Vor dem Hintergrund der bisherigen Diskussion sollte diese Behauptung allerdings ein gewisses Misstrauen erregen: Bislang zumindest hatte die Aufhebung determinierter Abläufe keinen Zugewinn an Freiheit erbracht, sondern lediglich zu Problemen mit den Minimalkriterien, insbesondere mit dem Urheberprinzip geführt. All dies schließt jedoch nicht aus, dass sich die Aufhebung der Determination als notwendig erweisen könnte, um dem Prinzip der alternativen Möglichkeiten gerecht zu werden. Hieraus könnte sich ein Dilemma ergeben: Möglicherweise ist das Prinzip der alternativen Möglichkeiten nur zu erfüllen, wenn gleichzeitig andere Bedingungen von Freiheit wie das Urheberprinzip verletzt werden. Unsere vorwissenschaftlichen Intuitionen würden sich damit als inkohärent erweisen.

Vor diesem Hintergrund scheint es mir sinnvoll, noch einmal auf die bereits eingangs bemerkte Interpretationsbedürftigkeit des Prinzips der alternativen Möglichkeiten zurückzukommen. Festzuhalten bleibt, dass die Interpretation, die Moore im Rahmen seiner Konditionalanalyse vorgeschlagen hat, unzulänglich ist: Offenbar sind hier strengere Kriterien erforderlich. Aber bedeutet dies, dass man nur dann von alternativen Handlungsmöglichkeiten sprechen kann, wenn eine andere Handlung unter *identischen* Bedingungen möglich ist, so dass es alternative Möglichkeiten nur in einer indeterminierten Welt geben könnte?

»Können« – die alltagssprachliche Bedeutung

Was heißt es also, wenn wir davon sprechen, dass etwas passieren *»kann«* oder *»hätte passieren können«*? Im Alltag gebrauchen wir »können« in zwei ganz unterschiedlichen Weisen: Zum einen im Sinne einer Fähigkeit, etwa Geige zu spielen, ein Auto zu reparieren oder mit Menschen umzugehen. Häufig verwenden wir in diesem Zusammenhang auch die substantivierte Form und sprechen davon, dass jemand ein »Können« besitze oder gar eine »Könnerin« sei. Bei Maschinen ist diese Redeweise ungebräuchlich; so würden wir bei einem Computer eher sagen, dass er die *Eigenschaft* oder die *Fähigkeit* habe, eine bestimmte Menge von Daten zu speichern, auf gewissen Schnittstellen mit anderen Geräten zu kommunizieren etc. Die Unterscheidung zwischen Menschen und Maschinen ist in diesem Punkt allerdings nicht wirklich scharf; dies ist hier aber nicht weiter von Belang, da diese Verwendungsweise im Folgenden keine entscheidende Rolle spielen wird. In der Diskussion um alternative Möglichkeiten geht es nämlich nicht um solche Fähigkeiten.

Soweit ich sehe, stellt niemand in Frage, dass Menschen, die im Moment nicht Klavier spielen, die Fähigkeit haben können, dies zu tun. Wenn eine Inkompatibilistin behauptet, dass jemand, der in einer bestimmten Situation nicht Klavier gespielt hat, dies in einer determinierten Welt auch nicht tun konnte, meint sie natürlich nicht, dass er kurzzeitig die Fähigkeit verloren hatte und sie plötzlich wieder gewinnt, wenn er sich später doch ans Klavier setzt. Sie behauptet vielmehr, dass er von seiner Fähigkeit in der fraglichen Situation keinen *Gebrauch machen* und damit eine bestimmte Handlung nicht vollziehen konnte.

Diese Verwendungsweise bezieht sich nicht auf Fähigkeiten von Personen oder ganz allgemein auf Eigenschaften, sondern auf Ereignisse, zu denen nach einer weit verbreiteten Auffassung auch Handlungen zählen. Hier sprechen wir davon, dass ein Ereignis passieren *kann*, wenn bestimmte Umstände zulassen, dass es passiert. Gut denkbar wäre beispielsweise, dass jemand sagt »Das *kann* schief gehen«, wenn er eine andere Person bei einer riskanten Handlung beobachtet, oder aber »Die Blumen *können* erfrieren«, wenn er erwartet, dass es kalt wird, und die Blumen nicht gegen Frost geschützt sind. Vielfach beziehen wir uns dabei auch auf Personen, etwa wenn wir sagen »Sie *kann* noch zwei Stunden so weiterlaufen«. Im Allgemeinen kann man diese Behauptungen auch im Nachhinein aufstellen, und zwar selbst dann, wenn das fragliche Ereignis nicht eingetreten ist. Wir sagen also »Das *hätte* schief gehen *können*«, selbst wenn alles noch einmal gut gegangen ist. Offenbar ist genau *diese* Verwendungsweise eigentlich relevant für das Prinzip der alternativen Möglichkeiten; um sie geht es, wenn wir uns fragen, ob eine Person anders hätte handeln *können*.

Doch unter welchen Bedingungen kann man überhaupt im Nachhinein davon sprechen, dass ein Ereignis hätte eintreten *können*, das faktisch nicht eingetreten *ist*? Offenbar hat es doch andere Umstände gegeben, die den Eintritt des Ereignisses verhindert haben: Wenn alles noch einmal gut gegangen ist, dann muss der Unfall durch irgendwelche Umstände verhindert worden sein; zumindest in einer determinierten Welt *konnte* er dann ja gar nicht passieren! Das Gleiche gilt für die Blumen: Wenn sie z.B. aufgrund einer Wetterbesserung nicht erfroren sind, dann *konnten* sie wegen dieser Besserung eben gar nicht erfrieren! Die Behauptung, etwas anderes hätte passieren können, als faktisch passiert ist, scheint also bereits in solchen trivialen Fällen falsch zu sein. Eine Ausnahme besteht offenbar nur in einer indeterminierten Welt, nämlich dann, wenn wirklich nicht feststand, was passieren würde, wenn also der faktische Ausgang letztlich nur einem Zufall zu verdanken ist und somit ebenso gut etwas anderes hätte passieren *können*.

Doch ist es wirklich so, dass wir uns im Alltag so häufig irren? Ist unsere Rede davon, dass etwas anderes hätte passieren können, regelmäßig einfach verfehlt? Dies ist nicht der Fall! Der zuletzt genannte Einwand lässt nämlich ein wesentliches Merkmal außer Acht, das nicht nur für unsere alltagssprachliche Verwendung von »können« relevant ist, sondern auch für den philosophischen Begriff der »Möglichkeit«. Dieses Merkmal wird sich auch als wichtig erweisen, wenn es um das Problem der Freiheit geht.

Möglich im philosophischen Sinne sind solche Sachverhalte, deren Existenz nicht durch eine bestimmte Gruppe wahrer Aussagen ausgeschlossen wird, *unmöglich* solche, bei denen ein derartiger Ausschluss vorliegt. Wenn man also behauptet, dass ein Ereignis möglich ist, dann bezieht man sich dabei implizit oder explizit auf bestimmte Annahmen oder Erkenntnisse und behauptet, dass diese den Eintritt dieses Ereignisses zulassen. Mit Bezug auf die Gesetze der Physik kann ich es als möglich bezeichnen, dass Menschen zum Mars fliegen, aber als unmöglich, dass Wasser bei 100° C gefriert. Dies gilt unbeschadet der Existenz anderer Bezugssysteme, die ausschließen, was die Physik zulässt, oder zulassen, was die Physik ausschließt. So ist es *begrifflich* durchaus möglich, dass Wasser bei 100° C gefriert;

aber das heißt nur, dass man nicht in einen Widerspruch zum Begriff »Wasser« gerät, wenn man diese Aussage macht. In einen solchen Widerspruch würde man geraten, wenn man behauptete, dass Junggesellen verheiratet sein können: Verheiratete Junggesellen sind also *begrifflich* unmöglich. Auf der anderen Seite könnte uns ein Politikwissenschaftler zeigen, dass dem Wissensstand seiner Disziplin zufolge unsere Gesellschaft niemals bereit sein werde, die mit einem Marsflug verbundenen Risiken und finanziellen Belastungen auf sich zu nehmen. Marsflüge wären also *politisch* unmöglich. Natürlich sollte man im Zweifel das Bezugssystem angeben, das den fraglichen Sachverhalt zulässt oder ausschließt.

Das Gleiche gilt im Prinzip für unsere alltägliche Verwendung dieser Begriffe. Hier sprechen wir in der Regel dann davon, dass etwas *möglich* ist oder passieren *kann,* wenn *bestimmte* relevante Bedingungen dies nicht oder nicht mehr ausschließen. So sagen wir, dass jemand wieder Auto fahren *kann,* wenn er seinen Führerschein zurückerhalten hat und damit eine notwendige Bedingung für das Autofahren erfüllt. Seit dem Fall der Mauer *kann* man ungehindert von Ost- nach Westdeutschland fahren, die Karten für die Oper *können* jetzt bestellt werden, weil die Vorverkaufsfrist begonnen hat, und die Blumen *können* dem Frost zum Opfer fallen, weil jemand vergessen hat, sie abzudecken, und damit eine Bedingung dafür geschaffen hat, dass sie erfrieren. Der Sinn dieser Redeweise ist nicht schwer zu erkennen: Offenbar erlaubt sie uns eine differenzierte Bezugnahme auf eine große Zahl einzelner Bedingungen, von denen das Eintreten eines Ereignisses abhängt. Welche Bedingungen wir konkret meinen, wird häufig durch die Umstände festgelegt, also etwa dadurch, dass jemand im Beisein beider Gesprächspartner seinen Führerschein zurückerhält. In anderen Fällen nennen wir diese Bedingungen ausdrücklich, etwa indem wir uns auf den Fall der Mauer beziehen.

Doch wenn man auf diese Weise eine *bestimmte* notwendige Bedingung herausgreift, die das Eintreten des Ereignisses zulässt, dann bedeutet dies auch, dass es noch andere Bedingungen geben kann, die das Eintreten des Ereignisses verhindern können oder – wenn man auf ein vergangenes Szenario zurückblickt – tatsächlich verhindert haben. Doch weil wir uns mit der ursprünglichen Behauptung gar nicht auf diese anderen Bedingungen bezogen haben, kann die Behauptung durch den Verweis auf diese anderen Bedingungen auch nicht widerlegt werden.

Wenn ich also im Nachhinein erfahre, dass kurz nach der Wende in meiner Lokalzeitung stand, alle Bürger Westdeutschlands könnten jetzt in den Osten fahren, dann habe ich keinen Anlass, mich über eine Falschmeldung zu beschweren, weil mein Auto zu dieser Zeit in der Werkstatt stand und mich daran hinderte, nach Ostdeutschland zu fahren. Genauso wenig wird die Behauptung, dass ich nach dem Beginn des Vorverkaufs Karten hätte bestellen können, dadurch widerlegt, dass ich an dem fraglichen Abend etwas anderes vorhatte. Und auch die Behauptung, dass jemand nach dem Ende seines Fahrverbotes hätte Auto fahren oder dass die Blumen hätten erfrieren können, müssen wir nicht zurücknehmen, wenn wir erfahren, dass das Auto zur fraglichen Zeit defekt und die Temperatur im letzten Moment noch über den Gefrierpunkt gestiegen ist. In allen Fällen könnten wir vielmehr antworten, dass mit den ursprünglichen Äußerungen einfach andere Bedingungen gemeint waren, nämlich die Öffnung der Grenze, der Beginn des Vorverkaufs, die Rückgabe des Führerscheins oder die vergessene Schutzfolie.

Sofern es um menschliche Handlungen geht, kommt noch eine Besonderheit ins Spiel. Wenn jemand etwas nicht getan hat, was er doch unserer Meinung nach hätte tun *können*, dann können wir uns darauf berufen, dass er es nicht tun *wollte.* So könnten wir jemandem z.B. vorwerfen, er habe einer in Not befindlichen Person nicht helfen wollen, obwohl er doch hätte helfen können. Wieder zeigt sich, dass wir mit »können« spezifische Bedingungen meinen – in diesem Fall beziehen wir uns mit »können« in der Regel auf äußere Bedingungen, die nicht der unmittelbaren Kontrolle der Person unterstehen, während »wollen« auf die *inneren,* einer Person zuschreibbaren Bedingungen referiert. Wir würden sagen, dass jemand einen Raum nicht verlassen *kann,* wenn es an äußeren Bedingungen wie etwa an einer abgeschlossenen Tür liegt, dass er den Raum nicht verlässt; dagegen würden wir davon sprechen, dass die Person es nicht *will,* wenn ihr Verbleib in dem Raum auf innere, ihr zurechenbare Gründe zurückzuführen ist.

Doch wenn die übliche Redeweise von »können« nur meint, dass *bestimmte* Bedingungen für den Eintritt eines Ereignisses erfüllt sind, und wenn dies bedeutet, dass man der Behauptung, etwas habe passieren können, immer mit dem Bezug auf andere Bedingungen widersprechen kann, dann liegt die Vermutung nahe, es müsse eine strenge Lesart von »können« geben, die verlangt, dass *sämtliche* Bedingungen erfüllt sind. Die Behauptung »*x* kann eintreten« ließe sich unter diesen Bedingungen nicht mehr mit Bezug auf andere Bedingungen bestreiten. Unter den genannten Voraussetzungen dürfte es keine Bedingungen mehr geben, die das Eintreten des Ereignisses verhindern könnten.

Es ist offensichtlich, dass dieses Verständnis von »können« der strengen Fassung des Prinzips der alternativen Möglichkeiten zugrunde liegt. Dieses Verständnis scheint zunächst sehr nahe liegend, doch es gibt eine ganze Reihe von Gründen, die gegen dieses Verständnis sprechen. Zum einen würde man damit unsere gegenwärtige Sprachpraxis verfehlen. Offenbar benutzen wir den Ausdruck »können« eben ganz anders, als es diesem Verständnis entsprechen würde. Wir sagen natürlich, dass wir etwas anderes hätten tun können, als wir getan haben, oder dass etwas anderes hätte passieren können, als faktisch passiert ist; und wir können an solchen Behauptungen auch dann festhalten, wenn wir erfahren, dass es kein Zufall war, der zu dem fraglichen Ereignis geführt hat. Es wäre äußerst unplausibel, wenn wir nicht mehr sagen könnten, dass »man« jetzt Theaterkarten erwerben kann, nur weil es kein bloßer Zufall ist, dass nicht alle Adressaten dieser Aussage faktisch auch solche Karten erwerben. Ebenso unplausibel wäre es zu bestreiten, dass »man« sich mit einem Messer verletzen kann, sofern der Einwand sich nur darauf beruft, dass es vorsichtige Menschen gibt, die sich nicht mit dem Messer verletzen.

Nun wird man das inkompatibilistische Verständnis von »können« nicht schon allein deshalb zurückweisen können, weil es gegen unseren *faktischen* Sprachgebrauch verstößt – vielleicht gibt es ja gute Gründe, unseren Sprachgebrauch zu ändern. Wäre es nicht konsequenter, nur dann zu sagen, dass etwas passieren *kann,* wenn es gar keine Hindernisse mehr gibt? Zweifellos würde damit in einer determinierten Welt der Unterschied zwischen »können« und »werden« aufgehoben: Ereignisse, die diesem Verständnis zufolge eintreten *können, werden* in einer determinierten Welt auch eintreten, gleichermaßen können wir von Ereignissen, die ausgeblieben sind, im Nachhinein nicht sagen, sie hätten eintreten *können.*

Doch liegen die Dinge nicht anders in einer indeterminierten Welt? Bleibt hier nicht der Unterschied von »können« und »werden« bestehen, weil hier Zufälle dafür sorgen, dass Ereignisse, die passieren *können,* faktisch nicht passieren *werden*? Diese Erwartung ist jedoch verfehlt, weil sie auf einer Inkonsequenz beruht. Wenn man nämlich von »können« nur sprechen soll, sofern *keine* Hindernisse verblieben sind, dann muss man konsequenterweise auch zufällig eintretende Hindernisse ausschließen. Damit könnte man aber auch in einer indeterminierten Welt nicht mehr behaupten, dass nicht geschehene Ereignisse hätten passieren können; der letzte verbliebene Unterschied im Gebrauch von »können« und »werden« würde verschwinden.[92]

Mit anderen Worten: Es gibt sehr gute Gründe gegen eine solche strenge Interpretation. Diese Gründe ergeben sich nicht nur daraus, dass diese Interpretation gegen den faktischen Sprachgebrauch verstößt, sondern auch aus den sehr unerfreulichen

Konsequenzen, die aus dem Übergang zu einer solchen Interpretation von »können« erwachsen würden.

Insofern sollten wir an der bislang üblichen Redeweise festhalten. Das bedeutet, dass wir auch in einer determinierten Welt weiterhin widerspruchsfrei behaupten können, dass nicht gekaufte Karten hätten gekauft, dass nicht erfrorene Blumen hätten erfrieren und dass nicht unternommene Autofahrten hätten unternommen werden können. Behauptet wird damit wie gesagt, dass *bestimmte* notwendige Bedingungen für das Eintreten eines Ereignisses erfüllt waren. Diese Behauptung wird nicht falsch, wenn *andere* Bedingungen nicht erfüllt sind und damit das Eintreten des Ereignisses verhindern. Wenn dies stimmt, dann könnte man zumindest alltagssprachlich auch in einer determinierten Welt behaupten, dass eine Person anders hätte handeln können, als sie faktisch gehandelt hat.

»Können« in der Willensdebatte

Die bisherigen Überlegungen bezogen sich allein auf die alltagssprachliche Verwendung von »können«. Es liegt auf der Hand, dass zumindest drei Fragen zu klären sind, wenn man abschätzen will, welche Konsequenzen sich hieraus für die Verwendung von »können« in der Willensdebatte und damit für das Verständnis des Prinzips der alternativen Möglichkeiten ergeben. Die entscheidende Frage ist erstens, ob auch in der Willensdebatte der soeben erläuterte alltagssprachliche Begriff verwendet werden kann, oder ob hier nicht doch eine anspruchsvollere Verwendungsweise von »können« bzw. »anders handeln können« erforderlich ist, wie sie der »strengen« Interpretation des Prinzips der alternativen Möglichkeiten zugrunde liegt. Es wird sich herausstellen, dass dies nicht der Fall ist; die alltagssprachliche Verwendungsweise kann also beibehalten werden. Dies bedeutet, dass man möglicherweise auch in einer determinierten Welt davon sprechen kann, dass eine Person anders hätte handeln können, als sie faktisch gehandelt hat. Voraussetzung dafür ist allerdings zweitens, dass deutlich gemacht wird, wie eine systematische Unterscheidung zwischen den äußeren und den einer Person zuschreibbaren inneren Faktoren aussehen kann. Schließlich ist drittens wie bei jeder denkbaren Analyse von »können« klarzustellen, dass sie gegen wichtige philosophische Einwände verteidigt werden kann; hier werden vor allem die Einwände eine Rolle spielen, die gegen den Vorschlag Moores vorgebracht worden sind.

Die »strenge« Interpretation des Prinzips der alternativen Möglichkeiten

Die Vertreterin der oben skizzierten »strengen« Interpretation des Prinzips der alternativen Möglichkeiten dürfte sich durch die bisherigen Überlegungen nicht sonderlich beeindrucken lassen. In ihren Augen »kann« man eben nicht anders handeln, wenn festliegt, was passieren wird – ganz gleich, woraus sich diese Festlegung ergibt. Die bisherige Analyse mag also den Alltagsbegriff von »können« erfassen, doch sie ist in ihren Augen einfach unangemessen, wenn es um die Verwendung dieses Ausdrucks in der Willensdebatte geht.

Die Forderung nach einer anspruchsvolleren Interpretation von »können« scheint sich durch eine ebenso einfache wie plausible Überlegung stützen zu lassen. Einem sehr weit verbreiteten und auch hier vorausgesetzten Verständnis zufolge[93] sind Handlungen Ereignisse. Wenn also statt der faktisch vollzogenen eine andere Handlung ausgeführt werden soll, dann muss anstelle des faktisch eingetretenen Ereignisses auch ein anderes Ereignis eintreten können. Das ist in einer determinierten Welt aber ausgeschlossen: Bei festliegenden Ausgangsbedingungen kann es in einer determinierten Welt immer nur *ein* Folgeereignis geben. Damit aber wird offenbar eine notwendige Bedingung für die Existenz alternativer Handlungen verfehlt; wenn die obige Analyse von »können« uns das Gegenteil zu zeigen scheint, dann ist sie eben zu schwach.

Untersuchen wir diese Frage zunächst an dem zu Beginn dieses Abschnitts genannten Beispiel des Einkaufs in einem Lebensmittelmarkt. Nehmen wir also noch einmal an, die Überzeugung von der Verwerflichkeit des Diebstahls zähle zu meinen personalen Präferenzen und meine faktische Entscheidung, die Waren im Einkaufskorb zu bezahlen und nicht zu stehlen, sei tatsächlich auf diese Überzeugung zurückzuführen. Der »strengen« Interpretation zufolge ist es eine notwendige Voraussetzung für die Existenz alternativer Möglichkeiten, dass *unter genau diesen Bedingungen* auch die entgegengesetzte Entscheidung eintreten kann. Ich müsste *unter genau diesen Bedingungen*, also ohne eine Veränderung meiner Wünsche, Überzeugungen und Bedürfnisse, mich auch dafür entscheiden können,[94] die Waren zu stehlen und nicht zu bezahlen.

Natürlich *kann* es Fälle dieses Typs in einer indeterminierten Welt geben; fraglich ist allerdings, ob es solche Fälle geben *muss* bzw. ob man nur in solchen Fällen von der Existenz alternativer Möglichkeiten und damit von freien und zuschreibungsfähigen Handlungen sprechen kann.

Dies erscheint jedoch bei näherem Hinsehen sehr unplausibel. Wenn sich nämlich die ursprüngliche Entscheidung, die Waren zu bezahlen und nicht zu stehlen, aus meinen Präferenzen erklären lässt, dann kann nicht gleichzeitig auch die gegenteilige Entscheidung aus eben diesen Präferenzen erklärt werden, also die Entscheidung in dem Alternativszenario, die Waren zu stehlen und *nicht* zu bezahlen. Nur eine miserable Erklärung ist verträglich mit zwei gegensätzlichen Explananda. Wenn man also tatsächlich zeigen kann, dass es meinen Präferenzen entspricht, die Waren unter diesen Bedingungen zu bezahlen und nicht zu stehlen, dann dürfte es schwer fallen zu zeigen, dass es eben diesen Präferenzen auch entspricht, die Waren zu stehlen und nicht zu bezahlen. Ist dies aber nicht möglich, dann lässt sich die Handlung bzw. die Entscheidung in dem Alternativszenario nicht auf mich als ihren Urheber zurückführen. Das Urheberprinzip wäre verletzt, ja angesichts der Tatsache, dass dem Urheber in dem Alternativszenario ganz offensichtlich die Handlungsgründe fehlen, hätten wir es unter diesen Bedingungen nicht einmal mit einer Handlung zu tun. Wir könnten also nicht etwa sagen, »*er* hätte etwas anderes tun können«, sondern nur noch »*es* hätte etwas anderes passieren können«. Wenn ich die Waren unter diesen Bedingungen gestohlen hätte, statt sie zu bezahlen, dann wäre dies nicht mir zuzuschreiben gewesen, es würde sich bestenfalls um einen bloßen Akt des Zufalls handeln.

Dies bedeutet, dass wir die »strenge« Interpretation zurückweisen müssen, weil sie eine zentrale Bedingung des Prinzips der alternativen Möglichkeiten verletzt. Dieser oben erläuterten Bedingung zufolge müssen wir es sowohl in dem faktischen Szenario wie auch in dem Alternativszenario mit einer Handlung zu tun haben, die wir der Person zuschreiben können. In beiden Szenarien muss also das Urheberprinzip erfüllt sein. Für das faktische Szenario ist dies ohnehin klar, doch die Forderung gilt genauso für das Alternativszenario – andernfalls hätten wir es hier nur mit einer zufälligen Variation, nicht aber mit einer zuschreibungsfähigen Handlung zu tun. Die Möglichkeit bzw. Existenz einer solchen zufälligen Variation kann keinen Einfluss auf unsere Beurteilung der Handlung im faktischen Szenario haben, schließlich lag es gar nicht am Urheber, sondern an dem von ihm nicht zu beeinflussenden Auftreten eines Zufalls, ob es zu dieser Variation kam oder nicht. So weit verbreitet diese »strenge« Interpretation auch sein mag – offensichtlich ist sie unzutreffend.

Zurückgewiesen werden muss damit auch die Forderung nach einer vermeintlich anspruchsvolleren Analyse von »können« in der Willensdebatte. Eine solche Analyse würde nicht nur von unserem alltagssprachlichen Gebrauch abweichen, sondern würde mit dem Urheberprinzip eine zentrale Voraussetzung von Willensfreiheit verletzen.

Erkennbar wird damit gleichzeitig, warum die am Beginn dieses Abschnitts angestellte Überlegung unzutreffend ist, derzufolge man aus der Unmöglichkeit alternativer Ereignisse in einer determinierten Welt auch ableiten kann, dass hier keine alternativen Handlungen möglich sind. Unzutreffend ist diese Überlegung nicht etwa deshalb, weil ihre primären Voraussetzungen falsch wären: Natürlich sind Handlungen Ereignisse und natürlich sind unterschiedliche Handlungen unterschiedliche Ereignisse. Doch vorausgesetzt wird hier ja mehr: Vorausgesetzt wird, dass nur dann die Rede davon sein kann, dass eine Person anders hätte handeln *können*, wenn es nicht determiniert ist, ob dieses oder ein anderes Ereignis eintritt. Genau diese Voraussetzung hat sich gerade als falsch erwiesen, weil sie im Widerspruch zum Prinzip der Urheberschaft steht. Ein Ereignis *kann* keine zuschreibungsfähige Handlung sein, wenn es sich nicht auf den Urheber zurückführen lässt, doch genau das ist der Fall, wenn anstelle der faktisch vollzogenen Handlung unter ansonsten identischen Bedingungen ein anderes Ereignis eintritt. Mit anderen Worten: Natürlich ist es richtig, dass eine andere Handlung auch immer ein anderes Ereignis ist, doch die bloße Forderung nach anderen Ereignissen bzw. Handlungen unter identischen Ausgangsbedingungen ist unzulässig, weil sie ausschließt, dass die resultierenden Ereignisse zuschreibungsfähige Handlungen sind.

Wenn wir also zeigen wollen, dass wir in einer bestimmten Situation anders hätten handeln können, als wir faktisch gehandelt haben, müssen wir nicht beweisen, dass unser Handeln nicht determiniert war. Zeigen müssen wir, dass die äußeren Umstände uns noch eine andere als die tatsächlich wahrgenommene Handlungsoption ließen und dass es nur an uns lag, zwischen diesen beiden Optionen zu wählen. Nicht determinierte Ereignisse mag es geben, doch sie helfen uns für die Frage nach alternativen Handlungsmöglichkeiten herzlich wenig, weil Ereignisse, die nicht determiniert sind, auch nicht durch den Handelnden determiniert sein können.

Im Prinzip kann man daher in der Willensdebatte auf einen Begriff des Könnens zurückgreifen, der zumindest in Grundzügen dem üblichen alltagssprachlichen und philosophischen Gebrauch entspricht. Die Behauptung, eine Person *könne* etwas tun, kann daher nicht heißen, dass die Person die Handlung tun *wird*, schließlich ist es möglich, dass die Person die Handlung nicht vollziehen *will.*[95] Es kann auch nicht heißen, dass die Handlung unter den gleichen Bedingungen wie eine Alternativhandlung möglich sein muss: Mit dieser Forderung würde man die Handlung vom Eintreten eines Zufalls abhängig machen und damit von einer Bedingung, auf die die Person keinen Einfluss hat.[96] Die einzige plausible Interpretation dieser Forderung kann daher nur lauten, dass die äußeren Bedingungen die Ausführung dieser Handlung gestatten: Dies sind die notwendigen Bedingungen, die wir auch sonst im Blick haben, wenn wir meinen, dass eine Person etwas tun oder ein Ereignis eintreten kann. Sind sie gegeben, dann liegt es nur noch an der Person selbst, ob die Handlung zustande kommt. Sie kann die Handlung vollziehen, doch sie kann es auch unterlassen.

Unterscheidung von internen und externen Merkmalen

Es leuchtet ein, dass diese Interpretation von »können« eine genauere Verständigung über die Unterscheidung zwischen äußeren Bedingungen und inneren Merkmalen erfordert. Zur Diskussion steht damit die zweite der oben angekündigten Fragen. Der faktische Wille einer Person kommt hier als Bezugspunkt nicht in Frage, weil dieser Wille im Falle von psychischen oder physischen Abhängigkeiten durchaus fremdbestimmt sein kann. Hier gelten nach wie vor die bereits diskutierten Einwände gegen die traditionelle Theorie der Handlungsfreiheit. Durch die Bezugnahme auf den aktuellen Willen würde man einer Person die Fähigkeit, anders zu handeln, in Situationen zusprechen, in denen dies intuitiv äußerst unplausibel wäre.[97]

Es gibt jedoch einen sehr einfachen Ausweg. Der oben eingeführte Begriff der personalen Präferenz liefert nämlich ein weit strengeres und angemesseneres Kriterium für die Unterscheidung von internen und externen Merkmalen als die Orientierung an faktischen Willensakten. Zieht man in Betracht, dass die personalen Präferenzen ja konstitutiv für das »Selbst« einer Person sind, dann *können* Handlungen, die sich auf die personalen Präferenzen einer Person zurückführen lassen, nicht fremdbestimmt sein. Der skizzierte Einwand würde damit entfallen.

Gleichzeitig bleibt die Unterscheidung zwischen »*wollen*« und »*können*« erhalten, allerdings wird der Begriff des Wollens enger gefasst. Er wird nämlich auf solche Willensakte eingeschränkt, die sich auf personale Präferenzen zurückführen lassen. Unter dieser Voraussetzung könnten wir also sagen, dass eine Person *x* nicht tun *kann,* wenn die äußeren Umstände einschließlich der nicht-personalen Präferenzen *x* nicht zulassen. Im Gegensatz dazu würden wir sagen, dass eine Person *x* nicht tun *will*, wenn der Vollzug von *x* durch die personalen Präferenzen der Person ausgeschlossen würde. Wenn dagegen die äußeren Umstände die Handlungsoptionen *x* und *y* zulassen, die Person aufgrund ihrer personalen Präferenzen jedoch die Option *x* wählt, dann würden wir sagen, die Person hätte *y* zwar tun *können*, sie habe dies jedoch nicht *gewollt*. Die Person hätte also anders handeln können.

Deutlich wird damit auch, dass die obige Minimalkonzeption von personaler Freiheit bestens mit der Forderung nach alternativen Handlungsmöglichkeiten verträglich ist, schließlich bindet sie Freiheit an die Bedingung, dass einer Person mehrere Alternativen zur Verfügung stehen. Eine Person ist dieser Konzeption zufolge nur dann frei, *x* statt *y* zu tun, wenn ihr sowohl die Option *x* wie auch die Option *y* offen steht. Anders ausgedrückt: Es muss an der Person bzw. ihren personalen Merkmalen liegen, ob *x* oder *y* realisiert wird. Und wenn es an der Person liegt, ob sie *x* oder *y* tut, dann kann man nach dem Vollzug von *x* sagen, dass die Person *y* hätte tun *können* – auch wenn sie *y* nicht *gewollt* hat. Wenn eine Handlung also frei im Sinne des obigen Minimalkriteriums ist, dann kann man auch sagen, die Person hätte anders handeln können, als sie tatsächlich gehandelt hat. Ausgeschlossen wird mit dieser Aussage nicht nur, dass die Handlung von externen Determinanten einschließlich psychischer und physischer Abhängigkeiten bestimmt war, ausgeschlossen wird damit auch, dass die Handlung zufällig zustande kam, schließlich entziehen sich Zufälle dem Einfluss einer Person ebenso wie extern determinierte Ereignisse.

Gelten hier nicht die Einwände gegen Moore weiter?

Es ist offensichtlich, dass die vorgelegte Konzeption prinzipiell mit der oben bereits diskutierten »Konditionalanalyse«[98] verwandt ist, deren wichtigste neuere Fassung wie gesagt von G.E. Moore stammt. Auch Moore geht davon aus, dass die Behauptung, eine Person hätte eine andere Handlung vollziehen »können«, nicht einfach bedeutet, dass die ursprüngliche Handlung nicht determiniert war. Gemeint ist in Moores Augen vielmehr, dass die Person die fragliche Handlung ausgeführt hätte, *wenn sie sie gewollt hätte.* Ich habe oben bereits auf Unterschiede zwischen Moore und dem hier vorgelegten Ansatz hingewiesen; hinzu kommt, dass der vorgeschlagene Bezug auf die personalen Präferenzen ein wesentlich strengeres Kriterium liefert als der aktuelle Willensakt, den Moore zum Maßstab macht. Dennoch bleibt eine prinzipielle Ähnlichkeit, die die Frage aufwirft, ob nicht auch der vorliegende Ansatz von den Einwänden getroffen wird, die man gegen Moore erheben kann – dies ist die dritte der zu Beginn dieses Abschnitts angekündigten Fragen.

Zurückweisen kann man zunächst den Einwand Austins,[99] der gegen Moore darauf hinweist, dass wir im Alltag häufig sagen, etwas hätte passieren »können«, auch wenn wir gar keine hinreichenden Bedingungen kennen, unter denen das Ereignis eintreten würde. Moores Analyse setzt jedoch die Kenntnis solcher Bedingungen voraus – ansonsten scheitert die Übersetzung des »kann«-Satzes in einen »hätte, wenn ...«-Satz. Anders als

Moores Ansatz wird die hier vorgelegte Analyse von diesem Einwand nicht getroffen, weil sie gar keine Angaben darüber verlangt, unter welchen Bedingungen das in dem »kann«-Satz beschriebene Ereignis eintreten wird. Sie setzt keine Kenntnis *hinreichender* Bedingungen voraus, sondern nur die Kenntnis *notwendiger* Bedingungen. Wir müssen also keine genauen Angaben darüber im Kopf haben, unter welchen Voraussetzungen die Blumen erfroren wären oder wann »man« sich Opernkarten kaufen wird, wir müssen nur wissen, dass ein bestimmtes Hindernis für das fragliche Ereignis nicht mehr besteht und damit *eine* notwendige Bedingung dafür erfüllt ist, dass die Blumen erfrieren oder die Opernkarten gekauft werden. Dies scheint jedoch typischerweise der Fall zu sein.

Der zentrale Einwand lautet jedoch, dass Moores Analyse einfach zu schwach ist. Moores Konzept führt wie gesagt vor allem bei psychischen und physischen Abhängigkeiten zu falschen Ergebnissen: Auch wenn der Wille einer Person unter dem Diktat einer psychischen oder physischen Abhängigkeit steht, kann man noch sagen, dass die Person anders hätte handeln können, sofern sie dies gewollt hätte. Moores Kriterium für Freiheit wäre erfüllt, doch es ist intuitiv äußerst unplausibel, eine Handlung als frei zu bezeichnen, wenn sie von einer psychischen Abhängigkeit diktiert war.[100]

Der vorliegende Ansatz ist von diesem Problem einfach deshalb nicht betroffen, weil die personalen Präferenzen ein strengeres Kriterium liefern, das derartige Fälle ausschließt. Dies gilt insbesondere dann, wenn man das liberale Kriterium für die Auswahl personaler Präferenzen zugrunde legt. Nach diesem Kriterium zählen nur solche Einstellungen als personale Präferenzen, *gegen* die sich eine Person gegebenenfalls wirksam entscheiden kann. Die psychischen oder physischen Abhängigkeiten, die man gegen Moore ins Feld führen kann, qualifizieren sich daher von vornherein nicht als personale Präferenzen. Tatsächlich ist es ja geradezu ein definierendes Merkmal psychischer und physischer Abhängigkeiten, dass man sich *nicht* wirksam gegen sie entscheiden kann. Handlungen, die sich auf derartige Abhängigkeiten zurückführen lassen, gelten daher dem vorliegenden Ansatz zufolge nicht als frei, die entsprechenden Willensakte nicht als zuschreibbar. Damit entfällt der Gegensatz zu unseren vorwissenschaftlichen Intuitionen, der gegen den Mooreschen Ansatz ins Feld geführt werden konnte.

Der letzte Einwand gegen Moore betrifft den Regress, der entsteht, wenn Moore das skizzierte Problem dadurch zu lösen versucht, dass er die Freiheit eines Willensaktes erster Ordnung von einem Willensakt zweiter Ordnung abhängig macht etc. Die vorliegende Konzeption setzt an die Stelle dieser Hierarchie ein einfaches Kriterium für die Zuschreibung personaler Präferenzen, bei dem die Regressproblematik schon einfach deshalb entfällt, weil es keine Hierarchie von Willensakten unterschiedlicher Ordnung gibt. Zwar werden auch hier mögliche Entscheidungen als Kriterium verwendet, doch diese Entscheidungen sind, wie bereits gezeigt, nicht abhängig von anderen Entscheidungen bezüglich der übrigen personalen Präferenzen oder gar von Entscheidungen über diese Entscheidungen. Um herauszufinden, ob meine Überzeugung von der Verwerflichkeit des Diebstahls eine personale Präferenz ist, muss man meine faktischen Entscheidungen genauso wenig kennen wie meine übrigen Präferenzen; es kommt nur darauf an, ob ich mich von dieser Präferenz lösen könnte, wenn ich es wollte. Und um diese Frage entscheiden zu können, muss man in diesem Fall nur wissen, dass es sich um eine rationale Überzeugung handelt.

Auch das Regressproblem entfällt hier also. Dies bedeutet, dass auch die berechtigten Einwände gegen Moore die hier vorgelegte Konzeption nicht treffen, genauso wenig können sie die strenge Interpretation des Prinzips der alternativen Möglichkeiten retten. Der entscheidende Einwand gegen die strenge Interpretation ergibt sich jedoch daraus, dass sie zu einer Verletzung des Urheberprinzips führen würde, das für die Frage nach alternativen Handlungsmöglichkeiten in Kraft bleibt. Statt zu freien

Handlungen gelangt man auf diese Weise nur zu Zufällen, die sich dem Einfluss der Person genauso entziehen, wie es bei von außen determinierten Ereignissen der Fall ist.

Abhängig von Ereignissen vor unserer Geburt? Das Konsequenz-Argument

Stellen Sie sich vor, Sie kommen gerade aus einer Wahlkabine. Sie hatten die Wahl zwischen Karola Winter und Jürgen Sommer und haben nach langer, reiflicher Überlegung für Karola Winter gestimmt. Sie hatten gute Gründe für Ihre Wahl und Sie sind fest überzeugt, dass es Ihre Gründe waren, die Ihre Wahl bestimmt haben. Tatsächlich erfüllen diese Gründe die hier genannten Kriterien für personale Präferenzen; gemessen an den bislang vorgelegten Kriterien haben Sie also selbstbestimmt gehandelt. Doch nun kommt Ihnen ein Gedanke, der diese Überzeugung und damit die hier vorgelegten Kriterien fundamental in Frage stellt: Es ist unbestreitbar, dass nicht nur Ihr Handeln, sondern auch die Überzeugungen, Wünsche und Bedürfnisse, die Sie als Person ausmachen, von Ihrer Erziehung, Ihren Anlagen und von den Umweltbedingungen, unter denen Sie aufgewachsen sind, bestimmt wurden. Wären Sie in einem anderen Land aufgewachsen oder besäßen Sie andere genetische Anlagen, dann hätten Sie vermutlich ganz andere Einstellungen erworben und demzufolge auch andere Entscheidungen getroffen. Doch diese Faktoren waren von Ihnen nicht zu beeinflussen. Wie aber kann man unter diesen Voraussetzungen überhaupt noch davon sprechen, dass die Einstellungen, die Sie faktisch haben, Ihre Einstellungen sind, und folglich die Handlungen, die Sie faktisch vollziehen, von Ihnen gesteuert, also selbstbestimmt sind? Kann man also wirklich behaupten, dass Sie die Kontrolle darüber hatten, ob »Sie« Jürgen Sommer oder Karola Winter wählen würden?

Offensichtlich haben wir es wiederum mit einer ebenso starken wie verbreiteten Intuition zu tun. Wie kann man für eine Handlung verantwortlich sein, wenn sich diese auf Faktoren zurückführen lässt, die lange vor der eigenen Geburt wirksam wurden und daher zwangsläufig dem eigenen Einfluss entzogen sind? Es ist kein Zufall, dass diese Intuition auch in der philosophischen Diskussion eine wichtige Rolle gespielt hat; vor allem Inkompatibilisten haben sich auf sie berufen.

Am besten ist sie in dem so genannten »Konsequenz-Argument« erfasst worden, das unter anderem von Peter Van Inwagen vorgebracht worden ist und zeigen soll, dass es in einer determinierten Welt prinzipiell keine Freiheit geben kann. Erwiese sich das Argument als erfolgreich, dann wäre die vorgelegte Minimalkonzeption unzureichend und müsste zumindest durch strengere Kriterien ergänzt, wahrscheinlich aber völlig aufgegeben werden.

Die Vertreter dieses Argumentes versuchen zu zeigen, dass in einer determinierten Welt alle Handlungen mit Hilfe von Naturgesetzen auf Ereignisse zurückgeführt werden können, die vor der Geburt der Handelnden stattgefunden haben. Und da die Handelnde ganz offensichtlich weder die Naturgesetze noch die Ereignisse vor ihrer eigenen Geburt zu beeinflussen vermag, scheinen sich auch ihre »eigenen« Handlungen ihrem Einfluss zu entziehen. Peter Van Inwagen formuliert das Argument wie folgt:

> Wenn der Determinismus zutrifft, dann sind unsere Handlungen die Konsequenzen von Naturgesetzen und Ereignissen in der fernen Vergangenheit. Aber es hängt nicht von uns ab, was vor unserer Geburt passierte, und es hängt ebenfalls nicht von uns ab, wie die Naturgesetze sind. Dies bedeutet, dass die Konsequenzen dieser Umstände (einschließlich unserer gegenwärtigen Handlungen) nicht von uns abhängen.[101]

Man kann das Konsequenz-Argument einfach als eine Variante der üblichen inkompatibilistischen Argumente gegen die Existenz alternativer Handlungsmöglichkeiten in einer determinierten Welt sehen und hieraus die Unvereinbarkeit von Freiheit und Determinismus ableiten.[102] Dieses Verständnis wird durch Van Inwagen selbst nahe gelegt. In seinen Augen kann von Freiheit nur dann die Rede sein, wenn man es in der Hand hatte, eine Behauptung, die faktisch auf unsere Welt zutrifft (»*p* hat Karola Winter gewählt«), »falsch zu machen«, indem man etwas anderes hätte tun können, als man faktisch getan hat. Und da niemand in einer determinierten Welt etwas anderes hätte tun können, als er faktisch getan hat, gibt es hier eben auch keine Freiheit.

So verstanden, würde es sich bei dem Konsequenz-Argument also nur um eine Variante der strengen Interpretation des Prinzips der alternativen Möglichkeiten handeln. Infolgedessen wäre zur Verteidigung der hier vorgestellten Minimalkonzeption kein neues Argument erforderlich; die Replik würde sich einfach aus den obigen Einwänden gegen die strenge Interpretation ergeben: Zum einen ist das Verständnis von »können« in der skizzierten Argumentation falsch, zum zweiten werden durch die Naturgesetze und die Ereignisse in der Vergangenheit nur solche Alternativen ausgeschlossen, die ohnehin nicht als Handlungen des Urhebers zählen würden, nämlich zufällige Variationen.

Die Interpretation Fischers

Diese Antwort erscheint jedoch intuitiv unbefriedigend. Es fällt schwer zu akzeptieren, dass das Konsequenz-Argument durch die bereits vorgebrachten Argumente wirklich widerlegt werden soll. Es scheint mir daher sinnvoll, eine stärkere Interpretation des Argumentes zu erörtern, die durch die bislang vorgelegten Überlegungen nicht zurückgewiesen wird. Eine solche Interpretation ist durch John Martin Fischer vorgelegt worden. Dieser Interpretation zufolge bestreitet das Konsequenz-Argument nicht nur die Existenz alternativer Geschehnisse, die für die Frage nach der Freiheit einer Handlung ohnehin nicht von Interesse sind, vielmehr behauptet es, dass in einer determinierten Welt unsere Handlungen unserer Steuerung in einer Weise entzogen sind, wie dies ähnlich auch für Ereignisse vor unserer Geburt oder die Naturgesetze gilt. Das Konsequenz-Argument würde damit eine ganz basale Fähigkeit bestreiten, die in der Tat unabdingbar für freies Handeln ist, nämlich das Vermögen des Urhebers, seine Handlung zu *steuern*. Das Argument lässt sich in die folgende Form bringen:

1. Ereignisse vor unserer Geburt entziehen sich unserer Kontrolle.[103]
2. Die Naturgesetze entziehen sich unserer Kontrolle.
3. Alle unsere Handlungen sind Konsequenzen von Naturgesetzen und Ereignissen vor unserer Geburt.

Die Konklusion lautet dann:

4. Alle unsere Handlungen entziehen sich unserer Kontrolle.

Bei näherer Betrachtung zeigt sich, dass das Argument nur dann gültig ist, wenn man als weitere Prämisse das so genannte »Transferprinzip« hinzufügt:

> Wenn ein Ereignis die Konsequenz von Gesetzmäßigkeiten und Ereignissen ist, die vollständig der Kontrolle durch eine Person oder ein System entzogen sind, dann kann auch das Ereignis selbst nicht durch die Person oder das System kontrolliert werden.

Wie bereits erwähnt, sind hier die Naturgesetze bzw. Ereignisse vor der Geburt einer Person gemeint, wenn von Gesetzmäßigkeiten und Ereignissen die Rede ist, die dem Einfluss einer Person entzogen sind. Insofern wird man die Prämissen des ursprünglichen Argumentes kaum anzweifeln können. Akzeptiert man zudem das Transferprinzip, dann erscheint auch die Konklusion zwingend. Doch: *Kann* man das Transferprinzip wirklich akzeptieren? Zumindest in dieser abstrakten Form erscheint das Prinzip recht einleuchtend: Wie sollten wir Kontrolle über ein Ereignis ausüben, das sich notwendigerweise aus Bedingungen ergibt, welche sich unserer Kontrolle entziehen?

Der Eindruck verstärkt sich, wenn man zur Illustration ein Beispiel heranzieht, das ebenfalls von Fischer[104] stammt. Stellen Sie sich vor, es entzieht sich Ihrer Kontrolle, dass Ihr Haus in der kommenden Nacht von einem Meteoriten getroffen wird. Stellen Sie sich weiterhin vor, dass es sich Ihrer Kontrolle entzieht, dass das Dach Ihres Hauses zerstört wird, *wenn* es von einem Meteoriten getroffen wird. Unter diesen Voraussetzungen scheint es sich eindeutig Ihrer Kontrolle zu entziehen, dass das Dach Ihres Hauses in der kommenden Nacht zerstört werden wird.

Wenn man in diesem Beispiel davon spricht, dass ein bestimmter Sachverhalt durch eine Person nicht kontrolliert werden kann, dann bedeutet dies offensichtlich, dass das Ereignis eintritt, egal was die Person unternimmt. Dies gilt für die beiden Prämissen ebenso wie für die Konklusion: Der Meteorit kann Ihr Haus treffen, egal was Sie unternehmen; wenn das Dach getroffen wird, wird es zerstört, egal was Sie unternehmen. Ganz im Sinne des Transferprinzips kann man also folgern, dass das Dach zerstört wird, egal was Sie unternehmen: Offensichtlich stützt das Beispiel das Transferprinzip.

Wäre das Prinzip tatsächlich gültig, dann hätte dies weit reichende Folgen für jede kompatibilistische Theorie der Willensfreiheit. Wenn alle unsere Handlungen in dieser Weise unserer Kontrolle entzogen wären, wenn unsere Handlungen also geschehen könnten, egal was wir unternehmen, dann wären das Urheber- und das Autonomieprinzip gleichermaßen verletzt. Ihre Wahl von Karola Winter würde festliegen, egal was *Sie* unternehmen, und von einer freien und selbstbestimmten Handlung könnte keine Rede sein. Dies gilt völlig unabhängig von den oben vorgebrachten Argumenten zugunsten alternativer Handlungsmöglichkeiten in einer determinierten Welt.

Wiederum erweist sich die Position des Kompatibilisten bei näherem Hinsehen als wesentlich stärker. Um dies zu zeigen, möchte ich zwei Interpretationen des Transferprinzips voneinander unterscheiden. Am nächsten liegt es, das Prinzip und damit auch das Konsequenz-Argument so zu verstehen, dass es von unserem alltagssprachlichen Begriff von »steuern« bzw. »kontrollieren« ausgeht. Das Prinzip und mit ihm das Konsequenz-Argument würden dann zeigen, dass es in einer determinierten Welt nicht möglich ist, Handlungen so zu steuern, wie es dem alltagssprachlichen Begriff entspricht. Natürlich setzt das voraus, dass das Prinzip gültig ist, sofern man den alltagssprachlichen Begriff von Kontrolle verwendet.

Es gibt jedoch wiederum eine zweite, stärkere Lesart. In diesem Falle würde man das Konsequenz-Argument und das Transferprinzip als Belege für die Notwendigkeit eines im Vergleich zum alltagssprachlichen Verständnis *anspruchsvolleren* Begriffs von Kontrolle betrachten. Gezeigt würde dann, was wir in der Diskussion um die Willensfreiheit unter »kontrollieren« oder »steuern« verstehen *sollen.* Unter diesen Voraussetzungen entfiele die Bindung an den alltagssprachlichen Begriff von Kontrolle. Es müsste nur *irgendeinen* anspruchsvolleren Begriff von Kontrolle geben, bei dessen Verwendung das Prinzip gültig würde: Dies wäre dann der Begriff, den wir in der Diskussion um die Willensfreiheit verwenden *sollen.*

Ich werde zeigen, dass das Transferprinzip und damit auch das Konsequenz-Argument sowohl in der ersten als auch in der zweiten Lesart scheitert. Das Transferprinzip ist also weder dann gültig, wenn man unseren alltagssprachlichen Begriff von Steuerung bzw. Kontrolle einsetzt, noch gibt es *irgendeinen* stärkeren Begriff von Kontrolle oder Steuerung, der das Prinzip gültig machen würde.

Der alltagssprachliche Begriff von Kontrolle

Doch wie sieht unser alltagssprachlicher Begriff von Kontrolle bzw. Steuerung überhaupt aus? Wichtig ist zunächst, dass der Begriff nicht nur in Zusammenhang mit Problemen der Willensfreiheit verwendet wird. Die Fähigkeit, etwas zu steuern, schreiben wir auch technischen Geräten wie Thermostaten oder Autopiloten zu. Natürlich kann bei Thermostaten und Autopiloten nicht im Entferntesten von Freiheit die Rede sein. Kontrolle in diesem Sinne ist mit Sicherheit keine *hinreichende,* sondern allenfalls eine *notwendige* Bedingung von Freiheit. Doch gerade das macht die Sprengkraft dieser Variante des Konsequenz-Argumentes aus: Sollte es sich herausstellen, dass menschlichen Lebewesen eine Fähigkeit fehlt, die wir üblicherweise bei Thermostaten oder Autopiloten voraussetzen, wie kann man dann noch annehmen, dass Menschen frei sind?

Doch zurück zu unserem alltagssprachlichen Begriff von Kontrolle. Offenbar impliziert dieser Begriff drei Kriterien: Zum einen setzt Kontrolle die Möglichkeit von Einflussnahme voraus. Zwar ist es nicht erforderlich, dass ein Autopilot jederzeit einen Einfluss auf die Bahn eines Flugzeugs ausübt – immerhin könnte das Flugzeug ja zufälligerweise und ohne weitere Einwirkungen auf der richtigen Bahn bleiben. Wir würden jedoch nicht sagen, dass ein Autopilot ein Flugzeug steuert, wenn er gar keine Wirkungen auf die Bahn des Flugzeuges ausüben *kann,*[105] etwa weil die entsprechenden physischen Voraussetzungen fehlen. Zweitens ist wichtig, dass Kontrolle dazu dient, eine gewisse Zielgröße einzuhalten oder zu erreichen. Im Falle des Autopiloten ist das in der Regel eine bestimmte

Richtung, bei Thermostaten eine Temperatur. Drittens impliziert Kontrolle eine Überwachung des gesteuerten Prozesses, um Abweichungen von der Zielgröße feststellen und gegebenenfalls dank des kausalen Einflusses auch korrigieren zu können. Im Falle des Autopiloten wird diese Überwachung realisiert mit Hilfe von Navigationsinstrumenten, die eine genaue Positionsbestimmung erlauben und damit Abweichungen von der vorgegebenen Flugrichtung erkennbar machen, im Falle des Thermostaten sind es Temperatursensoren wie Bimetallstreifen.

Doch impliziert dieser Begriff, dass das kontrollierende System auch die kausale Vorgeschichte eines Steuerungsprozesses kontrollieren muss? Offensichtlich nicht. Stellen Sie sich einen Thermostaten im Kühlsystem eines Autos vor. Wenn der Thermostat tatsächlich einen Einfluss auf die Temperatur im Kühlsystem des Autos hat, wenn er zweitens dem Ziel dient, die Temperatur auf einem bestimmten Wert zu halten, und wenn er dies drittens erreicht, indem er die aktuelle Temperatur überwacht und gegebenenfalls Abweichungen korrigiert, dann kann man davon sprechen, dass der Thermostat die Temperatur des Kühlsystems »steuert«. Dass es sich hier um eine sinnvolle Unterscheidung handelt, zeigt der Vergleich des Thermostaten z.B. mit dem Vergaser des Autos, der die Temperatur im Kühlsystem *nicht* steuert.

Offenbar könnten wir an dieser Behauptung auch dann festhalten, wenn wir erfahren würden, dass das aktuelle Verhalten des Thermostaten eine Konsequenz von Ereignissen und Gesetzmäßigkeiten ist, die sich seinem Einfluss entziehen. Tatsächlich haben Thermostaten nicht nur keinerlei Einfluss auf Naturgesetze, vielmehr wird ihre Funktion durch Ereignisse wie etwa die Entscheidungen von Ingenieuren festgelegt, und selbstverständlich sind solche Ereignisse dem Einfluss von Thermostaten entzogen. Nehmen wir an, dass ein solches Ereignis, z.B. die Entscheidung des zuständigen Ingenieurs, die Temperatur im Kühlkreislauf solle genau 85°C betragen, zusammen mit den Naturgesetzen die Temperatur des Kühlkreislaufes zu einem gegebenen Zeitpunkt determiniert. Dem Transferprinzip zufolge dürfte man nicht mehr davon sprechen, dass der Thermostat das Kühlsystem zu diesem Zeitpunkt kontrolliert, doch das ist offenbar einfach falsch: Wenn wir den Alltagsbegriff von Kontrolle zugrunde legen, dann werden wir auch in Kenntnis der genannten Tatsachen daran festhalten, dass der Thermostat die Temperatur steuert, schließlich erfüllt er die obigen drei Kriterien.

Zu einem ganz ähnlichen Ergebnis kommt man bei Steuerungsprozessen, die von Menschen ausgeübt werden. Natürlich würden wir sagen, dass ein Lotse ein Schiff steuert, auch wenn die von ihm nicht beeinflussbare Vorgeschichte festlegt, *wie* er dies tut. Nehmen wir an, es seien wegen eines Unfalls einige Jahre zuvor bestimmte Richtlinien eingeführt worden, die festlegen, dass der Lotse das Schiff nun mit einer bestimmten Geschwindigkeit in einer bestimmten Fahrrinne steuert. Weder der Unfall noch der Erlass der Regel war durch den Lotsen zu beeinflussen – dennoch würden wir sagen, dass er das Schiff steuert.

Sollen diese Überlegungen zutreffen, dann muss hier ein Unterschied zu Fischers Meteoritenbeispiel bestehen, in dem das Transferprinzip ja galt – angesichts des Festliegens der Vorgeschichte konnte dort von Kontrolle keine Rede sein. Die entscheidende Differenz ist in der Tat nicht schwer zu erkennen. Sie besteht nicht etwa in dem Einfluss auf die Vorgeschichte – ein solcher Einfluss existiert in keinem der genannten Beispiele. Die Differenz besteht vielmehr darin, dass der Thermostat und der Lotse anders als die Person in dem Meteoritenbeispiel einen Einfluss auf den zu kontrollierenden Prozess haben, der für das Erreichen der Zielgröße ausreicht.

Während also die Temperatur im Kühlkreislauf vom Verhalten des Thermostaten abhängt und die Richtung des Schiffes durch den Lotsen bestimmt wird, kann der Einschlag des Meteoriten stattfinden, egal was die Person unternimmt. Damit wird in dem Meteoritenbeispiel anders als in den beiden übrigen Fällen die erste Bedingung des alltagssprachlichen Begriffs von Kontrolle verletzt; der Person fehlt nämlich der geforderte kausale Einfluss auf den zu kontrollierenden Prozess. Wenn also in dem Meteoritenbeispiel nicht von Kontrolle die Rede sein kann, dann liegt das nicht etwa daran, dass die Kontrolle über die Vorgeschichte fehlt – die haben der Thermostat und der Lotse ebenfalls nicht. Entscheidend ist vielmehr, dass in dem Meteoritenbeispiel der notwendige Einfluss auf das zu kontrollierende Ereignis selbst fehlt, wie ihn der Thermostat und der Lotse besitzen.

Offenbar kommt es also für unseren alltagssprachlichen Begriff von Kontrolle nicht darauf an, dass eine Kontrolle über die Vorgeschichte besteht. Entscheidend ist vielmehr das *Ergebnis* dieser Vorgeschichte für den Vorgang, der hier zur Diskussion steht. Wenn die Vorgeschichte das fragliche System befähigt hat, die relevanten Kriterien zu erfüllen, also Einfluss auf den kontrollierenden Prozess zu nehmen, diesen dadurch zu überwachen und in einem bestimmten Zielzustand zu halten, dann ist es offenbar berechtigt, von Kontrolle zu sprechen. Ist eine dieser Bedingungen nicht erfüllt, dann kann von Kontrolle nicht mehr die Rede sein.

Ein anspruchsvollerer Begriff von Kontrolle?

Das Transferprinzip, das Kontrolle über ein Ereignis an die Kontrolle über die Vorgeschichte und die relevanten Gesetzmäßigkeiten bindet, wäre daher ungültig, sofern man den alltagssprachlichen Begriff von Kontrolle zugrunde legt. Dennoch ist die intuitive Kraft des Prinzips bzw. des Konsequenz-Argumentes allgemein nur schwer zu bestreiten: Kann man wirklich von Freiheit sprechen, wenn alles, was man tut, von einer Vorgeschichte determiniert wird, die sich vollständig dem eigenen Einfluss entzieht? Nahe liegend ist daher der Verdacht, dass der obige Begriff von Kontrolle, der sich auch auf Autopiloten und Thermostate anwenden lässt, viel zu schwach ist, sofern es um die Freiheit menschlicher Handlungen geht. Brauchen wir also nicht zumindest in der Willensdebatte einen anspruchsvolleren Begriff als die alltagssprachliche Konzeption von Steuerung bzw. Kontrolle, und könnte sich das Transferprinzip und mit ihm das Konsequenz-Argument auf der Basis eines solchen Begriffs nicht doch als wahr erweisen?[106]

Interessant erscheint das Bemühen um einen solchen Begriff allemal. Sollte es erfolgreich sein, dann könnte es die Basis für eine anspruchsvollere Konzeption von Freiheit schaffen. Außerdem könnte ein solcher Begriff verständlich machen, warum wir den Eindruck haben, wir hätten keine Kontrolle über eine Handlung, wenn uns die Kontrolle über die Vorgeschichte der Handlung fehlt.

Wie also müsste ein Begriff von Kontrolle aussehen, der das Transferprinzip »gültig machte«? Die Bedingungen sind nicht schwer zu erkennen: Erforderlich dafür wäre, dass die handelnde Person entweder die relevanten Naturgesetze oder aber die Vorgeschichte der Handlung so zu kontrollieren vermag, dass sich die Entscheidung für *x* und gegen *y* direkt und indirekt auf sie selbst und nicht auf externe Umstände zurückführen lässt. Ich werde diese Form der Kontrolle im Folgenden als »exklusive Kontrolle« bezeichnen. Bei einer Person, die exklusive Kontrolle darüber hat, ob sie *x* oder *y* tun wird, müsste ein Laplacescher Geist, der sämtliche Naturgesetze und alle Ausgangsbedingungen in jedem Detail kennt und außerdem über unendliche Rechenkapazitäten verfügt, prinzipiell mit seiner Prognose der Handlung scheitern, solange er nicht die relevanten Entscheidungen der Person kennt.

Es ist in jedem Falle klar, dass die genannten Kriterien weder im Falle des Thermostaten noch in dem des Lotsen erfüllt sind: Ein Laplacescher Geist könnte das Verhalten des Lotsen und des Thermostaten vorhersagen; genauso könnte er in einer determinierten Welt auch vor Ihrer Geburt prognostizieren, dass Sie Karola Winter und nicht Jürgen Sommer wählen werden. Selbst wenn *Sie* es sind, der sich für Karola Winter entscheidet, lässt sich diese Entscheidung in einer solchen Welt indirekt auf Ereignisse vor Ihrer Geburt sowie auf die Naturgesetze zurückführen, die sich eindeutig Ihrem Einfluss entziehen.

Gegen diesen Begriff von exklusiver Kontrolle scheint allerdings auf den ersten Blick zu sprechen, dass das erste Kriterium, nämlich die Kontrolle über die relevanten Naturgesetze, schon aus begrifflichen Gründen nicht erfüllbar ist. Es ist ein begriffliches Merkmal von Naturgesetzen, dass diese jeglichem Einfluss entzogen sind – ganz egal von wem dieser Einfluss im Einzelnen ausgehen mag; die einzige Ausnahme mag hier Gott sein, doch die Willensfreiheit von Göttern steht hier nicht zur Diskussion. Wenn wir herausfinden würden, dass ein bestimmter, bislang für gesetzmäßig gehaltener Zusammenhang von einer Person oder einem technischen Gerät beeinflusst werden kann, dann würden wir diesen Zusammenhang nicht mehr für ein Naturgesetz halten und statt dessen nach den Gesetzmäßigkeiten suchen, die dieser Manipulation zugrunde liegen. Mit anderen Worten: Die Behauptung »*p* kontrolliert ein Naturgesetz« ist in sich widersprüchlich, weil sie die Kontrolle über einen Gegenstand impliziert, der seinem Begriff nach von jeglicher Kontrolle ausgenommen ist. [107]

Das aber muss den Vertreter einer anspruchsvolleren Fassung des Kontrollbegriffs nicht ernsthaft beunruhigen, schließlich ist seine Bedingung so formuliert, dass nur *eines* der beiden Kriterien erfüllt sein muss. Wie steht es also mit dem zweiten Kriterium, nämlich der Kontrolle über die Vorgeschichte der Handlung? Die Kontrolle müsste hier so weit reichen, dass man nicht nur mit Bezug auf die Person erklären kann, warum hier die Handlung *x* und nicht die Handlung *y* vollzogen worden ist, vielmehr müsste sich auch die Vorgeschichte der Faktoren, die in dieser Erklärung eine kritische Rolle spielen, vollständig auf die Person zurückführen lassen. Exklusive Kontrolle bedeutet daher nichts anderes, als dass die Person die »Kausalkette«[108] der Faktoren initiiert haben muss, die eine ausschlaggebende Rolle für die freie Entscheidung besitzen. Letztlich entspricht der Freiheitsbegriff, der hinter dem Begriff der »exklusiven Kontrolle« und damit auch hinter dem Transferprinzip steht, im Wesentlichen der Kantischen Vorstellung von der Freiheit als einem Vermögen, »einen Zustand von selbst anzufangen, deren Causalität also nicht nach dem Naturgesetze wiederum unter einer anderen Ursache steht, welche sie der Zeit nach bestimmte«.[109]

Es ist offenkundig, dass diese Bedingungen in einer determinierten Welt nicht zu erfüllen sind. Jedes Ereignis ist hier Glied einer strikten »Kausalkette«, die bis zur Entstehung dieser Welt zurückreicht. Es ist daher prinzipiell unmöglich, die gesamte Vorgeschichte eines kritischen Faktors auf eine Person zurückzuführen.

Doch wie wäre es in einer indeterminierten Welt? Auf den ersten Blick scheinen hier die Chancen nicht schlecht zu stehen, schließlich werden die strikten »Kausalketten« in einer indeterminierten Welt immer wieder unterbrochen. Insofern ist es nicht ausgeschlossen, dass die »Kausalkette« der Faktoren, die zu Ihrer Wahl von Karola Winter führen, durch Sie initiiert worden ist. Sie besäßen dann die exklusive Kontrolle, die das Transferprinzip wahr machen würde.

Nehmen wir also an, die fragliche »Kausalkette« beginne mit Ihrer Entscheidung für die Maxime, nur noch Politiker von hoher persönlicher Integrität zu wählen. Diese Maxime sei dann ihrerseits ausschlaggebend gewesen für Ihre Entscheidung für Karola Winter und gegen Jürgen Sommer.

Doch was heißt es nun, dass *Sie* es sind, der die »Kausalkette« initiiert? Nahe liegend scheint der Verweis darauf, dass sich die Entscheidung auf andere Überzeugungen, Wünsche und Bedürfnisse zurückführen lässt, die Sie besitzen. Eine solche Erklärung würde der hier vertretenen Minimalkonzeption entsprechen, doch offenbar könnte man unter dieser Voraussetzung nicht von dem *Beginn* einer »Kausalkette« sprechen. Wenn die Entscheidung, nunmehr nur noch integre Politiker zu wählen, auf Sie zurückführbar ist, dann steht sie offenbar gerade *nicht* am Beginn einer neuen »Kausalkette«, vielmehr bleibt die Entscheidung abhängig von Ihren Überzeugungen, Wünschen und Bedürfnissen sowie von deren Entstehungsgeschichte.

Aus diesem Grund ist es erforderlich, darauf zu bestehen, dass hier tatsächlich in einem strengen Sinne eine »Kausalkette« beginnt; das Ereignis, mit dem die »Kausalkette« einsetzt, darf daher nicht von den Wünschen, Überzeugungen und Bedürfnissen der Urheberin abhängig sein. Doch wenn man eine solche Abhängigkeit ausschließt, dann besteht kein Grund mehr, die Person als die Initiatorin der strikten »Kausalkette« zu bezeichnen. Man könnte sagen, dass hier aus letztlich unerklärlichen Gründen eine »Kausalkette« einsetzt, doch es besteht keinerlei Möglichkeit, diese Kette auf die Person und ihre Eigenschaften zurückzuführen.

Damit bleibt der Person noch nicht einmal das Maß an Einfluss, das der Alltagsbegriff von Kontrolle verlangt, immerhin setzt dieser ja voraus, dass die kontrollierende Instanz auf den kontrollierten Prozess einzuwirken vermag. Eine solche Einwirkung ist bei einem Ereignis, das am Beginn einer »Kausalkette« stehen soll, offenbar ausgeschlossen, und zwar auch dann, wenn es sich um einen kognitiven Akt im Bewusstsein der Person handelte. Wenn vorausgesetzt wird, dass das Ereignis am Beginn einer »Kausalkette« steht, dann hat die Person *keinen* Einfluss, ganz gleich wann und wo das Ereignis stattfindet. Ereignisse, die sich dem Einfluss einer Person entziehen, lassen sich nicht »etwas besser« zuschreiben, wenn sie zu Lebzeiten der Person, innerhalb ihres Körpers oder gar innerhalb des Bewusstseins der Person stattfinden; sie lassen sich nicht »etwas schlechter« zuschreiben, wenn sie lange vor der Geburt der Person oder an einem weit entfernten Ort geschehen sind. Alles andere ist nur ein Eindruck, der aus unserer alltäglichen Praxis entsteht, die den Körper bzw. das Bewusstsein einer Person als Kriterium für die Zuschreibung verwendet. Doch genauso wenig, wie wir einer Person einen Bewusstseinsakt zuschreiben würden, der sich ihrem Einfluss entzieht, weil er auf Hypnose oder Gehirnwäsche zurückzuführen ist, genauso wenig können wir ihr solche Akte zuschreiben, die ihrem Einfluss entzogen sind, weil sie lediglich zufällig zustande kamen. Wenn ein Ereignis nicht bestimmt oder determiniert sein soll, dann kann es auch nicht durch die Person bestimmt oder determiniert sein.

Kurzum: die Annahme, man könne eine »Kausalkette« initiieren, ist einfach inkohärent, da sie zwei Vorstellungen enthält, die einander ausschließen. Entweder wir haben es wirklich mit dem Beginn einer »Kausalkette« zu tun, doch dann entfällt der Einfluss durch vorangehende Ursachen – es gibt also niemanden, der hier als Initiator auftreten könnte. Oder wir haben es mit einem Ereignis zu tun, das durch eine Person initiiert wird, doch dann ist dieses Ereignis selbst schon eine Wirkung und kann nicht mehr am Beginn einer »Kausalkette« stehen.

Möglicherweise kann man sich fragen, ob diese Probleme nicht aus der Festlegung auf den Begriff der Kontrolle resultieren. Wie oben betont, wird das Konsequenz-Argument und damit auch das Transferprinzip ja ursprünglich in anderen Begriffen formuliert. Wie wäre es also, wenn man nicht von Kontrolle sprechen würde, sondern davon, dass die Handlung »von uns abhängen« müsse oder Gegenstand unserer »Wahl« sei? In diesem Falle würde man behaupten, dass ein Ereignis nicht Gegenstand der Wahl einer Person sein oder nicht von der Person abhängen könne, wenn es die Konsequenz von Ereignissen und Gesetzmäßigkeiten ist, die vollständig von der Person unabhängig bzw. ihrer Wahl entzogen sind.

Es zeigt sich sehr schnell, dass sich an den skizzierten Problemen dadurch nichts ändern würde. Offenkundig ist dies, soweit die Naturgesetze betroffen sind: Natürlich haben wir weder eine Wahl bezüglich der Naturgesetze, noch hängen diese von uns ab. Genauso wenig ändert sich etwas im Hinblick auf das Ereignis, das am Beginn der »Kausalkette« stehen soll.

Der Widerspruch, der sich daraus ergibt, dass hier ein Ereignis gefordert wird, das einerseits am Beginn einer »Kausalkette« stehen, auf der anderen Seite aber auch dem Urheber zugeschrieben werden soll, löst sich nicht dadurch auf, dass man davon spricht, dass es exklusiv »vom Urheber abhing« oder dass dieser die exklusive »Wahl« hatte: Wenn die Abhängigkeit besteht, dann besitzt der Urheber den geforderten Einfluss auf das Ereignis, doch dieses steht dann nicht mehr am Beginn der »Kausalkette«. Das Gleiche gilt für die Wahl zwischen zwei Optionen: Auch hier muss eine Abhängigkeit vom Urheber unterstellt werden, die bei einem Ereignis am Beginn einer »Kausalkette« ausgeschlossen ist. Alternativ kann man auf die Abhängigkeit verzichten; das Ereignis steht dann zwar am Beginn der »Kausalkette«, doch es liegt dann nicht mehr an dem Urheber, welche der beiden Optionen realisiert wird. In keinem der beiden Fälle könnte daher gesagt werden, dass das Ereignis in dem geforderten Sinne an der Person liege oder Gegenstand ihrer Wahl sei.

Die Schlussfolgerung ist klar: Wenn die Idee, man könne eine »Kausalkette« initiieren, in sich widersprüchlich ist, dann gibt es auch den Begriff von exklusiver Kontrolle nicht, der das Transferprinzip und mit ihm das Konsequenz-Argument wahr machen würde, schließlich setzt dieser stärkere Begriff von Kontrolle diese Idee voraus. Doch die Idee der Initiierung einer »Kausalkette« ist in sich widersprüchlich. Dieser Widerspruch tritt auf, unabhängig davon, ob man von Kontrolle, von Wahl oder davon spricht, dass das fragliche Ereignis von einem abhängt. In jedem Falle wird verlangt, dass ein Ereignis, das am Beginn einer »Kausalkette« steht, auf den Handelnden zurückführbar ist. Doch die Behauptung »der Beginn einer strikten ›Kausalkette‹ lässt sich auf *p* zurückführen« impliziert einen immanenten Widerspruch insofern, als die Rückführbarkeit einen Einfluss des Urhebers auf ein Ereignis voraussetzt, das von allen kausalen Einflüssen ausgenommen sein soll, da es ja am Beginn einer »Kausalkette« steht.

Damit ist nicht nur der Versuch gescheitert, den Begriff von Kontrolle so zu analysieren, dass er den Kriterien des Transferprinzips entspricht. Offenbar gibt es keinen kohärenten Begriff, der das Transferprinzip gültig machen würde.[110]

Drei abschließende Bemerkungen: Zum einen möchte ich noch einmal wiederholen, dass diese Behauptung völlig unabhängig davon gilt, ob man nun den Dualismus oder den Monismus für wahr hält. Von der Initiierung einer »Kausalkette« durch eine Person könnte natürlich auch dann nicht die Rede sein, wenn ein immaterielles Ich durch einen Akt psychophysischer Verursachung ein bestimmtes Ereignis bewirkt: Auch ein Ereignis, das Gegenstand einer psychophysischen Verursachung ist, steht nicht am Beginn einer »Kausalkette«. Würde es jedoch tatsächlich am Beginn stehen, dann dürfte es eben auch nicht durch ein immaterielles Ich verursacht worden sein: Das Dilemma bleibt also; auch in einer dualistischen Welt kann es keine exklusive Kontrolle geben.

Zweitens würde sich auch nichts dadurch ändern, dass man nicht-deterministische Kausalbeziehungen einbezieht. Ich habe diese bislang in der Diskussion des Konsequenz-Arguments nicht ausdrücklich berücksichtigt, zuvor aber darauf hingewiesen, dass sich Ereignisse, die mit sehr hoher Wahrscheinlichkeit auf den Urheber zurückgeführt werden können, diesem auch zuschreiben lassen. Doch auch das gilt nur, weil hier die geforderte Abhängigkeit besteht, insofern kann hier nicht vom Beginn einer »Kausalkette« die Rede sein, sondern von einer probabilistischen Kausalbeziehung.[111] Umgekehrt gilt für Ereignisse, die mit einer Wahrscheinlichkeit nahe dem Zufall eintreten, allgemein das, was für im strengen Sinne zufällige Ereignisse gilt: Hier wird man vom Beginn einer »Kausalkette« sprechen können, doch aus dem gleichen Grund kann nicht die Rede davon sein, dass das fragliche Ereignis auf den Urheber zurückzuführen ist. Zwischen diesen beiden Extremfällen gibt es sicher eine Grauzone, bei der man allenfalls von Fall zu Fall ein Urteil abgeben kann, doch egal wo man die Grenze zwischen einer Wahrscheinlichkeit ansetzt, die für Zuschreibung und Erklärung ausreicht, und einer Wahrscheinlichkeit, bei der das nicht mehr der Fall ist: Das skizzierte Dilemma bleibt auch unter diesen Voraussetzungen erhalten.

Drittens schließlich ergibt sich aus der Inkohärenz eines stärkeren Begriffs von Kontrolle nicht, dass wir vielleicht doch von außen gesteuert werden, so wie es das Konsequenz-Argument suggeriert. Dies gilt zum einen deshalb nicht, weil mit dem Transferprinzip auch das Konsequenz-Argument fällt, schließlich stellt das Transferprinzip den entscheidenden Schritt dar von der bloßen Determiniertheit einer Handlung zu der Behauptung, dass die Handlung nicht durch den Handelnden kontrolliert wird. Abgesehen davon hatte ich bereits oben gezeigt, dass man erst dann von »äußeren« Faktoren sprechen kann, wenn man zuvor gezeigt hat, was denn die »inneren Faktoren« sind, in unserem Falle also die personalen Präferenzen. Man muss also von vornherein ein bestimmtes Kriterium für diese Unterscheidung akzeptieren; nur relativ zu diesem Kriterium macht die Rede von inneren und äußeren Faktoren, von Selbst- und Fremdbestimmung überhaupt Sinn. Wenn man ein bestimmtes Kriterium für die Bestimmung des Unterschieds akzeptiert, dann kann man nicht mehr sagen, dass die vermeintlich inneren, zurechenbaren Faktoren »eigentlich« doch äußere seien und Personen, die ihren personalen Präferenzen entsprechend handeln, »eigentlich« doch von außen, durch genetische und soziale Determinanten gesteuert werden. Wenn das vorgelegte Kriterium gilt und ein Merkmal dieses Kriterium erfüllt, dann ist dieses Merkmal ein inneres, zurechenbares Merkmal im strengsten konsistent denkbaren Sinne. Handlungen, die von ihm abhängen, sind dann durch die Person gesteuerte, also selbstbestimmte Handlungen; von einer Abschwächung des Autonomieprinzips kann hier also keine Rede sein. Natürlich kann sich jedes Kriterium als verfehlt erweisen; ich habe auch bereits darauf hingewiesen, dass das hier vorgeschlagene liberale Kriterium nicht das letzte Wort sein muss. Der Begriff der exklusiven Kontrolle und das Konsequenz-Argument bieten indessen sicher keine Basis für eine bessere Alternative.

Die böswilligen Psychologen

Peter ist fest davon überzeugt, dass Diebstahl verwerflich ist, und hält sich in seinem Handeln streng an diese Überzeugung. Eines Tages wird er von einer Gruppe böswilliger Psychologen einer schweren Gehirnwäsche unterzogen, die dazu führt, dass Peter nun Diebstahl für gerechtfertigt hält. Peter vertritt diese Auffassung fortan mit derselben Sicherheit, mit der er zuvor die gegenteilige Position verfochten hat, und auch eine objektive Untersuchung, die nach einiger Zeit durchgeführt wird, kommt zu dem Ergebnis, dass diese Überzeugung nunmehr zu seinen personalen Präferenzen gehört. Handelt Peter also selbstbestimmt, wenn er einen Diebstahl begeht?

Wer der Ansicht ist, dass Freiheit Selbstbestimmung ist, der steht hier vor einem schwerwiegenden Problem: Auf der einen Seite erscheint es angesichts der Manipulation intuitiv völlig unplausibel, den Diebstahl als eine freie und selbstbestimmte Handlung von Peter, so wie wir ihn vor dem Eingriff kannten, aufzufassen. Andererseits erfüllt diese Handlung sämtliche oben dargelegten Kriterien von Selbstbestimmung. Dies gilt insbesondere, wenn man die vorgeschlagene »liberale« Variante für die Bestimmung personaler Präferenzen akzeptiert. Natürlich ist es vorstellbar, dass Peter an seiner neuen Neigung zum Diebstahl festhält, auch wenn er prinzipiell in der Lage wäre, diese Präferenz aufzugeben.

Es sieht daher so aus, als würden die bislang genannten Kriterien nicht ausreichen, um die Handlungen, die Peter nach dem manipulativen Eingriff vollzieht, richtig, d. h. als *nicht* frei zu klassifizieren. Mehr noch: Ganz generell scheinen »interne« Kriterien, die sich auf Peters Merkmale zum Zeitpunkt der Handlung beziehen, hierzu ungeeignet. Dies ergibt sich nicht nur daraus, dass Peters Überzeugungen nach dem Eingriff immer noch die bislang genannten Kriterien erfüllen, obwohl sie doch manipuliert sind, vielmehr ist schwer zu erkennen, wie es überhaupt möglich sein soll, diese Kriterien so zu verschärfen, dass sie eine zuverlässige Unterscheidung zwischen manipulierten und nicht manipulierten Einstellungen erlauben.

Die einzige Lösung scheint darin zu bestehen, die Entstehungsgeschichte der relevanten Merkmale, in diesem Falle also den Manipulationsprozess, in die Unterscheidung einzubeziehen und damit »externe« Gesichtspunkte zu berücksichtigen. Eine genauere Untersuchung führt jedoch zu Zweifeln, ob das Problem auf diese Weise zu lösen ist. Die Schwierigkeiten betreffen die Kriterien einer systematischen Unterscheidung zwischen der ganz »normalen« Entstehung personaler Präferenzen in der individuellen Lebensgeschichte einerseits und manipulativen Eingriffen von außen andererseits, d. h. Eingriffen, die geschehen, nachdem der Handelnde zu einer selbstbestimmungsfähigen Person geworden ist.

Unzureichend wäre in jedem Falle der Hinweis, die Entstehung bestimmter Präferenzen sei dem Einfluss des Akteurs entzogen gewesen. Dies kann ja auch in der individuellen Lebensgeschichte nicht anders sein, schließlich muss sich unsere Fähigkeit, Einfluss auszuüben oder gar selbstbestimmte Entscheidungen zu treffen, zunächst einmal entwickeln. Auf diese Entwicklungsprozesse können wir keinen Einfluss haben, weil uns die entsprechende Fähigkeit voraussetzungsgemäß noch fehlt. Tatsächlich muss es, wie oben ausführlich dargestellt, zumindest im Prinzip möglich sein, einem Akteur auch solche Präferenzen zuzurechnen, deren Entstehung nicht in seiner Gewalt lag. Ein Begriff der Kontrolle oder der Wahl, der dies nicht zulassen würde, wäre schlichtweg inkohärent.

Doch kommen wir zurück zu der Frage, die sich aus dem obigen Gedankenexperiment ergab. Ohne eine zufrieden stellende Antwort würde sich erneut ein schwerwiegender Einwand gegen die hier vertretene Minimalkonzeption von personaler Freiheit ergeben: Die bislang vorgeschlagenen Kriterien wären zumindest ergänzungsbedürftig, vielleicht aber auch grundsätzlich ungeeignet, solche offenbar unfreien Handlungen von typischen freien Handlungen zu unterscheiden.

Tatsächlich gibt es hier jedoch zumindest zwei Lösungsmöglichkeiten: Zum einen kann man versuchen zu zeigen, dass – entgegen dem ersten Anschein – eben doch ein prinzipieller Unterschied zwischen einem solchen manipulativen Eingriff und der »normalen« Entstehungsgeschichte personaler Merkmale besteht. Zwar lassen sich auch personale Präferenzen zurückführen auf Ereignisse, die dem Einfluss einer Person entzogen sind, z.B. weil sie vor deren Geburt geschahen. Einen entscheidenden Unterschied könnte man allerdings darin sehen, dass diese Ereignisse, anders als der genannte Manipulationsversuch, zum Zeitpunkt ihres Auftretens nicht zu einer *Veränderung* personaler Merkmale führen – die gibt es in diesem Moment ja noch nicht. *Veränderungen* personaler Merkmale kann es nur zu Lebzeiten des Akteurs geben. Zwar wäre die Forderung, alle diese Veränderungen müssten vom Akteur ausgehen, unplausibel. Viele unserer Präferenzen verändern sich, ohne dass wir dies bewusst initiieren, z.B. durch neue Erfahrungen, deren Konsequenzen uns nicht sofort bewusst werden, aber auch durch körperliche Prozesse, z.B. durch Reifung oder hormonelle Veränderungen. Angemessen erscheint allerdings die Forderung, dass der Akteur eine solche Veränderung akzeptieren würde, wäre sie ihm bewusst geworden.[112] Anders als bei »normalen« Entwicklungsprozessen ist eine solche Zustimmung bei einer Manipulation sicher nicht zu erwarten; insofern hätte man hier ein handhabbares Kriterium, das die bisherige Konzeption ergänzen könnte. Eine solche Ergänzung erscheint auch insofern unproblematisch, als sie mit dem kompatibilistischen Charakter des vorgestellten Ansatzes verträglich ist; Freiheit wäre nach wie vor auch in einer determinierten Welt möglich.

Es gibt jedoch eine elegantere Alternative. Sie beruht im Wesentlichen auf der Annahme, dass ein solcher manipulativer Eingriff nur dann von den bislang genannten Kriterien nicht erfasst wird, wenn er zu einer wirklich radikalen Persönlichkeitsveränderung führt: Würden die böswilligen Psychologen es bei einer weniger schwerwiegenden Persönlichkeitsveränderung belassen und Peter beispielsweise nur eine andere Einstellung zum Diebstahl einpflanzen, dann wäre zu erwarten, dass ihm selbst diese plötzliche Veränderung auffallen würde. In jedem Falle bliebe sein normatives Bezugssystem intakt, also seine allgemeinen Vorstellungen von Gerechtigkeit, seine grundsätzlichen Auffassungen darüber, wie unsere Gesellschaft beschaffen sein soll etc. Es wäre dann zu erwarten, dass Peter früher oder später erkennt, dass die manipulierte Präferenz seinen übrigen Normen widerspricht, und vermutlich würde er dann zu seiner ursprünglichen Auffassung zurückkehren. Doch auch der entgegengesetzte Fall wäre von den bislang genannten Kriterien erfasst: Sollte Peter nämlich zu einer solchen Korrektur nicht in der Lage sein, dann wäre das liberale Kriterium verletzt und die manipulierte Überzeugung würde nicht als personale Präferenz zählen.

Ein Problem für den bisherigen Ansatz ergibt sich erst bei einer radikalen Veränderung, bei der nicht nur eine einzelne Präferenz manipuliert wird, sondern das gesamte normative Bezugssystem einer Person, also die allgemeinen Maßstäbe, nach denen die Person einzelne Präferenzen beurteilt. Es fällt nicht ganz leicht, sich eine derart radikale Veränderung vorzustellen. Sieht man einmal von den äußerlichen körperlichen Merkmalen ab, dann muss sie sämtliche Eigenschaften erfassen, durch die eine individuelle Person *als diese* individuelle Person definiert ist. Wenn sich also nicht nur Peters Einstellung zum Diebstahl verändert, sondern auch seine ganz allgemeine Auffassung darüber, was gerecht ist, wie unsere Gesellschaft beschaffen sein sollte etc., dann wird er vielleicht an der manipulierten Einstellung zum Diebstahl festhalten, weil sich sein gesamtes Bezugssystem verändert hat, doch gleichzeitig müssten wir zugeben, dass wir es nunmehr mit einer ganz anderen Person zu tun haben, als wir sie vor dem Eingriff kannten.

Eine solche radikale Persönlichkeitsveränderung schließt es aus, Handlungen, die *nach* einem manipulativen Eingriff vollzogen wurden, der Person zuzuschreiben, so wie sie *vor* diesem Eingriff existiert hat; tatsächlich kann man angesichts der Veränderungen durch diesen Eingriff nicht mehr davon sprechen, dass man es überhaupt noch mit derselben Person zu tun hat. Das Handeln der Person nach dem Eingriff mag also selbstbestimmt und damit frei sein, doch es wäre nicht mehr das Handeln derjenigen Person, wie sie vor der schwerwiegenden Persönlichkeitsveränderung existiert hat. Der große Vorteil dieser Alternative besteht darin, dass sie über das Instrumentarium der skizzierten Minimalkonzeption von personaler Freiheit hinaus keine weiteren Zusatzannahmen erfordert.

Schauen wir uns diese Option noch etwas genauer an. Festzuhalten ist zunächst, dass personale Präferenzen bereits nach den bisherigen Überlegungen[113] ein Minimalkriterium hinsichtlich ihrer Stabilität erfüllen müssen. Diesem Minimalkriterium zufolge muss eine Präferenz mindestens *einen* Tag lang bestanden und mindestens *eine* Handlung bestimmt haben. Wenn Peter also unmittelbar nach der Gehirnwäsche einen Diebstahl begeht, dann gilt er nach den hier vorgelegten Kriterien nicht als frei, weil die manipulierte Überzeugung das Minimalkriterium für die Stabilität personaler Präferenzen verletzt.

Wie bereits erwähnt, ist dieses Kriterium sicher zu schwach. Auch nach zwei Tagen würde man noch zögern, Peter die aus der Manipulation hervorgegangene Überzeugung zuzuschreiben. Doch selbst wenn man ein wesentlich strengeres und damit realistischeres Kriterium wählt: Irgendwann wird auch diese Bedingung erfüllt sein. Sollte Peter sich danach zu einem Diebstahl entschließen, dann müsste diese Handlung als selbstbestimmt und frei im Sinne der hier vorgelegten Konzeption beurteilt werden, vorausgesetzt, dass auch die anderen Kriterien erfüllt sind. Dies aber erscheint nach wie vor unplausibel: Wie kann man einer Person eine Handlung zuschreiben, die das Produkt einer offensichtlichen Manipulation ist?

Betrachten wir zunächst Peters »Selbst«, so wie es vor dem Eingriff existierte. Zentral war hier die Überzeugung, dass Diebstahl verwerflich ist. Da auch die Manipulation selbst keine Handlung ist, die der Person zugeschrieben werden kann, wird man Handlungen, die sich auf manipulierte Präferenzen der Person zurückführen lassen, *nicht* als freie Handlungen der Person auffassen können, wie sie *vor* der Manipulation bestand. Dies bedeutet, dass der in dem Eingangsbeispiel erwähnte Diebstahl nicht als eine freie und selbstbestimmte Handlung der ursprünglichen Person aufgefasst werden kann.

Diese Antwort alleine würde das Problem jedoch noch nicht lösen, schließlich ist die Handlung ja durchaus mit Peters *gegenwärtigen* Präferenzen vereinbar, und es sind *diese* Präferenzen, die für die Zuschreibung zugrunde gelegt werden müssen. Hier kommt der zweite zentrale Punkt ins Spiel. Der hier vorgelegten Theorie zufolge wird das »Selbst« eines rationalen Akteurs durch dessen personale Präferenzen definiert. Eine radikale Veränderung dieser Einstellungen führt ganz offenbar zu einer Persönlichkeitsveränderung, die es nicht mehr zulässt, die Person *nach* der Manipulation mit der Person *vor* diesem Eingriff gleichzusetzen. Wir hätten es hier also streng genommen mit zwei unterschiedlichen Personen zu tun, und nur *einer* dieser Personen könnten wir diese Handlung zuschreiben, nämlich Peter, so wie er aus dem Eingriff hervorgeht.

Diese Behauptung mag zunächst nicht ganz überzeugend klingen, weil Peter auch nach der Manipulation die meisten alltagsweltlichen Identitätskriterien erfüllt: Er hat denselben Körper, dieselbe Stimme und bis zu dem Eingriff auch dieselbe individuelle Lebensgeschichte wie sein »Vorgänger«. Doch hier kommt es offenbar auf die Kriterien an, die für die Zuschreibung selbstbestimmter Handlungen relevant sind, und die werden verletzt. Nur deshalb kann man Peter jetzt eine Handlung zuschreiben, die seinen ursprünglichen Präferenzen vollkommen widerspricht.

Zweifellos gibt es hier wiederum eine Grauzone von Veränderungen personaler Präferenzen, bei denen nicht ganz klar ist, ob man sie akzeptieren kann, ohne gleich von einer radikalen Persönlichkeitsveränderung zu sprechen. In diesen Fällen wäre es aber auch nicht offensichtlich, dass eine Handlung nicht frei ist, obwohl sie sich auf die veränderten Präferenzen zurückführen lässt.

Sind die Veränderungen dagegen so gravierend, dass die aus ihnen erwachsenden Handlungen gegen unsere Intuitionen bezüglich freier und selbstbestimmter Handlungen der ursprünglichen Person verstoßen, und hat sich gleichzeitig das gesamte normative Bezugssystem der Person in diesem Sinne verändert, dass keine Diskrepanzen zu der veränderten Überzeugung auftreten, dann dürfte auch von einer radikalen Persönlichkeitsveränderung die Rede sein. In diesem Falle hätten wir es nach der Manipulation mit einer anderen Person zu tun, so dass der Diebstahl, den Peter begeht, nicht mehr seinem »früheren Selbst« zugeschrieben werden kann. Damit wäre die eingangs gestellte Frage beantwortet: Soweit die ursprüngliche Person betroffen ist, auf die sich die obige Frage bezog, stellt der Diebstahl keineswegs eine freie Handlung dar. Von dieser ursprünglichen Person muss jedoch die Person unterschieden werden, die aus dem Eingriff hervorgeht, und nur dieser Person kann man die Handlung zuschreiben.

Dies setzt allerdings einen Eingriff voraus, der weit von dem abweicht, was wir üblicherweise unter einer Manipulation verstehen. Von einer Manipulation würden wir normalerweise nämlich dann sprechen, wenn die Person dazu veranlasst würde, fortan eine bestimmte politische Meinung zu vertreten oder unter gegebenen Umständen eine bestimmte Handlungsweise zu vollziehen, ohne selbst ein kritisches Verhältnis zu diesen Präferenzen einzunehmen oder diese Präferenzen gar aufgeben zu können. In diesem Falle wäre jedoch das liberale Kriterium für die Bestimmung personaler Präferenzen verletzt; die auf die manipulierten Präferenzen zurückgehenden Handlungen wären daher nicht selbstbestimmt.

Unterstellt man dagegen wie in dem Eingangsbeispiel, dass Peter nach dem Eingriff wieder zu einem rationalen und selbstbestimmungsfähigen Akteur geworden ist, dann ist es sehr unwahrscheinlich, dass die Psychologen damit eigene Ziele erreichen können. Peter hätte dann ja nicht nur die Fähigkeit, Handlungen zu unterlassen, die aus seiner Sicht irrational oder verwerflich sind, er müsste in der Lage sein, der Gesamtheit seiner personalen Präferenzen entsprechend zu handeln, und schließlich müsste er die durch den Eingriff veränderten Einstellungen auch wieder aufgeben können – sonst würde es sich bei diesen Einstellungen nicht um personale Präferenzen handeln. Mit anderen Worten: Wenn die böswilligen Psychologen mit ihrer Manipulation wirklich ein bestimmtes Ziel verfolgen, dann sollten sie Peter möglichst nicht zu einem freien und selbstbestimmungsfähigen Akteur machen, weil sie sonst kaum damit rechnen können, dass er sich an die von ihnen verfolgten Ziele hält.

Immerhin könnte es jedoch passieren, dass Peter durch den Eingriff in einen Zustand versetzt wird, der dem einer Person entspricht, die ohne einen solchen Eingriff die Überzeugung erworben hat, dass Diebstahl gerechtfertigt ist. In diesem Falle könnte von einer radikalen Veränderung seines normativen Bezugssystems die Rede sein. Peter wäre dann nach dem Eingriff eine andere Person als zuvor; deshalb hält er auch an den aus dem Eingriff hervorgegangenen Präferenzen fest, obwohl er sie aufgeben könnte.

Nur auf den ersten Blick ergibt sich ein Einwand daraus, dass die Person sich ohne den genannten Eingriff ganz anders verhalten hätte. Wir würden nämlich auch sonst einer Person eine Handlung zuschreiben, die sie unter anderen äußeren Umständen nicht vollzogen hätte – vorausgesetzt natürlich, die Handlung lässt sich nach wie vor auf die Person zurückführen. Eine Unfallverursacherin kann sich nicht darauf berufen, dass der Unfall nicht zustande gekommen wäre, wenn ihre unschuldige Unfallgegnerin das Auto zu Hause gelassen hätte; genauso wenig entschuldigt es einen Betrüger, wenn er seine Tat unterlassen hätte, sofern sein Opfer kein Geld dabei gehabt hätte. Die zentrale Forderung, dass die Entscheidung für die eine und gegen eine andere Option auf personale Präferenzen zurückführbar sein muss, schließt natürlich nicht die Existenz anderer Einflussfaktoren aus. Entscheidend für die Zurechnung ist auch hier, ob der Handelnde unter den gegebenen Umständen im oben beschriebenen Sinne anders hätte handeln können. Diese Forderung kann aber bei der Unfallverursacherin und dem Betrüger ebenso wie bei Peter erfüllt sein.

All dies spricht dafür, dass die Kriterien, die die vorliegende Konzeption liefert, auch in außergewöhnlichen Umständen akzeptable Unterscheidungen zwischen zuschreibbaren und nicht zuschreibbaren Handlungen ermöglichen.

Freiheit und Determination

Nehmen wir an, Sie müssen eine wichtige berufliche Entscheidung treffen. Schon im Kindergarten hatten Sie davon geträumt, einmal Pilotin zu werden. Der Gedanke, einmal selbst ein Flugzeug zu steuern, hat Ihre gesamte Schulzeit geprägt; anschließend haben Sie mit viel Glück einen der wenigen Ausbildungsplätze bei einer großen Fluggesellschaft bekommen, und nach dem erfolgreichen Abschluss dieser Ausbildung hat man Ihnen nun tatsächlich eine Stelle angeboten. Lange haben Sie auf diesen Moment gewartet – nun liegt der Vertrag vor Ihnen und Sie müssen nur noch unterschreiben. Sie denken noch einen kleinen Moment nach, doch dann nehmen Sie den Füller und setzen Ihren Namen unter das Dokument. Später überlegen Sie: Natürlich verlangt alles in Ihnen danach, diesen Beruf zu ergreifen, der für Sie geschaffen zu sein scheint. Dennoch fragen Sie sich, ob dies alles nicht vorbestimmt war und ob Sie wirklich frei waren, als Sie diesem Verlangen nachgaben und unterschrieben: Würde Freiheit nicht vielmehr heißen, aus dem scheinbar vorbestimmten Lauf der Dinge auszubrechen und etwas völlig Neues anzufangen?

Die Antwort auf diese Frage ergibt sich aus den bislang vorgebrachten Argumenten. Nach allem, was sich der kurzen Geschichte entnehmen lässt, handeln Sie selbstbestimmt und frei, wenn Sie den Vertrag unterschreiben, auch wenn das, was Sie tun, determiniert ist. Für eine freie Handlung kommt es wie gesagt nicht darauf an, *ob* sie determiniert ist, sondern vielmehr darauf, *wie* oder *wodurch* sie determiniert oder besser: bestimmt wird. Wenn sie durch die Person selbst bestimmt ist, dann ist sie selbstbestimmt und damit frei.

Es ist jedoch schwer zu bestreiten, dass die gegenteilige, kompatibilistische Antwort, auch wenn sie falsch ist, immer noch eine beachtliche intuitive Plausibilität hat. Ich möchte mich im Folgenden daher noch einmal ganz konkret mit den Gründen für diese Plausibilität auseinandersetzen. Ich werde dabei in zwei Schritten vorgehen. Im folgenden Abschnitt werde ich zunächst am konkreten Beispiel einer Handlung und ihrer Vorgeschichte zeigen, dass die Aufhebung der Determination keinen Gewinn an Freiheit bringt, ganz egal wo diese Aufhebung innerhalb eines Handlungsablaufes stattfindet. Mit anderen Worten: Die Erwartung, dass die Aufhebung der Determination zu einem Zugewinn an Freiheit führt, verschwindet, wenn man sie auf einen konkreten Handlungsablauf anwendet. Nachdem ich im bisherigen Verlauf des Kapitels bereits gezeigt habe, dass ein anspruchsvollerer Begriff von Freiheit als die hier vorgelegte Minimalkonzeption nicht *notwendig* ist, um den wichtigsten Intuitionen und philosophischen Argumenten in Bezug auf Freiheit gerecht zu werden, möchte ich damit auch zeigen, dass ein anspruchsvollerer Begriff von Freiheit gar nicht *möglich* ist. Dies gilt zumindest insoweit, als es die Aufhebung der Determination betrifft.

Doch wenn es einfach falsch ist, dass die Aufhebung der Determination zu einem anspruchsvolleren Begriff von Freiheit führt – woher kommt dann die hartnäckige Vorstellung, dass dies so ist? Ich werde dieser Frage im darauf folgenden Abschnitt nachgehen.

Zunächst aber zu der Frage, ob durch die Aufhebung der Determination zusätzliche Freiheitsspielräume entstehen können. Natürlich behauptet niemand, dass auf diese Weise eine *hinreichende* Bedingung für die Entstehung freier Handlungen geschaffen wird. Doch wenn der Verdacht zutrifft, dass sich die bislang vorgelegte Minimalkonzeption von einem anspruchsvolleren Freiheitsbegriff dadurch unterscheidet, dass sie mit dem Determinismus vereinbar ist, dann sollte es irgendeinen Punkt in der »Kausalkette« geben, die von Ereignissen vor der Geburt des Handelnden bis zum Vollzug einer Handlung führt, an dem die Aufhebung der Determination einen Zugewinn an Freiheit bewirkt.

Nach wie vor mache ich keine Annahmen darüber, ob unsere Welt determiniert ist oder nicht. Nur um der Klarheit des Argumentes willen werde ich jedoch rein hypothetisch eine deterministische »Kausalkette«[114] unterstellen. Diese Kette soll lange vor der Geburt des Handelnden beginnen und mit der Handlung, im obigen Falle also der Unterschrift unter den Vertrag, enden. Dabei unterstelle ich, dass die Handlung den bislang skizzierten Minimalkriterien entspricht und sich insbesondere auf die personalen Präferenzen der Urheberin zurückführen lässt. Ich werde diese »Kausalkette« im Folgenden jeweils an einem entscheidenden Punkt unterbrechen, so dass bis zu diesem Moment der Unterbrechung offen ist, wie die Entscheidung, deren Freiheit hier zur Debatte steht, ausfallen wird. Dies bedeutet natürlich nicht, dass alle Kausalprozesse zu diesem Zeitpunkt ausgesetzt werden, es heißt auch nicht, das irgendwelche beliebigen Prozesse unterbrochen werden, vielmehr muss nur die relevante »Kausalkette« so getrennt werden, dass bis zu diesem Moment weder vorhersagbar noch tatsächlich bestimmt ist, wie die spätere Entscheidung ausfallen wird.[115] Der bereits bemühte Laplacesche Geist wird also vor dieser Unterbrechung prinzipiell außerstande sein vorherzusagen, ob der Vertrag unterschrieben wird oder nicht.

Wenn es überhaupt möglich ist, Freiheit in einem anspruchsvolleren Sinne durch die Aufhebung der Determination zu gewährleisten, dann müsste es auf diesem Wege zu erreichen sein. Es wird sich jedoch herausstellen, dass dies nicht der Fall ist.

Option 1

Stellen Sie sich also die bereits erwähnte, ursprünglich lückenlose »Kausalkette« vor, die von einem Zeitpunkt lange vor Ihrer Geburt bis zu dem Moment führt, in dem Sie den Vertrag unterschreiben. Stellen Sie sich nun weiter vor, diese »Kausalkette« würde genau im Augenblick Ihrer Geburt unterbrochen. Diese Unterbrechung hätte zur Folge, dass Ihre spätere Handlung einer Forderung entspricht, die sich aus dem Konsequenz-Argument ergibt: Ihre Handlung ließe sich nicht mehr mit Hilfe von Naturgesetzen auf Ereignisse vor Ihrer Geburt zurückführen. Voraussetzungsgemäß konnte die Handlung, die am Ende dieser »Kausalkette« steht, schon vor der Unterbrechung als frei im Sinne der hier vorgeschlagenen Minimalkonzeption gelten. Entscheidend ist nun die Frage, ob die Unterbrechung zu irgendeinem Zugewinn an Freiheit führt; ob mit einer solchen Unterbrechung also erreicht werden kann, dass die Handlung frei in irgendeinem anspruchsvolleren Sinne wird.

In jedem Falle muss die Unterbrechung kritisch für Ihre spätere Entscheidung sein, den Vertrag zu unterschreiben. Nehmen wir an, dass es aufgrund der Unterbrechung offen war, ob Ihre Eltern in eine ganz andere Stadt ziehen würden, so dass Sie niemals den Nachbarn kennen gelernt hätten, der Ihre Leidenschaft für die Fliegerei geweckt hat und Ihnen damit das entscheidende Motiv für Ihre Unterschrift unter den Vertrag gab.

Doch hätte all dies wirklich Ihre Freiheit vergrößert? Würde man also zu einem anspruchsvolleren Begriff von Freiheit gelangen, wenn man das Bestehen einer solchen Möglichkeit zu den Kriterien von Freiheit machte? Ich glaube, dass dies eindeutig *nicht* der Fall ist, und zwar schon deshalb, weil *Sie* als rational Handelnde zu diesem Zeitpunkt noch gar nicht existierten. Sie hatten also keinerlei Einfluss auf das Geschehen und konnten daher auch nicht bestimmen, welche Möglichkeit realisiert wird. Selbst wenn durch die Aufhebung der Determination ein zusätzlicher Spielraum entstand, dann hatten nicht *Sie* von ihm Gebrauch machen können, sondern allenfalls Ihre Eltern.

Offenbar verschafft uns eine Unterbrechung der »Kausalkette« zu diesem Zeitpunkt also keinen Zugewinn an Freiheit. Dies ist nicht etwa ein empirischer Befund, der vielleicht auch ganz anders ausfallen könnte, je nachdem wie unsere Welt oder die in ihr lebenden Menschen beschaffen sind, vielmehr ist es noch nicht einmal theoretisch denkbar, dass durch die Unterbrechung der Determination vor der Geburt einer Person deren Freiheit gesteigert werden kann. Umgekehrt kann sich also auch keine Einschränkung der Freiheit daraus ergeben, dass die »Kausalkette« hier noch intakt ist. All dies bedeutet, dass die Forderung nach einer Unterbrechung der »Kausalkette« an dieser Stelle nicht sinnvoll ist. Der entscheidende Grund besteht darin, dass die spätere Akteurin zum Zeitpunkt der Unterbrechung noch gar nicht geboren war und daher auch einen möglicherweise sich bietenden Spielraum gar nicht nutzen konnte.

Option 2

Gehen wir also einen Schritt weiter und unterbrechen wir die Kette etwas später, sagen wir an Ihrem zehnten Geburtstag. Auch hier soll die Unterbrechung wiederum Faktoren betreffen, die für die endgültige Entscheidung kritisch und gleichzeitig Ihnen selbst zuzurechnen sind. Es geht also um einige derjenigen personalen Präferenzen, die später auch Ihre Entscheidung bestimmen werden.

Nehmen wir an, Sie sehen an diesem Tag einen sehr eindrucksvollen, aber auch einseitigen Film über die Schattenseiten des Fliegens, der Ihre bisherigen Berufswünsche vollständig erschüttert und einen Reflexionsprozess auslöst, dessen Ergebnis völlig offen ist. Später stellt sich jedoch heraus, dass Sie an Ihrer Berufswahl festhalten und schließlich auch den Vertrag unterschreiben; objektiv wäre aber ebenso gut der andere Ausgang möglich gewesen.

Auch in diesem Falle wäre Ihre endgültige Handlung nicht mehr anfällig für die Einwände des Konsequenz-Argumentes, schließlich könnte man Ihre Entscheidung, den Vertrag zu unterschreiben, nicht mehr auf Ereignisse vor Ihrer Geburt zurückführen; der Laplacesche Geist wäre wiederum gescheitert. Gleichzeitig findet die Unterbrechung des Determinationszusammenhanges zu einem Zeitpunkt statt, an dem Sie als rational Handelnde einen zusätzlichen Spielraum auch nutzen können – sofern hier denn einer entstehen sollte. Schließlich bleibt auch die Verbindung zwischen Ihren Präferenzen zum Zeitpunkt der endgültigen Entscheidung, der Entscheidung selbst und der eigentlichen Handlung erhalten: Ihre Entscheidung, den Vertrag zu unterschreiben, werden Sie also aufgrund Ihrer Wünsche und Überzeugungen treffen, so wie diese zu genau diesem Zeitpunkt existieren. Mit anderen Worten: Sie sind einerseits unabhängig von Vorbedingungen, die sich Ihrem Einfluss entziehen, auf der anderen Seite hängt der gesamte Handlungs- und Entscheidungsprozess weiterhin von Ihnen ab. Die Bedingungen für ein höheres Maß an Freiheit scheinen also günstig.

Geht man ein wenig mehr in die Details, dann tauchen auch hier ernsthafte Schwierigkeiten auf. Wenn das Ergebnis jenes Reflexionsprozesses nach dem Besuch des Kinos, also die Frage, ob Sie an Ihrem Berufswunsch festhalten oder nicht, völlig offen ist, dann ist es auch nicht möglich, dieses Ergebnis auf Sie selbst bzw. auf Ihre Wünsche und Überzeugungen zurückzuführen. Letztlich handelt es sich hier um eine ganz normale Entscheidung und die lässt sich nur dann auf Sie zurückführen, wenn sie auch von Ihnen abhängig ist. Ist eine Variation aber – so wie hier angenommen – unabhängig von all Ihren Präferenzen möglich, dann kann auch der fragliche Zusammenhang nicht bestehen. Im Prinzip würde der Ausgang dieses Reflexionsprozesses genauso wenig von Ihnen abhängen wie ein beliebiges externes Ereignis.

Dies fällt hier nur deshalb weniger deutlich auf, weil viele unserer alltäglichen Kriterien für die Zuschreibung einer Handlung oder Entscheidung zumindest dem äußerlichen Anschein nach erfüllt sind. So finden die relevanten Prozesse innerhalb Ihres Körpers statt; viele sind sogar Ihrem Bewusstsein zugänglich. Außerdem wäre es wohl nicht zu diesem ganzen Reflexionsprozess gekommen, wenn Sie nicht zunächst einmal diesen Berufswunsch gehabt hätten, wenn Sie nicht schon in diesem zarten Alter eine leidenschaftliche Kinogängerin gewesen wären etc. Doch selbst wenn es gute Gründe gäbe, Ihnen alle diese Merkmale zuzuschreiben, wäre damit allenfalls erklärt, warum der Reflexionsprozess überhaupt *in Gang gekommen ist.* Hier geht es jedoch um das *Ergebnis* dieses Prozesses, und das wird voraussetzungsgemäß *nicht* durch die Ausgangsbedingungen festgelegt. Damit ist es auch nicht möglich, *Ihnen* dieses Ergebnis zuzuschreiben. Dies würde bedeuten, dass die Entwicklung Ihres Berufswunsches zu dem fraglichen Zeitpunkt Ihrem eigenen Einfluss entzogen ist. Es mag sein, dass solche Entwicklungen zuweilen stattfinden, doch eine Steigerung des Handlungs- oder Entscheidungsspielraums wird man hieraus nur schwer ableiten können.

An dieser Situation würde sich nichts ändern, wenn man die »Kausalkette« nicht – wie bislang angenommen – vollständig unterbricht, sondern statt dessen eine probabilistische Beziehung annimmt, so dass die Wahrscheinlichkeit für eine der beiden Alternativen größer wäre als für andere. Welche Konsequenzen hätte dies? Wie bereits bemerkt, gibt es hier eine Grauzone, in der eine eindeutige Antwort schwer fällt. Doch wenn die Wahrscheinlichkeit nicht weit von der bislang angenommenen Situation abweicht, in der einfach offen ist, ob es bei dem bisherigen

Berufswunsch bleibt, dann bleiben auch die skizzierten Probleme erhalten. Wird das Ergebnis des Reflexionsprozesses dagegen mit sehr hoher Wahrscheinlichkeit durch die personalen Präferenzen festgelegt, dann spricht aus den oben genannten Gründen nichts dagegen, der Person die Entscheidung auch zuzuschreiben. Es muss hier nicht mehr ausdrücklich betont werden, dass die verbleibende Chance für einen anderen Ausgang nicht den Freiheitsspielraum vergrößert: Welche der beiden möglichen Optionen tatsächlich realisiert wird, ist ja dem Einfluss der Person entzogen. Im Prinzip würden also die bislang aufgetretenen Probleme weiter bestehen.

Auch diese Variante würde also nichts daran ändern, dass durch eine Unterbrechung der »Kausalkette« kein Gewinn an Freiheit zu erreichen ist – im Gegenteil: Offenbar verlieren Sie zumindest an dieser Stelle Ihren Einfluss auf den Ablauf der Geschehnisse, in diesem Falle also auf die Entwicklung Ihres Berufswunsches. Festzuhalten bleibt daher, dass eine Aufhebung des Determinationszusammenhangs auch unter diesen scheinbar idealen Bedingungen nicht zu einer Vergrößerung des Freiheitsspielraumes führen würde. Ein anspruchsvollerer Freiheitsbegriff ist auf diesem Wege nicht zu gewinnen.

Option 3

Aber vielleicht haben wir ja immer noch nicht den richtigen Zeitpunkt gewählt. Möglicherweise besteht das Problem ja darin, dass die Handlung und die ihr zugrunde liegende Entscheidung immer noch durch die Präferenzen der Person determiniert werden, die sich ihrerseits auf soziale und genetische Determinanten zurückführen lassen. Gehen wir also einen Schritt weiter im zeitlichen Ablauf und unterbrechen die »Kausalkette« noch etwas später, nämlich unmittelbar bevor der Entscheidungsprozess bezüglich der endgültigen Handlung, also der Unterschrift unter den Vertrag, einsetzt. Stellen wir uns also vor, dass Ihre Leidenschaft für die Fliegerei und Ihre Überzeugung, dass genau dies der für Sie ideale Beruf ist, jeglichen Einfluss auf Ihr Handeln verlieren, just in dem Moment, in dem Sie unterschreiben wollen. Die Entscheidung soll damit wieder völlig offen sein.

Würde sich hieraus ein Zugewinn an Freiheit ergeben? So wie der Fall geschildert wurde, scheint dies zumindest auf den ersten Blick durchaus möglich. Natürlich kann man das Gefühl haben, durch seine eigenen Wünsche und Überzeugungen eingeschränkt zu werden, und zwar insbesondere dann, wenn es einem selbst nicht gelingt, diese Wünsche und Überzeugungen zu überwinden oder zumindest zu kanalisieren, obwohl man ein klares Bedürfnis hat, dies zu tun. Natürlich würde man sich in diesem Falle befreit fühlen, wenn man unabhängig von diesen Wünschen und Überzeugungen handeln kann; diese Unabhängigkeit könnte einem die Möglichkeit geben, seinen wirklichen Wünschen und Überzeugungen zu folgen.

Doch dieser Fall ist hier offenbar nicht gegeben. Voraussetzungsgemäß handelt es sich bei den relevanten Wünschen und Überzeugungen, die Ihr Handeln in dieser Situation und in der hierfür relevanten Vorgeschichte bestimmen, ja um *Ihre* personalen Präferenzen, und die müssen durch Sie überwindbar sein. Dies aber bedeutet, dass die Unterbrechung Sie nicht von irgendwelchen psychischen Zwängen und Obsessionen befreit, vielmehr führt sie dazu, dass Ihre personalen Präferenzen unwirksam werden: Von einer Ausweitung des Freiheitsspielraumes oder einem Mehr an Selbstbestimmung kann daher keine Rede sein.

Aufgrund der Unterbrechung könnte es beispielsweise passieren, dass Ihr Wunsch, Pilotin zu werden, der Ihr ganzes bisheriges Leben geprägt hat, plötzlich seinen Einfluss auf Ihr Handeln verliert. Sie würden dann vielleicht nicht unterschreiben und damit die Möglichkeit, Pilotin zu werden, für immer verspielen, obwohl Sie doch bislang nichts sehnlicher gewünscht haben. Es ist nicht zu sehen, wieso auf diese Weise Ihre Fähigkeit zur Selbstbestimmung bzw. Ihr Freiheitsspielraum vergrößert werden soll, zumal die relevante Veränderung voraussetzungsgemäß vollständig Ihrem Einfluss entzogen ist.

Tatsächlich wird damit nicht nur die Gefahr einer Handlung heraufbeschworen, die den ureigensten Bedürfnissen und Interessen der Urheberin widerspricht; vielmehr stellt sich auch die Frage, wie man die Handelnde noch für eine Handlung verantwortlich machen soll, wenn diese doch gar nicht von ihr abhing. Offenbar kommt es hier also wieder zu einem Bruch mit dem Urheberprinzip.

Dass die Aufhebung der Determination an dieser Stelle nicht zu einer Vergrößerung des Freiheitsspielraums führt, sondern allenfalls die Verantwortung untergräbt, zeigt sich noch deutlicher, wenn man auf ein anderes, hier bereits mehrfach benutztes Beispiel zurückgreift. Nehmen wir noch einmal an, Sie wären fest davon überzeugt, dass Diebstahl verwerflich ist, und Sie hätten diese Überzeugung gewonnen, nachdem Sie die moralischen, ökonomischen und sozialen Konsequenzen des Diebstahls genau durchdacht haben. Sie stehen nun wieder vor der Frage, ob Sie die Waren in Ihrem Einkaufskorb bezahlen sollen – im Grunde genommen also eine triviale Situation, in der es für Sie nur eine Handlungsoption geben sollte.

Geht man dagegen davon aus, dass die Aufhebung der Determination zu den relevanten Kriterien für einen anspruchsvollen Begriff von Freiheit zählt, dann müsste man von einer freien Handlung nicht nur dann sprechen, wenn die Person trotz dieser Aufhebung im Sinne ihrer Überzeugungen handelt, sondern auch dann, wenn sie *gegen* ihre Überzeugung handelt. Das relevante Kriterium würde ja auch in diesem Falle erfüllt; die Forderung, eine Handlung müsse durch personale Merkmale bestimmt werden, damit sie frei sein könne, war ja gerade aufgehoben worden. Ein Vertreter dieser Position müsste daher nicht nur behaupten, dass eine Handlung, die den Überzeugungen des Handelnden widerspricht, einfach frei sei. Da er beansprucht, im Besitz eines stärkeren Begriffes von Freiheit zu sein, ist er sogar auf die Position festgelegt, dass eine solche Handlung in höherem Maße frei sei als eine Handlung, die auf die Überzeugungen des Urhebers zurückgeführt werden kann: Wenn Sie also aufgrund Ihrer Überzeugungen zur Kasse gehen und die Waren in Ihrem Korb bezahlen, dann handeln Sie dieser Position zufolge weniger selbstbestimmt und frei als dann, wenn Sie aufgrund der Aufhebung der Determination entgegen Ihrer Überzeugung *nicht* zur Kasse gehen und die Waren in Ihrem Korb stehlen. Ich gehe davon aus, dass dieses Ergebnis unseren Intuitionen zuwiderläuft und damit gegen die Aufhebung der Determination zumindest an dieser Stelle spricht.

Option 4

Doch vielleicht haben wir immer noch den falschen Zeitpunkt ausgewählt. Soweit ich sehe, liegt der nächste für eine Unterbrechung des Determinationszusammenhangs interessante Zeitpunkt *innerhalb* des Entscheidungsprozesses. Unterstellt würde in diesem Falle also, dass es irgendwo innerhalb des Entscheidungsprozesses einen Punkt gibt, an dem wirklich offen ist, was Sie letztlich machen werden. Sie haben den Füller also schon in der Hand, Sie lassen noch einmal Ihren ganzen Lebensweg, der von der Leidenschaft für die Fliegerei bestimmt wurde, an Ihrem geistigen Auge vorüberziehen, Sie erwägen das Für und Wider dieses Berufs, und plötzlich ist es nicht nur in einem metaphorischen, alltagssprachlichen Sinne offen, wie Sie sich entscheiden werden, vielmehr könnte auch der Laplacesche Geist bei Kenntnis aller Umstände und Gesetzmäßigkeiten vor Ihrer Entscheidung prinzipiell nicht prognostizieren, wie diese ausfallen *wird,* und nachher nicht erklären, warum sie so ausgefallen ist.

Kann man also auf diese Weise Ihren Freiheitsspielraum erweitern? Zunächst gelten weiterhin diejenigen Argumente, auf die bereits im Zusammenhang mit der zuletzt diskutierten Variante verwiesen wurde. Wenn der Determinationszusammenhang innerhalb des Entscheidungsprozesses unterbrochen wird, dann wird natürlich auch der Zusammenhang zwischen den personalen Präferenzen und der endgültigen Handlung aufgehoben. Ein Vertreter dieser Variante müsste dann hier ebenso wie im zuvor diskutierten Fall behaupten, dass eine Handlung, die substantiellen Überzeugungen des Urhebers widerspricht, aufgrund der Aufhebung des Determinationszusammenhanges ein höheres Maß an Freiheit und Selbstbestimmung verkörpert als eine Handlung, die auf derartige Überzeugungen zurückgeführt werden kann. Dies ist jedoch aus den oben bereits genannten Gründen sehr unplausibel.

Zweitens kommt bei dieser Option aber noch ein weiteres Problem hinzu. Nehmen wir der Einfachheit halber an, die Unterbrechung finde genau in der Mitte des Entscheidungsprozesses statt. Nehmen wir weiterhin an, dass Sie in der ersten Hälfte des Entscheidungsprozesses gute und nahezu entscheidende Gründe dafür gefunden hätten, den Vertrag zu unterschreiben – was Ihnen angesichts Ihrer bisherigen Lebensgeschichte vermutlich nicht schwer gefallen sein dürfte. Wenn die Entscheidung in der Mitte des Prozesses jedoch wieder völlig offen sein soll, dann bedeutet dies, dass diese Gründe keinen Einfluss auf das eigentliche Ergebnis dieses Prozesses haben können. Wird die Unterbrechung zum Beginn des Entscheidungsprozesses hin verschoben, dann werden ihre Folgen weniger gravierend,[116] wird sie zum Ende des Entscheidungsprozesses verschoben, dann werden die Folgen dagegen noch dramatischer, da dann ein entsprechend größerer Teil der angestellten Überlegungen seinen Einfluss auf die Entscheidung verliert.

Wenn also diese Unterbrechung überhaupt einen Effekt hat, dann führt sie dazu, dass rationale Handlungsgründe ihren Einfluss auf eine Entscheidung verlieren. Im günstigsten Falle wird so eine rationale, begründete Entscheidung erschwert, im ungünstigsten Falle wird sie unmöglich gemacht. Die Handelnde wird so daran gehindert, eine Entscheidung zu fällen, die ihren eigenen Wünschen, Überzeugungen und Bedürfnissen entspricht.

Weit entfernt davon, einen größeren Entscheidungsspielraum zu ermöglichen, würde auch diese Option die Fähigkeit zu freiem und selbstbestimmtem Handeln massiv einschränken.

Option 5

Damit ist im Prinzip schon die Antwort auf die letzte Variante vorweggenommen, die, soweit ich das sehen kann, hier noch bleibt. Rein theoretisch könnte man nämlich fordern, dass die »Kausalkette« zwischen Entscheidung und Handlung unterbrochen wird. Ganz offensichtlich scheitert aber auch dieser Versuch, denn ganz unabhängig davon, dass auch hier die Verbindung zwischen Handlung und personalen Präferenzen aufgehoben wird, verliert die Person auf diese Weise vollends die Möglichkeit, ihr Handeln durch ihre eigenen Entscheidungen zu bestimmen. Selbst wenn Sie also nach reiflicher Überlegung jeglichen Zweifel daran ausgeräumt hätten, dass Ihre Entscheidung nur lauten kann, diesen Vertrag zu unterschreiben, kann es passieren, dass Sie in Wirklichkeit »nein« sagen. Der Vertreter dieser Position müsste in diesem Falle zudem konstatieren, dass hier Freiheit in einem höheren Maße vorliegt als dann, wenn die Handlung Ihrer Entscheidung entsprechen würde. Im Prinzip handelt es sich hier um einen klassischen Fall von Willensschwäche. Ich gehe daher davon aus, dass sich dieser Vorschlag aufgrund seiner mangelnden Plausibilität von selbst erledigt.

Damit bestätigt sich die Annahme, dass die Aufhebung der Determination nicht zu Freiheit in einem anspruchsvolleren Sinne führt. Dabei lässt sich die Beobachtung, die bei der Diskussion der vierten Option gemacht wurde, offensichtlich verallgemeinern: Die Folgen einer Unterbrechung der Kausalkette scheinen im Großen und Ganzen um so einschneidender, aber eben auch um so problematischer zu sein, je später die Unterbrechung stattfindet, d. h. je kürzer der Zeitraum zwischen dieser

Unterbrechung und dem Vollzug der eigentlichen Handlung ist. Während eine Unterbrechung, die vergleichsweise lange vor diesem Vollzug stattfindet, kaum gravierende Konsequenzen hat, da der Urheber mögliche Veränderungen entweder korrigieren oder sich gegebenenfalls zu eigen machen kann, wird dies um so schwieriger, je geringer dieser Abstand wird. Dies gilt schon deshalb, weil Veränderungen um so schwerer zu revidieren oder anzueignen sind, je kürzer die dafür zur Verfügung stehende Zeit ist.

Wichtiger sind hier aber funktionale Gründe, d. h. Gründe, die die Ursachen bzw. Bestimmungsgründe einer Handlung betreffen. Da die Unterbrechung der »Kausalkette« alle vorherigen Einflüsse neutralisiert, ist die Zahl der Faktoren, die durch die Unterbrechung neutralisiert werden, tendenziell um so größer, je später die Unterbrechung stattfindet: Im einen Extremfall, nämlich dann, wenn die »Kausalkette« vor der Geburt unterbrochen wird, ändert sich gar nichts an dem Einfluss der personalen Präferenzen. Im anderen Extremfall, also dann, wenn die »Kausalkette« unmittelbar nach der Entscheidung, aber vor der Handlung durchbrochen wird, sind die Auswirkungen am gravierendsten, weil nunmehr nicht nur die personalen Präferenzen, sondern auch die Entscheidung selbst ihren Einfluss verliert. Doch ganz egal, wo die Unterbrechung stattfindet: in keinem Fall vergrößert sie den Freiheitsspielraum des Handelnden.

Warum halten wir Freiheit und Determination für unvereinbar?

All dies spricht dafür, dass unsere vorwissenschaftlichen Grundsätze und Intuitionen in Bezug auf Freiheit mit dem Determinismus vereinbar sind, ja dass diese sogar die Bestimmung der Handlung durch den Handelnden erfordern – auch wenn diese Bestimmung keine strikte Determination einschließen muss.

Doch wie lässt sich dann erklären, dass die Behauptung, Freiheit und Determinismus seien unvereinbar, so plausibel erscheint und auch heute noch so viele Anhänger hat?

Willensfreiheit, Theologie und das Problem des Bösen

Es gibt hier vermutlich nicht *die eine* Antwort. Eine gewisse Rolle dürften hier allgemein geistesgeschichtliche und insbesondere theologische Probleme spielen, die insbesondere mit der Frage nach der Herkunft des Bösen zusammenhängen: Wenn Gott für das gesamte Naturgeschehen verantwortlich war, wenn es also in seiner Macht stand, die Natur auch ganz anders zu schaffen, warum hat er dann überhaupt das Böse zugelassen? Wenn er allwissend war, konnte er das Böse vorhersehen, wenn er allmächtig war, konnte er es verhindern, und wenn er gut war, konnte er es nicht wollen. Warum hat er es dann zugelassen?[117] So heißt es etwa am Beginn des 17. Jahrhunderts bei Lucilio Vanini (1584-1619):

> Ein Werkzeug wird so bewegt, wie es von seinem Besitzer gelenkt wird; aber unser Wille verhält sich bei seinen Verrichtungen wie ein Werkzeug, Gott hingegen wie das eigentlich Handelnde; wenn folglich der Wille schlecht handelt, so trägt Gott daran die Schuld.[118]

Will man Gott gegen diesen Schuldvorwurf in Schutz nehmen, dann liegt es nahe, sich auf die menschliche Willensfreiheit zu berufen. Wenn sich der Mensch in einem freien Willensakt für das Böse entschließt, dann fällt *ihm* und nicht dem göttlichen Schöpfer die Verantwortung für das Übel zu. Diese Antwort findet sich schon bei Kirchenvätern wie Clemens Alexandrinus[119] (150–ca. 215), Tertullian[120] (ca. 155–ca. 220) und Augustinus (354–430), die durch die Gnostiker mit der Frage nach dem Bösen konfrontiert worden waren. Die Bedeutung der Frage nach dem Ursprung des Bösen für Augustinus' Auseinandersetzung mit der Willensfreiheit stellt schon die erste Frage seiner Schrift über den freien Willen klar: »Ich bitte dich, sag mir: ist Gott der Urheber des Übels oder nicht?«[121] Eine verneinende Antwort kann Augustinus nur geben, weil dem Menschen aufgrund seines freien Willens auch die Verantwortung für das Böse zufällt:

> Daß ich einen Willen hatte, wußte ich so gewiß, wie daß ich lebte. So war ich denn auch ganz gewiß, daß, wenn ich etwas wollte oder nicht wollte, kein anderer als ich selbst es wollte oder nicht wollte, und mehr und mehr leuchtete es mir ein, daß hier die Ursache meiner Sünde liegen mußte.[122]

Für Augustinus, der wie gesagt zentrale Argumente neuerer kompatibilistischer Theorien vorwegnimmt, steht Freiheit jedoch nicht im Gegensatz zur Determination. Die Vorstellung eines solchen Gegensatzes gewinnt aber in dem Moment an Bedeutung,[123] wo die neuzeitliche Naturwissenschaft konkrete empirische Belege für den gesetzlichen Ablauf natürlicher Prozesse zu bringen scheint. Damit wird auch die Frage nach der Urheberschaft für das Böse drängender. In diesem Sinne bemerkt Hume:

> Der letzte Urheber aller unsrer Entschlüsse ist der Schöpfer der Welt, der diese ungeheure Maschine zuerst in Bewegung setzte und alle Wesen an ihren bestimmten Platz stellte, aus der sich jedes spätere Ereignis mit unerbittlicher Notwendigkeit ergeben muss. Menschliche Handlungen können daher niemals moralisch schlecht sein, weil sie von einer so guten Ursache abstammen; sind sie aber schlecht, dann trifft den Schöpfer dieselbe Schuld, weil er anerkanntermaßen die letzte Ursache und der Urheber dieser Handlungen ist.[124]

Genau hier wird ein Motiv für die Entgegensetzung von Freiheit und Determination erkennbar: Wäre der menschliche Wille nicht determiniert, dann wäre er auch *nicht* Bestandteil jener ›ungeheuren Maschine‹, dann aber würde den Schöpfer dieser Maschine auch keine Schuld für die menschlichen Verfehlungen treffen. Hume selbst als Vertreter einer kompatibilistischen Theorie der Freiheit kann diesen Ausweg allerdings nicht akzeptieren. Auch Kant sieht das Problem, dass man das menschliche Verhalten eigentlich auf Gott zurückführen kann, wenn es dem Diktat der Naturnotwendigkeit unterliegt:

> Der Mensch wäre Marionette, oder ein Vaucansonsches Automat, gezimmert und aufgezogen von dem obersten Meister aller Kunstwerke, und das Selbstbewußtsein würde es zwar zu einem denkenden Automate machen, in welchem aber das Bewußtsein seiner Spontaneität, wenn sie für Freiheit gehalten wird, bloße Täuschung wäre, indem sie nur comparativ so genannt zu werden verdient, weil die nächsten bestimmenden Ursachen seiner Bewegung und eine lange Reihe derselben zu ihren bestimmenden Ursachen hinauf zwar innerlich sind, die letzte und höchste aber doch gänzlich in einer fremden Hand angetroffen wird.[125]

Kant selbst glaubt dieses Problem zwar in seiner eigenen Theorie umgehen zu können, doch diese Lösung setzt voraus, dass man Kants nicht erst aus heutiger Sicht problematischen Dualismus von Ding an sich und Erscheinung akzeptiert.

Zumindest auf den ersten Blick näher liegend ist die Lösung des klassischen Leib-Seele-Dualismus: Wenn der Körper wie alle anderen materiellen Objekte deterministischen Naturgesetzen unterliegt, dann scheint Freiheit die Existenz einer immateriellen Seele vorauszusetzen, die diesen Gesetzen nicht unterworfen ist. Faktisch handelt es sich jedoch – wie oben gezeigt[126] – um eine reine Verlagerung des Problems, weil sich für eine immaterielle Seele genau dieselben Schwierigkeiten ergeben wie für physisch realisierte Willensakte; dennoch vermag die hohe anfängliche Plausibilität dieser Antwort zu erklären, warum sie bis heute eine nicht zu unterschätzende

Bedeutung in der philosophischen Diskussion über die Willensfreiheit besitzt.

Nicht weniger bemerkenswert ist es, dass der Verweis auf die Willensfreiheit bis heute eine Rolle in der theologischen Diskussion um die Verantwortung für das Böse spielt, nämlich unter dem Titel der »Free-Will-Defense«.[127] Der Grundgedanke ist auch hier, dass Gott von der Verantwortung für das Übel in der Welt entlastet werden könne, wenn die menschlichen Willensentscheidungen nicht naturgesetzlich determiniert sind; das Übel werde dann auf den Menschen zurückfallen, der seine Freiheit missbraucht hat.

Es gibt eine ganze Reihe von Einwänden gegen diese Strategie,[128] die hier jedoch nicht im Einzelnen diskutiert werden können. Dennoch dürfte *eine* Erklärung für die Vorstellung der Unvereinbarkeit von Freiheit und Determinismus nach dem Gesagten auf der Hand liegen: Wenn sich die Naturgesetze auf einen allwissenden und allmächtigen Gott zurückführen lassen, dann liegt es nahe, Freiheit und Verantwortung nur für solche menschlichen Handlungen in Anspruch zu nehmen, die nicht von den Naturgesetzen abhängen.

Dass diese Schlussfolgerung nicht zwingend ist, zeigen schon die Theorien von Augustinus und Luther. Das zentrale Motiv für diese Auffassung entfällt aber auch schon dann, wenn man die etwas naive Vorstellung von einem göttlichen Handwerker aufgibt, der sich für einen bestimmten Weltplan entscheidet, nachdem er zunächst einmal sämtliche Alternativen und deren Konsequenzen erwogen hat.

Wichtig ist dabei auch ein angemessenes Verständnis von Naturgesetzen. Wie bereits von Moritz Schlick[129] gezeigt worden ist, schreiben diese Gesetze den Objekten, auf die sie sich beziehen, nicht ein bestimmtes Verhalten vor, sondern beschreiben lediglich, wie sich diese Objekte »von sich aus« verhalten. Auch dieser aus Sicht einer traditionellen, religiös bestimmten Metaphysik nahe liegende Einwand gegen die Vereinbarkeit von Freiheit und Determinismus entfällt also aus heutiger Sicht: Menschliches Verhalten wird durch Naturgesetze nicht *bestimmt,* sondern bestenfalls *beschrieben* – falls solche Beschreibungen denn irgendwann einmal praktisch durchführbar sein sollten.

Erfahrung aus der Perspektive der ersten Person[130]

Es gibt jedoch noch einen ganz anderen, in meinen Augen wichtigeren Grund für die weite Verbreitung und die hohe Anfangsplausibilität der Vorstellung, Freiheit und Determinismus seien nicht miteinander zu vereinbaren. Dieser Grund ergibt sich aus der subjektiven Erfahrung, die man macht, wenn man eine Entscheidung trifft und eine Willenshandlung vollzieht. Zweifellos ist bei der Berufung auf subjektive Erfahrungen Vorsicht angebracht; für sich genommen liefern sie keine stabile Basis für philosophische Argumente. Allerdings kann man sich im vorliegenden Falle zusätzlich auf empirische Erkenntnisse stützen; insofern ist es möglich, durch solche Überlegungen zu einem besseren Verständnis dafür zu gelangen, dass sich die Vorstellung der Unvereinbarkeit von Freiheit und Determination so weit verbreiten konnte.

Meine These ist, dass in unserer subjektiven Erfahrung die Empfindung, frei zu sein, in der Regel zusammen mit der Empfindung, nicht determiniert zu sein, auftritt. Um dies zu zeigen, möchte ich zunächst ein Szenario entwerfen, das in wesentlichen Zügen der hier vertretenen Konzeption entspricht. Anschließend werde ich demonstrieren, dass die Schlussfolgerungen, die sich aus diesem Gedankenexperiment ergeben, durch die empirische Psychologie gestützt werden.

Ein Szenario

Stellen Sie sich vor, Sie seien ein begeisterter, allerdings nicht fanatischer Segler. Ihre Leidenschaft fürs Segeln ist also eine personale Präferenz, die Sie gegebenenfalls auch aufgeben könnten. Nehmen wir an, Sie seien über längere Zeit durch berufliche

Verpflichtungen gezwungen gewesen, auch Ihre Wochenenden im Büro zu verbringen. Nun aber haben Sie das Projekt, das Ihre gesamte Zeit in Anspruch genommen hatte, erfolgreich abgeschlossen und nichts spricht dagegen, am kommenden Wochenende wieder zu segeln. Ich vermute, dass Sie sich tatsächlich für das Segeln entscheiden werden und dass Sie diese Entscheidung nicht nur als eine freie Entscheidung empfinden werden, sondern dass Sie, anders z.B. als in den Wochen zuvor, in denen Sie ausschließlich Ihren beruflichen Pflichten gefolgt sind, auch das Gefühl haben werden, nicht determiniert zu sein.

Die Empfindung von Freiheit scheint somit eng verbunden zu sein mit der Empfindung, nicht determiniert zu sein. Diese Empfindung schließt natürlich nicht aus, dass Ihr Verhalten faktisch determiniert ist. Ein Psychologe hätte also bei ausreichender Kenntnis der Situation und Ihrer Präferenzen vorhersagen können, dass Sie sich so und nicht anders entscheiden würden. Wenn Sie dennoch das Gefühl haben, nicht determiniert zu sein, dann kann dies offenbar zwei Gründe haben: Zum einen könnten Ihnen die Determinanten unbekannt sein. So wäre es möglich, dass ein Ihnen nicht bewusstes körperliches Bedürfnis nach Bewegung den letzten Ausschlag für Ihre Entscheidung gegeben hat. Möglich ist aber auch, dass Sie bestimmte Determinanten zwar kennen, sie aber nicht mehr als solche empfinden, weil Sie sie sich zu Eigen gemacht haben. So ist Ihnen ja keinesfalls verborgen, dass Ihre Segelleidenschaft entscheidenden Anteil an Ihre Entscheidung hat; dennoch fühlen Sie sich nicht determiniert, weil es *Ihre eigene* Leidenschaft ist.

Natürlich gibt es vielfältige Umstände, unter denen sich das Gefühl einstellen könnte, Sie seien determiniert. Dies wäre insbesondere dann der Fall, wenn im letzten Moment doch noch *externe* Hindernisse auftreten würden, also etwa ein Anruf Ihres Chefs, der Sie dazu verdonnert, das Wochenende doch noch im Büro zu verbringen. Möglich wäre allerdings auch, dass sich Ihre Segelleidenschaft zu einer Obsession entwickelt hat, und daher von Ihnen als Determination empfunden wird.

Zwei Punkte sind hier festzuhalten: Entscheidend ist erstens, dass in der subjektiven Erfahrung die Empfindung von Freiheit tatsächlich an die Empfindung des Nicht-Determiniertseins gebunden ist. Sie würden Ihr eigenes Handeln nicht als frei empfinden, wenn Sie den Eindruck hätten, determiniert zu sein. Die bisherigen Überlegungen sprechen dafür, dass sich die Erfahrung dann einstellt, wenn Sie Ihre eigenen Ziele verwirklichen können, ohne dass sich Ihnen äußere Hindernisse in den Weg stellen.

Wichtig ist zweitens, dass sich die subjektive Empfindung des Nicht-Determiniertseins auch dann einstellen kann, wenn Sie faktisch determiniert sind. Möglich scheint dies insbesondere dann zu sein, wenn Sie sich die relevanten Determinanten entweder zu Eigen gemacht haben, sie also als Ihre eigenen Ziele betrachten, oder aber wenn diese Determinanten Ihnen unbekannt sind.

Die »Indeterminismustäuschung«

Natürlich ist die Beweiskraft dieser Beobachtungen nicht sonderlich groß. Zusätzliches Gewicht erhalten sie allerdings dadurch, dass sie im Grundsatz durch psychologische Erkenntnisse zur so genannten »Indeterminismustäuschung« bestätigt werden. Die »Indeterminismustäuschung« besteht im Wesentlichen in der Empfindung, frei und nicht determiniert zu sein, obwohl das Verhalten faktisch determiniert ist. So weist Wolfgang Prinz darauf hin, dass unsere Selbstwahrnehmung ähnlich selektiv ist wie die Fremdwahrnehmung. Das Gefühl, nicht determiniert zu sein, stellt sich daher deshalb ein, weil viele der faktisch unser Handeln bestimmenden Determinanten unserer Selbstwahrnehmung entzogen sind.[131] Ganz ähnlich argumentiert Julius Kuhl:

> Wir können zeigen, dass das Insistieren auf Indeterminismus und objektiver Freiheit im Sinne der nicht vollständigen kausalen Determiniertheit psychischer Vorgänge als eine Art naiver

> Realismus psychologisch erklärt werden kann. ... In ähnlicher Weise [wie den naiven Realismus in der Außenwahrnehmung; M. P.] können wir die Vorstellung, dass unser Handeln objektiv frei sei, als Projektion unseres Erlebens von Freiheit auffassen.[132]

Kuhl nennt fünf Voraussetzungen für das Auftreten dieser Täuschung, von denen drei hier besonders relevant sind: Erstens muss der Handelnde eine Vorstellung von seinen eigenen Zuständen und Zielen haben – im obigen Szenario wäre dies u.a. der Wunsch, am Wochenende zu segeln. Zweitens muss er ein eingeschränktes Wissen von den Determinanten besitzen, die sein Handeln faktisch bestimmen. In dem Beispiel kann dies etwa bedeuten, dass ihm die körperlichen Bedürfnisse nach Bewegung nicht bewusst sind, obwohl sie faktisch entscheidungsrelevant sind. Drittens schließlich muss der Handelnde eine Vorstellung von seinen Möglichkeiten haben, das eigene Verhalten zu kontrollieren, d. h. seine Ziele in die Tat umzusetzen; dabei geht es im Wesentlichen um das Bewusstsein der Abwesenheit von Hindernissen.

Kuhl zufolge tritt die Indeterminismustäuschung insbesondere dann auf, wenn der Handelnde unterstellt, dass er seine Ziele realisieren kann, und ihm gleichzeitig die sein Verhalten bestimmenden und damit möglicherweise einschränkenden Determinanten unbekannt sind. Wenn die Person also das Gefühl hat, ihre Ziele realisieren zu können, ohne daran gehindert zu werden, dann geht sie davon aus, nicht determiniert und damit frei zu handeln.[133]

Im Prinzip stimmt diese Erklärung bis auf einen Punkt mit dem oben skizzierten Szenario überein. Anders als Kuhl und auch Prinz habe ich nämlich unterstellt, dass dem Handelnden die faktisch wirksamen Determinanten nicht unbedingt unbekannt sein müssen, vielmehr dürften auch solche Determinanten, die der Handelnde sich zu Eigen gemacht hat, die Empfindung von Freiheit und Nicht-Determiniertheit unberührt lassen. Ich gehe davon aus, dass sich das Empfinden, nicht determiniert zu sein, bei der Person in dem eingangs genannten Beispiel nicht etwa der Tatsache verdankt, dass dieser ihre eigene Segelleidenschaft verborgen geblieben ist, vielmehr glaube ich, dass sich die Person diese Leidenschaft einfach zu Eigen gemacht hat. Letztlich handelt es sich aber um eine empirische Frage, die nur durch die entsprechenden Untersuchungen zu entscheiden ist.

Eine Erklärung

Stimmen diese Überlegungen, dann ist es nicht schwer, die gesuchte Erklärung für die Vorstellung zu finden, Freiheit und Determination seien nicht miteinander vereinbar. Offenbar lässt sich diese Idee aus einer Verallgemeinerung derjenigen Erfahrungen ableiten, die wir selbst als frei Handelnde machen. Zieht man noch in Betracht, dass wir ständig Entscheidungen unter mehr oder minder starken äußeren Einflüssen treffen müssen und damit auch immer wieder den Unterschied zwischen »determinierten« und damit unfreien Handlungen einerseits und »nicht-determinierten« und damit freien Handlungen andererseits erfahren, dann ist nicht schwer zu erklären, wie der Glaube an die Unvereinbarkeit von Freiheit und Determinismus entstehen kann: Im Prinzip machen wir damit nur die Abwesenheit von Determination, die wir empfinden, wenn wir frei handeln, zu einem allgemeinen Maßstab. Der Fehler dieser Verallgemeinerung ist nicht schwer zu erkennen: Natürlich bildet das subjektive Empfinden, nicht determiniert zu sein, keine Gewähr dafür, dass wir tatsächlich nicht determiniert sind.

Eine weitere Zwischenbilanz

Festhalten lässt sich also, dass die hier vorgestellte Minimalkonzeption von personaler Freiheit in der Tat den wichtigsten Intuitionen gerecht wird und gleichzeitig gegen die relevanten philosophischen Einwände verteidigt werden kann. Dies gilt ungeachtet der Tatsache, dass es sich um einen kompatibilistischen Ansatz handelt – Freiheit in dem hier gemeinten Sinne kann es also auch in einer determinierten Welt geben. Von besonderer Bedeutung ist dabei der Nachweis, dass das Prinzip der alternativen Möglichkeiten auch in einer determinierten Welt erfüllt sein kann: Von einer Person, die frei im Sinne der hier vertretenen Konzeption gehandelt hat, kann man grundsätzlich sagen, dass sie auch anders hätte handeln können. Dies liegt nicht etwa daran, dass sich auch in einer determinierten Welt noch Reste von Unbestimmtheit ausmachen lassen, entscheidend ist vielmehr, dass ein sinnvolles Verständnis der Forderung nach alternativen Handlungsmöglichkeiten nicht voraussetzt, dass unter identischen Bedingungen etwas anderes passieren kann. Letztlich kommt es vielmehr darauf an, dass die Handlung vom Urheber und nicht von externen Umständen abhängt.

Da der vorliegende Ansatz auch anderen wesentlichen Intuitionen und Argumenten wie insbesondere dem Konsequenz-Argument gerecht zu werden vermag, erweist sich eine stärkere Konzeption als nicht *nötig*. Abschließend wurde gezeigt, dass eine stärkere Konzeption zumindest durch eine Aufhebung des Determinismus auch nicht *möglich* ist. Sofern eine solche Aufhebung des Determinismus überhaupt konkrete Konsequenzen hat, hebt sie die Abhängigkeit der Handlung vom Handelnden auf und stellt damit das Urheberprinzip in Frage.

Personale Freiheit ist also nicht etwa ein Kompromiss, zu dem wir gezwungen wären, weil wir sonst auf Freiheit in einer determinierten Welt verzichten müssten, vielmehr deckt sie alles ab, wonach man verlangen kann, wenn man nach Freiheit verlangt. Die Minimalkonzeption ist daher gleichzeitig auch eine Maximalkonzeption.

Empirische Erkenntnisse

Die bisherigen Überlegungen haben zu einer prinzipiellen Klärung der Maßstäbe von freien Handlungen geführt. Sie haben insbesondere gezeigt, dass auch determinierte Handlungen frei sein können. All dies ist jedoch kein Beweis dafür, dass es auf unserer Welt jemals auch nur *eine* freie Handlung gegeben hat, dass hier also Handlungen existieren, die die dargestellten Maßstäbe erfüllen.

Dies können nur empirische Untersuchungen zeigen. Tatsächlich hat es in den letzten Jahren sowohl in den Neurowissenschaften als auch in der Psychologie eine große Zahl von Untersuchungen gegeben, die zu einem wesentlich verbesserten Verständnis der neuronalen und psychischen Grundlagen von Willenshandlungen geführt haben. Einige dieser Untersuchungen scheinen allerdings massive Zweifel an der Existenz willensfreier Handlungen, ja an der Existenz eines bewussten Willens überhaupt aufzuwerfen.

Ich möchte im Folgenden einige dieser Untersuchungen präsentieren. Zuvor werde ich allerdings auf grundlegende psychologische Erkenntnisse über Funktion und Ablauf von Willensakten eingehen. Anschließend möchte ich einige der bekanntesten empirischen Studien vorstellen, die Zweifel an der Existenz willensfreier Handlungen begründet haben. Zum Abschluss werde ich Befunde aus kulturvergleichenden Studien diskutieren, die das Verständnis von Freiheit und Autonomie in westlichen und östlichen Kulturen einander gegenüberstellen.

Zur Psychologie von Willensakten

Das Konzept des Willens in der Psychologie

Es ist in der Psychologie lange Zeit bezweifelt worden, dass das alltagspsychologische Konzept des Willens einen Platz in einer wissenschaftlichen Theorie verdient. Hierfür mag es eine Reihe von Gründen geben, die mit der Komplexität des Phänomens und den Schwierigkeiten seiner empirischen Erfassung zu tun haben mögen. Mittlerweile spielen diese Zweifel jedoch nur noch eine untergeordnete Rolle. Es gibt wieder umfangreiche und sehr produktive Forschungsvorhaben zu diesem Thema; sie haben eine ganze Reihe von experimentellen Befunden hervorgebracht, die zeigen, dass »Wille« sehr wohl ein sinnvolles wissenschaftliches Konzept darstellt. Solche Ergebnisse finden sich nicht nur in der Psychologie, sondern auch in der Neuropsychologie und der Neurobiologie.

Willensakte als Formen der Verhaltenssteuerung

Psychologisch gelten Willensakte als Formen der Verhaltens- bzw. Handlungssteuerung, wie sie bei allen höheren Organismen anzutreffen sind.[134] Im Verlauf der Evolution haben sich unterschiedliche Formen der Verhaltenssteuerung ausgebildet; sie unterscheiden sich vor allem in der Variabilität und Komplexität der Informationen, die verarbeitet werden können, und der Variabilität des Verhaltens, das für die Reaktionen zur Verfügung steht.

Angeborene Reflexe bilden die einfachste Form; hier löst ein festgelegter Reiz eine festgelegte Reaktion aus; Variationen gibt es also sowohl auf Seiten des Reizes wie auf Seiten der Reaktion allenfalls im entwicklungsgeschichtlichen Maßstab.

Sobald individuelle Erfahrungen in der Handlungssteuerung berücksichtigt werden können, haben wir es mit einer Form des *prozeduralen Lernens* zu tun, zu dem die meisten Organismen fähig sind. Abhängig von den Erfahrungen, die ein Lebewesen macht, kann es zu einer allmählichen Veränderung assoziativer Verbindungen zwischen Wahrnehmungsschemata und Verhaltensprogrammen kommen. Veränderungen gibt es hier also im Rahmen der individuellen Lerngeschichte.

Motiviertes Verhalten stellt eine weitere Stufe dar, die ebenfalls von den meisten Organismen erreicht wird. Hier kommt es zumindest auf Seiten der Reaktion zu kurzfristigen Änderungen, die jedoch von weitgehend festgelegten Reizkonfigurationen auf der Eingabeseite abhängen. So verändern etwa die meisten Tiere ihr Verhalten abhängig von ihren gegenwärtigen Bedürfnissen. Wenn sie hungrig sind, verhalten sie sich anders als dann, wenn sie durstig sind oder nach einem Sexualpartner suchen. Wichtig ist, dass diese Ziele das Verhalten nicht vollständig dominieren müssen; oft wird nur die Ausführung bestimmter Verhaltensprogramme wahrscheinlicher, doch auch dies führt zu einer Anpassung an die konkrete Situation.

Willensakte unterscheiden sich von den bislang genannten Formen der Verhaltenssteuerung unter anderem durch ihre weit höhere Flexibilität. Unterschiede bestehen aber auch insofern, als Willensakten eine Repräsentation des Zielzustandes zugrunde liegt sowie ein Plan, wie dieser Zustand zu erreichen ist, vorausgesetzt, dass bestimmte Eingangsbedingungen gegeben sind. Erforderlich ist dazu, dass die Effekte von Handlungsoptionen antizipiert werden können und eine Wahl zwischen diesen Optionen auf der Basis der antizipierten Effekte getroffen wird.

Die höhere Flexibilität zeigt sich darin, dass es keine prinzipiellen Beschränkungen bezüglich der Informationen gibt, die bei der Auswahl und der Realisierung des Ziels eine Rolle spielen. Entscheidend ist, ob sich bestimmte Faktoren in der individuellen Lerngeschichte als günstig für die Realisierung eines Zieles erwiesen haben oder nicht. Dasselbe gilt für die Handlung: Abhängig von der Lerngeschichte ist eine sehr große Bandbreite unterschiedlicher Reaktionen möglich; das Verhaltensrepertoire ist nicht von vornherein eingeschränkt.

Zur Funktion von menschlichen Willensakten

Gerade diese Flexibilität bildet denn auch ein zentrales Merkmal der Funktion menschlicher Willensakte, und zwar unabhängig davon, ob diese selbstbestimmt sind oder nicht. Zweifellos können wir eine Vielzahl der täglich anfallenden Aufgaben erledigen, ohne dabei bewusste Willensentscheidungen zu treffen. Dies gilt insbesondere für weitgehend automatisierte Tätigkeiten wie die Fahrt zur Arbeit, das Öffnen der Haustür oder das Anlassen eines Autos. Doch spätestens dann, wenn unerwartete Schwierigkeiten auftauchen, etwa weil die Beschilderung einer Umleitung fehlerhaft ist oder unser Auto einen Defekt hat, wird eine bewusste Entscheidung nötig. Einer der zentralen Punkte scheint hier zu sein, dass wir bei einer bewussten Entscheidung eine größere Zahl von situationsspezifischen Gesichtspunkten mit einbeziehen können. So könnten wir uns bei einer fehlerhaften Umleitung entschließen, einen Stadtplan zu Rate zu ziehen; hat das Auto einen Defekt, dann stellt sich die Frage, ob wir es nicht in die Werkstatt bringen müssen. Es ist offensichtlich, dass es in diesem Falle zu einem neuen Abgleich der unterschiedlichen Präferenzen kommen muss, die der Handelnde verfolgt: Lohnt es sich, wegen eines banalen Fehlers die Werkstatt aufzusuchen, kann man den richtigen Weg nicht auch ohne den Stadtplan finden etc.?

Willensakte zeichnen sich allerdings nicht nur dadurch aus, dass sie in der *Planung* eine weit größere Zahl von Gesichtspunkten berücksichtigen können als feste Verhaltensprogramme; gleichzeitig steuern Willensakte aber auch die *Ausführung* der geplanten Handlung. In diesem Sinne heißt es etwa bei Julius Kuhl:

> Die Begriffe *Volition* und *Wille* bezeichnen eine Kategorie kooperierender psychischer Funktionen, welche bei Vorliegen von nä-

her zu bestimmenden Realisierungsschwierigkeiten die zeitliche, räumliche, inhaltliche und stilistische Koordination einer großen Zahl einzelner Teilfunktionen innerhalb und zwischen verschiedenen Subsystemen und -funktionen wie Wahrnehmung, Aufmerksamkeit, Kognition, Emotion, Motivation, Aktivierung (›Temperament‹) und Bewegungssteuerung (Motorik) aufgrund eines einheitlichen Steuerungsprinzips vermittelt, das wir als ›Absicht‹ oder ›Ziel‹ bezeichnen.[135]

Das Rubikon-Modell der Handlungsphasen

Wie zu Beginn dieses Buches bereits angedeutet,[136] schließen Willensakte eine ganze Reihe unterschiedlicher Funktionen ein. Einen besonders interessanten Versuch, diese Funktionen zu systematisieren und ihren zeitlichen Ablauf zu erfassen, haben Heckhausen und Gollwitzer mit ihrem Ende der achtziger Jahre entwickelten »Rubikon-Modell der Handlungsphasen« unternommen.[137] Das Modell basiert auf einer älteren Unterscheidung zwischen zwei Momenten von Willensakten: Dem *Zielsetzen*, also der Wahl zwischen den zur Verfügung stehenden Optionen, und dem *Zielstreben*, also der Realisierung der gewählten Option. Das Rubikon-Modell umgeht nicht nur bestimmte theoretische Schwierigkeiten dieses älteren Ansatzes, sondern ist mit seiner Unterteilung in vier Phasen, die jeweils durch eine Übergangsschwelle voneinander getrennt werden, auch wesentlich differenzierter. Die Phasen unterscheiden sich sowohl in ihrer Bedeutung für die jeweilige Handlung wie auch in grundsätzlichen Merkmalen der Informationsverarbeitung.

Am Beginn steht die »prädezisionale« Phase des Abwägens zwischen unterschiedlichen Wünschen oder Handlungsoptionen. Hierbei kommt es darauf an, welche der zur Verfügung stehenden Optionen aus der Sicht des Handelnden am attraktivsten ist. Charakteristisch für die kognitive Einstellung in dieser Phase ist zum einen eine große Offenheit für unterschiedliche Informationen. Zweitens findet hier eine möglichst »unvoreingenommene« Bewertung der vorhandenen Optionen statt, um sicherzustellen, dass die beste Variante gewählt wird. Abgeschlossen wird diese Phase durch die Festlegung auf eine bestimmte Option; hier findet also die Entscheidung statt: Der »Rubikon« wird überschritten und ein bloßer Wunsch wird zum Willen.

Eingeleitet wird damit die zweite, »präaktionale« Phase, in der die nunmehr festgelegte Handlung geplant wird. Charakteristisch für diese Phase ist eine stark auf die Realisierung des Ziels fokussierte Informationsverarbeitung. Dabei werden Informationen über die Realisierbarkeit des Handlungsziels in der Regel besonders optimistisch bewertet; umgekehrt werden Informationen, die von der Realisierung des Ziels ablenken könnten, nur in reduziertem Maße aufgenommen.

Die Einleitung der eigentlichen Handlung bildet den Übergang zur dritten, »aktionalen« Phase, in der das Ziel realisiert wird. Die Steuerung erfolgt dabei durch eine mentale Repräsentation des Zieles. Hier werden vorzugsweise solche Informationen verarbeitet, die für die Handlungssteuerung wichtig sind; Informationen, die zu einer Neubewertung der eigenen Strategie führen und damit die Realisierung des Ziels gefährden könnten, werden hingegen ausgeblendet.

Den Abschluss bildet die »postaktionale« Phase, die durch die Desaktivierung der Intention nach der Realisierung des beabsichtigten Ziels eingeleitet wird. In dieser Phase wird das erreichte Ziel bewertet; es geht aber auch darum, Planungsfehler zu erkennen, um diese zukünftig vermeiden zu können. Die Informationsverarbeitung ist hier wieder unvoreingenommen, allerdings fixiert auf solche Aspekte, die von Bedeutung für die Bewertung sind.

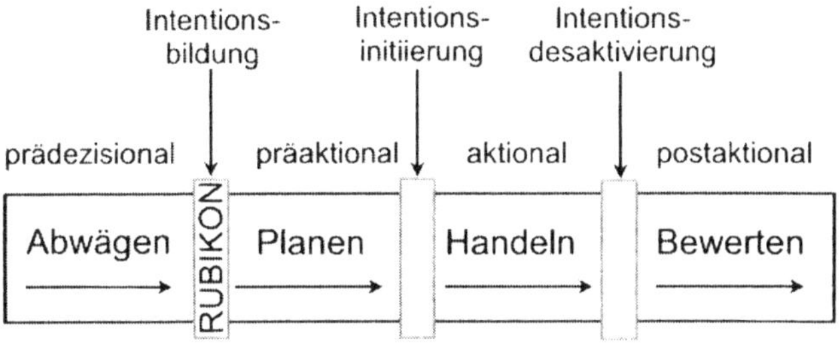

Abb. 1. Das Rubikon-Modell der Handlungsphasen.

Von Interesse für eine philosophische Theorie der Willensfreiheit ist das Modell vor allem deshalb, weil es eine vergleichsweise klare begriffliche und funktionale Unterscheidung der einzelnen Phasen eines Willensaktes erlaubt und dabei gleichzeitig solche Aspekte betont, die in der philosophischen Literatur bislang keine entscheidende Rolle gespielt haben. Im Mittelpunkt des philosophischen Interesses hat nämlich im Allgemeinen die Phase des Abwägens gestanden, Fragen der Handlungsplanung und -durchführung haben dagegen eine untergeordnete Rolle gespielt, ganz zu schweigen von der Notwendigkeit einer nachfolgenden Bewertung durch den Handelnden selbst.[138] Gerade das in der letzten Zeit wieder intensiver diskutierte Problem der Willensschwäche zeigt jedoch, dass es beispielsweise zwischen der Entscheidung und der eigentlichen Handlungsdurchführung noch eine Phase geben muss, in der es um die Realisierung oder eben Nicht-Realisierung einer bereits getroffenen Entscheidung geht.

Kognitive Fähigkeiten

Aus den bisherigen Überlegungen ergeben sich Konsequenzen für das kognitive System, das diese Leistungen erbringen soll. Es spricht einiges dafür, dass für die erforderliche schnelle und flexible Speicherung z.B. der Handlungspläne unser episodisches Gedächtnis eine zentrale Rolle spielt.[139] Das episodische Gedächtnis speichert singuläre, autobiographische Ereignisse, aber auch Fakten, die einen konkreten zeitlichen und räumlichen Bezug haben;[140] außerdem erlaubt es einen flexiblen Zugang zu diesen Fakten – beide Merkmale werden von Plänen für neue, nicht eingeübte Handlungen offenbar erfüllt. Eingeübte Handlungsroutinen, für die dies nicht gilt, haben ihren Platz in einem anderen, nicht unmittelbar dem Bewusstsein zugänglichen System, dem prozeduralen Gedächtnis. Bei der Speicherung episodischer Gedächtnisinhalte scheint vor allem der Hippokampus, eine Struktur im Schläfenlappen der Hirnrinde, die zum Limbischen System gezählt wird, eine wichtige Rolle zu spielen.

Große Bedeutung kommt zweitens der Sprache zu. Hierfür spricht nicht nur, dass wir unsere Handlungspläne häufig ganz explizit sprachlich formulieren (»Ich muss heute unbedingt neues Waschpulver kaufen«); vielmehr gibt es auch experimentelle Befunde, die in diese Richtung weisen. Während nämlich normalerweise die Vorbereitung auf eine bestimmte Handlung dazu führt, dass die Handlung schneller erledigt wird, ist dies nicht der Fall, wenn das Sprachsystem durch eine andere Aufgabe blockiert wird.[141] Für die Bedeutung der Sprache bei der Vorbereitung von Handlungen spricht zudem, dass auch Patienten mit Sprachstörungen nicht von der Möglichkeit der Handlungsvorbereitung profitierten.[142]

Notwendig ist außerdem die Fähigkeit, handlungsrelevante von nicht handlungsrelevanter Information zu unterscheiden. Wie oben bei der Diskussion des Rubikon-Modells schon angedeutet, gilt dies vor allem für die aktionale Phase, in der einerseits eine Unterbrechung des Handlungsablaufes vermieden werden muss, auf der anderen Seite aber auch keine vollständige Abschottung gegenüber neuen Informationen sinnvoll sein kann, weil sonst z.B. plötzlich auftauchende Gefahren ignoriert würden.

Es sieht so aus, als würde unser kognitives System diesen Zielkonflikt dadurch bewältigen, dass es die unterschiedlichen Aufgaben an unabhängige, miteinander konkurrierende Prozesse delegiert: Auf der einen Seite sorgt ein von unseren Absichten geleiteter, höherstufiger kognitiver Prozess für die Konzentration auf die Aufgabe und damit für die Ausblendung irrelevanter Informationen. Dieser Prozess scheint im präfrontalen Kortex realisiert zu sein, also im vorderen Teil des Stirnhirns. Gleichzeitig gibt es einen unwillentlichen, basalen Prozess, der nur aktiv wird, wenn ein bestimmter Reiz wie z.B. ein lautes Geräusch auftritt. Auf diese Weise ist gesichert, dass wir trotz hoher Konzentration auf eine Aufgabe ein Alarmsignal nicht überhören.[143]

Diese Form der Bewältigung unterschiedlicher Aufgaben durch voneinander unabhängige, parallel arbeitende Systeme scheint generell für die neuronale Realisierung der willentlichen Handlungssteuerung charakteristisch zu sein: Es gibt also nicht *eine* zentrale Instanz, bei der sämtliche Fäden zusammenlaufen, vielmehr ist hier eine Vielzahl von parallel arbeitenden, zum Teil miteinander konkurrierenden Systemen beteiligt, die jeweils unterschiedliche Funktionen wahrnehmen.[144]

Nur auf den ersten Blick widerspricht diese Erkenntnis der hier vorgelegten Idee der Selbstbestimmung, also der Bestimmung durch ein »Selbst«. Wie mehrfach erwähnt, steht der Ausdruck »Selbst« nicht für einen inneren Agenten, sondern für eine Reihe von Fähigkeiten und Einstellungen, die ich bereits ausführlich expliziert habe. Wie diese Merkmale realisiert sind, spielt dabei keine Rolle. Entscheidend ist lediglich, ob eine Person über diese Einstellungen und Fähigkeiten verfügt. Wenn dies so ist, dann hat sie ein »Selbst« in dem hier gemeinten Sinne und ist daher auch zur Selbstbestimmung fähig, völlig unabhängig davon, ob diese Fähigkeiten nun in einem zentralen oder in vielen verteilten Systemen realisiert sind.

Die Vorstellung, unsere alltags- und bildungssprachliche Redeweise von »dem Ich« könne nur dann wahr sein, wenn ihr ein unmittelbares Korrelat auf der neuronalen Ebene entspreche, ist Opfer eines äußerst naiven Realismus: Genauso wenig wie eine Rotempfindung auf der neuronalen Ebene durch rote Neurone realisiert werden muss, genauso wenig muss die Erfahrung der Einheitlichkeit, so wie wir sie aus der Perspektive der ersten Person machen können, durch einheitliche oder zentrale neuronale Prozesse realisiert werden. Abgesehen davon kann man bei neuronalen Prozessen generell nur schwer von »Einheitlichkeit« sprechen: Auch ein »einheitlicher«, zentraler Prozess würde faktisch auf der Aktivität von Millionen von Neuronen basieren.

Singer hat somit zweifellos Recht mit seiner Behauptung, dass »die naturwissenschaftliche Sicht … keinen Raum für ein mentales Agens wie den freien Willen« lasse, »das dann auf unerklärliche Weise mit den Nervenzellen wechselwirken müsste, um sich in Taten zu verwandeln«.[145] Falsch ist es jedoch, hieraus eine Widerlegung von Willensfreiheit oder Selbstbestimmung abzuleiten: Selbstbestimmt handeln können wir auch, ohne dass uns die Naturwissenschaft einen neuronalen Homunkulus aus unserem Gehirn hervorzaubert.

Die Libet-Experimente

Schon der Aufbau des Experimentes hatte etwas Beängstigendes: Den Versuchspersonen waren Elektroden ins Gehirn und Stecker in die Schädeldecke eingepflanzt worden. Die Aufgabe der Personen bestand darin, den Schalter eines Diaprojektors zu betätigen. Tatsächlich hatte der Schalter jedoch keine Funktion – dennoch zeigte der Projektor jeweils das nächste Dia, nachdem die Versuchsperson den Knopf betätigt hatte. In Wirklichkeit wurde der Projektor nämlich allein durch die Elektroden im Gehirn der Versuchspersonen gesteuert. Noch beunruhigender als der Aufbau des Experimentes war allerdings sein Ergebnis: Die Versuchspersonen berichteten nämlich, der Projektor habe das nächste Dia gezeigt, gerade als sie dabei waren, sich zu entscheiden, aber eben doch etwas früher, als sie dies erwartet hätten. Mit anderen Worten: Die Hirnaktivität scheint unserer bewussten Entscheidung voranzugehen. Ist es also das Gehirn und nicht das bewusste Ich, das unsere Handlungen steuert?

Der Versuch, von dem hier die Rede ist, hat, soweit sich das heute noch sagen lässt, tatsächlich zu Beginn der sechziger Jahre stattgefunden. Versuchspersonen waren vermutlich Epilepsiepatienten, denen fälschlicherweise suggeriert worden war, das Experiment sei eine Behandlung. Die Details dieses nicht nur in ethischer Hinsicht höchst fragwürdigen Versuchs lassen sich heute nicht mehr feststellen, weil der Versuchsleiter, der seinerzeit bekannte Neurophysiologe William Grey Walter (1910–1977), seine Ergebnisse nicht publiziert hat. Daniel Dennett, der von ihnen in einem Vortrag von Grey Walter erfahren hat, hat von diesen Experimenten zunächst in *Consciousness Explained*, neuerdings dann etwas ausführlicher in *Freedom Evolves* berichtet.[146]

Publiziert worden sind jedoch die Experimente eines anderen Wissenschaftlers, nämlich diejenigen des amerikanischen Neurophysiologen Benjamin Libet. Dessen Versuche sind unter ethischen Gesichtspunkten völlig unproblematisch, doch die Befunde weisen in eine ähnliche Richtung und erscheinen daher nicht weniger beunruhigend. Über diese Versuche ebenso wie über die Nachfolgeexperimente von Haggard und Eimer[147] ist bereits häufig berichtet worden; dennoch gibt es einige Gründe, im Folgenden noch einmal auf sie einzugehen: Zunächst einfach deshalb, weil diese Untersuchungen immer wieder als entscheidende Belege gegen die Existenz der Willensfreiheit angeführt werden. Zweitens sind einige Fragen, die aus philosophischer Sicht grundlegende Bedeutung haben, in der bisherigen Diskussion nicht ausreichend berücksichtigt worden; schließlich gibt es drittens mittlerweile neue experimentelle Befunde, die auch methodische Fragen aufwerfen.

Libet[148] hatte in der ersten Hälfte der achtziger Jahre eine Reihe von Untersuchungen angestellt, die bei allen Mängeln im Einzelnen von nicht zu überschätzender Bedeutung für die Erforschung der neuronalen Grundlagen menschlicher Willensakte sind. Libet versuchte den zeitlichen Zusammenhang zu bestimmen, der zwischen der bewussten Entscheidung zu einer Bewegung und der Einleitung dieser Bewegung auf der neuronalen Ebene besteht. Zu diesem Zweck maß er das so genannte symmetrische Bereitschaftspotential. Dabei handelt es sich um ein negatives elektrisches Potential, das aufgrund von neuronalen Aktivitäten vor allem im supplementär motorischen Areal beider Hirnhälften auftritt und offenbar in einem engen Zusammenhang mit der Einleitung willkürlicher Bewegungen steht.[149] Insofern scheint der Zeitpunkt, zu dem das Bereitschaftspotential auftritt, Schlüsse darüber zuzulassen, wann das Gehirn mit der Vorbereitung einer Bewegung beginnt. Wichtig für die Interpretation des Versuchs ist noch, dass das Bereitschaftspotential so schwach ist, dass es nicht einfach zum Zeitpunkt seines Auftretens gemessen und ausgewertet werden kann, sondern über eine Vielzahl von Versuchsdurchläufen gemittelt werden muss. Die Versuchspersonen mussten also immer wieder denselben Vorgang wiederholen; in den Experimenten von Libet etwa vierzigmal. Angaben über den Zeitpunkt, an dem das Potential auftritt, sind also Durchschnittswerte.

Die Experimente

Libets Versuchspersonen hatten die Aufgabe, ihre Hand bzw. einen Finger zu einem beliebigen Zeitpunkt zu bewegen und sich dabei gleichzeitig mit Hilfe einer schnelllaufenden Uhr den Moment zu merken, an dem sie den bewussten »Drang« (»urge«) zu dieser Bewegung verspürt hatten; dieser bewusste Drang wurde von Libet gleichgesetzt mit der bewussten Intention bzw. der Entscheidung.[150] Libet verglich dann den Zeitpunkt, der von den Versuchspersonen für das Auftreten dieses Drangs angegeben wurde, mit dem Zeitpunkt, zu dem das Bereitschaftspotential einsetzte.

Es stellte sich heraus, dass das symmetrische Bereitschaftspotential bei einfachen Handlungen etwa 550 Millisekunden vor der Ausführung der Handlung einsetzt; dagegen trat die bewusste Entscheidung bzw. der bewusste »Drang«, sich zu bewegen, erst ca. 200 Millisekunden vor der Handlung auf. Das Gehirn scheint daher mit der Vorbereitung einer einfachen Handlung ca. 350 Millisekunden *vor* der bewussten Entscheidung zu beginnen. Im Grundsatz sind diese Ergebnisse vor wenigen Jahren durch Nachfolgeexperimente von Haggard und Eimer bestätigt worden, auf die ich weiter unten noch etwas ausführlicher eingehen werde.

Natürlich interessieren hier nicht die zeitlichen Abläufe, sondern die kausalen Abhängigkeiten. Genauer gesagt soll geklärt werden, wodurch unser Handeln bestimmt wird: Ist es der bewusste Wille oder sind es neuronale Prozesse, die unserem Bewusstsein und unserem Einfluss entzogen sind?

Auf den ersten Blick scheinen Libets Experimente diese Frage eindeutig zu beantworten: Der bewusste Wille scheint erst zu einem Zeitpunkt ins Spiel zu kommen, zu dem die relevanten Schritte zur Einleitung der Bewegung bereits durch das Gehirn vollzogen worden sind. Auch wenn es uns aus der Perspektive der ersten Person erscheinen mag, als könnten wir unsere Handlungen bewusst steuern: In Wirklichkeit liegt schon längst fest, was wir tun werden, wenn wir unsere bewusste Entscheidung fällen. Diese Entscheidung wäre also nur die Begleiterscheinung eines Prozesses, der von unbewussten neuronalen Aktivitäten gesteuert wird, ja vermutlich wird die Entscheidung selbst durch diese Prozesse gesteuert. Wir als rationale Akteure mit unseren Wünschen, Überzeugungen und Bedürfnissen haben keinen wirklichen Einfluss auf unser »eigenes« Handeln. So bemerkt Wolfgang Prinz:

> Danach scheint es – um es paradox zu formulieren –, als sei die Handlungsentscheidung längst gefallen, wenn die bewußte Intention ausgebildet wird. Wenn das zutrifft, kann die Handlungsintention nicht die kausale Grundlage der Handlungsentscheidung sein. Vielmehr kommt die Handlungsentscheidung in anderen Prozessen zustande, die Libet als unbewußt bezeichnet.[151]

Entscheidend ist dabei nicht etwa, dass unseren Willensakten irgendwelche neuronalen Prozesse vorausgehen; zumindest ein Monist kann dies gar nicht anders erwarten. Entscheidend im Sinne der hier zugrunde gelegten Kriterien[152] ist vielmehr, dass unsere willentlichen Handlungen scheinbar von basalen neuronalen Prozessen eingeleitet werden, die unseren selbstbestimmten Entscheidungen entzogen sind und daher nicht etwa als neuronale Realisierung unserer personalen Präferenzen betrachtet werden können.

Was folgt aus diesen Experimenten?

Wenn diese Interpretation der Ergebnisse Libets zuträfe, wären Menschen in der Tat nicht in der Lage, frei im Sinne der skizzierten Minimalkonzeption zu handeln, und zwar auch dann nicht, wenn freie Handlungen in einer determinierten Welt prinzipiell möglich wären.

Doch – trifft diese Interpretation wirklich zu? Soweit ich sehe, ist dies nicht der Fall. Die Interpretation übersieht, dass Libets Experimente zumindest zwei Fragen offen lassen. Zum einen ist es unklar, ob die Entscheidung wirklich erst zu dem von Libet gemessenen Zeitpunkt fällt oder besser: ob das, was Libet misst, tatsächlich die Entscheidung ist. Unklar ist zweitens, ob das Bereitschaftspotential wirklich festlegt, was die Versuchspersonen tun werden. Diese Unklarheit ergibt sich im Wesentlichen daraus, dass die Versuchspersonen in dem Experiment – anders als in alltäglichen Entscheidungssituationen – keine Wahl zwischen unterschiedlichen Optionen hatten.

Misst Libet wirklich Entscheidungen?

Kommen wir zunächst zu dem ersten Einwand: Libets Versuchspersonen waren aufgefordert, den Zeitpunkt zu bestimmen, an dem sie den »Drang, sich zu bewegen« verspürten. Gegen die von Libet unterstellte Identität dieses Drangs mit der bewussten Entscheidung sprechen gleich mehrere Gründe. Zum einen würden wir normalerweise zwischen einem Drang und einer bewussten Entscheidung differenzieren. Von einem Drang würden wir sagen, dass er »über uns kommt«; in einem gewissen Sinne stehen wir ihm passiv gegenüber. Bei einer Entscheidung, insbesondere bei einer freien Entscheidung, sind wir dagegen aktiv: Entscheidungen kommen nicht über uns, sondern *wir* bestimmen sie.

Zweitens spricht eine Nachfolgeuntersuchung von Keller und Heckhausen[153] dafür, dass es sich bei Libets »Drang« um einen normalerweise unbewussten Bewegungsimpuls handelt, der nur durch die Versuchsinstruktion ins Bewusstsein tritt.

Die Autoren konnten zeigen, dass wir unter ganz normalen Alltagsbedingungen immer wieder unbewusste Bewegungen vollziehen. Die Vorbereitung dieser Bewegungen ruft ein Bereitschaftspotential hervor, das insbesondere in seinem zeitlichen Verlauf dem von Libet gemessenen entspricht. Keller und Heckhausen zufolge sind es Bewegungen dieses Typs sowie die ihnen zugrunde liegenden Bewegungsimpulse, die auch von Libet gemessen werden. Möglich ist dies, weil Libet durch seine Instruktion die Aufmerksamkeit der Versuchspersonen auf diese normalerweise unterbewussten Bewegungsimpulse lenkt und damit gleichzeitig die durch die Instruktion festgelegten Bewegungen auslöst.[154] Solche Bewegungsimpulse wird man allerdings kaum als freie Entscheidungen bezeichnen können. Es kann daher nicht die Rede davon sein, dass Libet eine freie Entscheidung gemessen hätte.

Drittens folgt aus den hier genannten Kriterien, dass von einer wirklichen Entscheidung nur dann gesprochen werden kann, wenn dem Handelnden unterschiedliche Alternativen offen stehen – zumindest also die, die fragliche Handlung auch zu unterlassen. Doch genau dies war in den Versuchen Libets gar nicht vorgesehen. Die Versuchspersonen konnten nicht bestimmen, *was* sie tun würden, sie konnten noch nicht einmal bestimmen, *ob* sie etwas tun würden. Bestimmen konnten sie nur den Zeitpunkt einer zuvor festgelegten Bewegung.

Ein letzter Grund gegen die Gleichsetzung des von Libet gemessenen Drangs mit einer bewussten Entscheidung ergibt sich daraus, dass es sich bei wirklich selbstbestimmten Entscheidungen in der Regel um Prozesse handelt, die eine gewisse Dauer haben – anders wäre nämlich das Für und Wider der fraglichen Handlungsoptionen gar nicht zu berücksichtigen. Derartige Entscheidungsprozesse lassen sich jedoch sicher nicht auf wenige Millisekunden festlegen.

Dies bedeutet allerdings nicht, dass in den Experimenten Libets gar keine Entscheidung getroffen würde. Eine solche Entscheidung gibt es, allerdings ist sie nicht Gegenstand der Untersuchung. Die Versuchsperson muss sich nämlich für oder gegen die Teilnahme an dem Versuch entscheiden, nachdem sie mit der Instruktion vertraut gemacht wurde. An dieser Stelle hat sie nämlich noch Alternativen – beispielsweise kann sie sich weigern, die geforderte Bewegung im Folgenden auszuführen.[155]

Was wird durch das Bereitschaftspotential festgelegt?

Wenn aber die Versuchspersonen innerhalb von Libets Experimenten gar keine Entscheidung treffen konnten, dann stellt sich eine zweite, prinzipielle Frage: Unter diesen Voraussetzungen ist nämlich nicht klar, inwieweit das Verhalten der Versuchspersonen überhaupt durch das symmetrische Bereitschaftspotential determiniert wurde. Wenn nämlich bereits durch die Instruktion festgelegt war, dass die Versuchspersonen beispielsweise ihre rechte und nicht die linke Hand bewegen sollten, dann kann aus den Experimenten Libets nicht geschlossen werden, dass das Bereitschaftspotential die Bewegung determiniert hat. Erlaubt wäre dieser Schluss erst dann, wenn sichergestellt wäre, dass nach dem Anstieg des Potentials nur noch die tatsächlich vollzogene Bewegung möglich war.

Dies geht aus den Untersuchungen Libets jedoch nicht hervor. Legt man seine Resultate zugrunde, dann ist z.B. nicht auszuschließen, dass die Versuchspersonen sich auch nach dem Anstieg des Bereitschaftspotentials noch zu einer anderen Bewegung hätten entschließen können; sie hätten also etwa noch die rechte statt der linken Hand bewegen können. Zieht man in Betracht, dass die Bewegung der rechten Hand andere Konsequenzen haben kann als die Bewegung der linken Hand, dann wird hier ein beträchtlicher Freiheitsspielraum erkennbar.

Zugunsten der Annahme eines solchen Freiheitsspielraumes sprechen bereits die Untersuchungen von Haggard und Eimer. Die Autoren behaupten, dass kein konkreter zeitlicher und kausaler Zusammenhang zwischen dem Auftreten des symmetrischen Bereitschaftspotentials und der Ausführung der fraglichen Handlung besteht. Außerdem konnten die Versuchspersonen von Haggard und Eimer in einer von den Libet-Experimenten abweichenden Bedingung wahlweise ihre rechte oder linke Hand bewegen; auch dies war offenbar unabhängig von dem Auftreten des symmetrischen Bereitschaftspotentials[156] möglich.

Auch in den Bedingungen, in denen die Versuchspersonen die Wahl zwischen zwei Optionen hatten, mussten sie allerdings nur eine generelle Angabe darüber machen, zu welchem Zeitpunkt sie »zuerst begonnen hatten, die Bewegung vorzubereiten«. Es wurde nicht eindeutig festgestellt, wann sie sich für die eine und gegen die andere Option entschieden hatten. Es ist daher sehr gut möglich, dass die Auswahl zwischen den beiden Optionen, also die Entscheidung, *was* getan werden sollte, unabhängig von der Entscheidung darüber fiel, *wann* die Bewegung vollzogen werden sollte. Dies gilt u.a. deshalb, weil die Versuchspersonen allgemeine Maßregeln über die möglichst gleichmäßige Verteilung der beiden unterschiedlichen Optionen zu beachten hatten. Es ist durchaus möglich, dass sich die Versuchspersonen unmittelbar nach Abschluss der vorangegangenen Bewegung für eine der beiden Optionen entschieden und zu dem von Haggard und Eimer erhobenen Zeitpunkt nur noch die Ausführung dieser Handlung auslösten. Doch wenn der Zeitpunkt der Auswahl nicht festgestellt wurde, dann lässt die Untersuchung auch keine Annahmen darüber zu, ob das Auftreten des symmetrischen Bereitschaftspotentials die Auswahl zwischen den beiden Optionen bestimmt hat oder nicht.

Um diese Frage zu klären, wurde daher ein eigenes Experiment durchgeführt.[157] Die Versuchspersonen hatten hier die Aufgabe, abhängig von dem Erscheinen bestimmter Reize auf einem Monitor mit der linken oder mit der rechten Hand eine Taste zu bedienen.[158] Da die »Wahl« nicht vor dem Erscheinen dieser Reize zu treffen war, stand der Zeitpunkt fest, zu dem frühestens eine Festlegung auf eine bestimmte Bewegung erfolgen konnte. Gleichzeitig wurde das symmetrische Bereitschaftspotential abgeleitet. Wie erwartet, konnte auch in diesem Falle ein Anstieg des Bereitschaftspotentials festgestellt werden. Dieser Anstieg ging jedoch nicht nur der eigentlichen Bewegung voraus, sondern auch der Anzeige des Reizes, von dem abhing, welche Hand bewegt werden musste. Die Schlussfolgerung ist klar: Da das symmetrische Bereitschaftspotential auftritt, *bevor* die Versuchspersonen eine Entscheidung getroffen haben konnten, und die Versuchspersonen noch zwischen beiden Optionen zu wählen vermochten, legt das Potential *nicht* fest, welche Hand bewegt wird. Anzunehmen ist vielmehr, dass das Bereitschaftspotential eine unspezifische Vorbereitung auf eine erwartete Bewegung darstellt, wie dies auch von Trevena und Miller behauptet wird.[159] Die Autoren stützen sich dabei auf eine Reihe von Belegen dafür, dass kognitive Prozesse wie Erwartungen einen direkten Einfluss auf das symmetrische Bereitschaftspotential haben.

Auf den ersten Blick mag die Möglichkeit, die rechte statt der linken Hand zu bewegen, nicht sonderlich dramatisch erscheinen, tatsächlich ist der Spielraum aber beträchtlich: Solange ein Mörder, der die Hand am Abzug hat, oder ein Politiker, der davor steht, den roten Knopf zu betätigen, auch seine andere Hand bewegen kann, vermag er noch im hier relevanten Sinne anders zu handeln. Die bloße Feststellung, dass das symmetrische Bereitschaftspotential schon 350 Millisekunden vor der bewussten Entscheidung für eine bestimmte Handlung ansteigt, dürfte also nicht ausreichen, um eine Person gegebenenfalls von ihrer Verantwortung für diese Handlung zu entlasten.

Das lateralisierte Bereitschaftspotential

Aus den Untersuchungen von Haggard und Eimer ergibt sich jedoch noch ein weiterer Einwand gegen die Möglichkeit einer freien Willensentscheidung. Die Autoren differenzierten nämlich zwischen Versuchspersonen, die sich besonders früh entschieden, und solchen, die ihre Entscheidung relativ spät trafen, und versuchten dann festzustellen, ob sich diese Differenzen im Zeitpunkt des Auftretens des Bereitschaftspotentials widerspiegelten. Dabei erhoben sie neben dem symmetrischen auch das lateralisierte Bereitschaftspotential.[160] Das lateralisierte Bereitschaftspotential ist ebenfalls ein elektrisches Potential. Anders als das symmetrische Bereitschaftspotential wird es jedoch nur auf derjenigen Seite gemessen, die für die Steuerung des bewegten Körperteils zuständig ist; außerdem steht es in einem engeren zeitlichen Zusammenhang zu der ausgeführten Bewegung. Insofern kann man vermuten, dass dieses Potential genauere Angaben darüber erlaubt, wann eine *bestimmte* Bewegung vorbereitet wird.[161]

Haggard und Eimer stellten fest, dass auch das lateralisierte Potential der »Entscheidung« vorangeht; im Mittel trat es zwischen 450 und 550 Millisekunden früher auf. Zusätzlich stellten sie eine zeitliche Abhängigkeit der Entscheidung von dem Auftreten des lateralisierten Potentials fest, eine Abhängigkeit vom symmetrischen Potential wird dagegen von ihnen verneint.[162] Trat das lateralisierte Bereitschaftspotential früher auf, dann fand im Mittel auch die Entscheidung früher statt, trat das lateralisierte Potential dagegen später auf, dann galt dies in der Regel auch für die Entscheidung. Haggard und Eimer sind in ihren Schlussfolgerungen vorsichtig; sie halten jedoch eine kausale Abhängigkeit der Entscheidung vom lateralisierten Potential für denkbar.

Man könnte daher meinen, dass damit die ursprüngliche Interpretation der Libet-Experimente aufrechterhalten werden kann; es muss nur das symmetrische Potential durch das lateralisierte ersetzt werden. Für das Problem der Willensfreiheit wäre diese Änderung nicht weiter gravierend, schließlich ist auch das lateralisierte Potential offenbar dem bewussten Zugriff entzogen. Ist es also doch so, dass das Gehirn lenkt, lange bevor wir zu denken beginnen?

Es gibt eine ganze Reihe von Gründen, die gegen diese Annahme sprechen. Wichtig ist zunächst, dass auch bei den Experimenten von Haggard und Eimer unsicher ist, ob hier eine Entscheidung gemessen wird. Zwar hatten die Versuchspersonen anders als bei Libet die Wahl zwischen zwei Optionen, doch es ist zumindest unklar, ob diese Wahl zu dem gemessenen Zeitpunkt stattfand. Wie schon erwähnt, ist es wahrscheinlicher, dass die Versuchspersonen zunächst eine Wahl zwischen der rechten und linken Hand trafen und zu dem von Haggard und Eimer gemessenen Zeitpunkt nur noch die bereits festgelegte Bewegung auslösten. Doch wenn der Zeitpunkt der Wahl zwischen den beiden Optionen unklar ist, dann erlaubt das Experiment auch keine Aussagen darüber, dass das lateralisierte Potential diese Wahl bestimmt – theoretisch könnte es sogar umgekehrt sein.

Doch nehmen wir einmal an, Haggard und Eimer hätten tatsächlich den eigentlichen Entscheidungsprozess *einschließlich* der Wahl gemessen. Auch dann würde die obige Interpretation nicht folgen, weil aus der hier gemessenen zeitlichen Abfolge noch kein Kausalzusammenhang abgeleitet werden kann. Dies gilt schon allein deshalb, weil die Abfolge keineswegs immer gleich ist: Die Aufstellung der Messdaten der einzelnen Personen[163] zeigt nämlich nicht nur eine sehr große Streuung, die Zweifel an der Genauigkeit der Messungen aufkommen lässt, vielmehr wird auch sichtbar, dass bei einem Viertel der Versuchspersonen mit frühen Entscheidungen der Aufbau des lateralisierten Bereitschaftspotentials erst *nach* der Entscheidung einsetzte. Will man nicht davon ausgehen, dass hin und wieder einmal die Wirkung vor der Ursache auftrat, dann wird man sich die Frage stellen müssen, ob hier wirklich eine kausale Abhängigkeit der bewussten Entscheidung vom Aufbau des lateralisierten Bereitschaftspotentials vorliegt.

Bestärkt werden diese Zweifel durch eine neuere Studie von Trevena und Miller,[164] die sich mit dem so genannten »Smearing Artifact« befasst, einem seit längerem bekannten systematischen Fehler bei der Bildung von Mittelwerten von EEG-Wellen. Die Bildung von Mittelwerten ist wie bereits bemerkt notwendig, weil das Bereitschaftspotential zu schwach ist, als dass es bei jedem einzelnen Durchgang direkt erfasst werden könnte. Das Smearing Artifact führt nun dazu, dass bestimmte Potentiale zeitlich erheblich zu früh angesetzt werden.

An der Abfolge von symmetrischem Bereitschaftspotential und bewusstem Entschluss ändert die Berücksichtigung des Smearing Artifacts jedoch nichts, weil hier der zeitliche Abstand ohnehin zu groß ist. Anders dagegen bei dem lateralisierten Bereitschaftspotential. Berücksichtigt man die Zeitverschiebung durch das Smearing Artifact, dann muss man das lateralisierte Potential wohl erst *nach* der bewussten Entscheidung ansetzen. Trevena und Miller resümieren: »Die einfachste und konservativste Interpretation der vorliegenden Resultate ergibt, dass die für eine Hand spezifische Vorbereitung einer unmittelbaren Bewegung nicht einsetzen muss, bevor die bewusste Entscheidung zu einer solchen Bewegung getroffen worden ist.«[165] Von einer Verursachung der Handbewegung durch das lateralisierte Bereitschaftspotential wird man also angesichts dieser Ergebnisse sowie der bei Haggard und Eimer gefundenen Abweichungen kaum sprechen können.

Trevena und Miller weisen außerdem auf einen weiteren neuralgischen Punkt der Interpretation der Experimente von Libet sowie der von Haggard und Eimer hin, nämlich die Bestimmung des Zeitpunktes der bewussten Entscheidung. Erkennbar ist dies schon an der großen Streuung bei den Mittelwerten für alle Versuchspersonen in einem Experiment: Bei Haggard und Eimer lag der Mittelwert 350 Millisekunden vor der Bewegung, in Libets ursprünglichem Experiment und bei Keller und Heckhausen 200 Millisekunden und bei Trevena und Miller 122 Millisekunden vor der Bewegung, obwohl der Versuchsaufbau in allen drei Fällen sehr ähnlich war. Größer noch sind die Unterschiede zwischen den individuellen Versuchspersonen. Bei Haggard und Eimer schwankten die Angaben zwischen 984 Millisekunden und 4 Millisekunden, in Libets ursprünglichem Experiment zwischen 422 und 54 Millisekunden, bei Keller und Heckhausen reichten die Angaben von 362 Millisekunden vor bis zu 806 Millisekunden *nach* (!) der Bewegung und auch bei Trevena und Miller gaben 40% der Versuchspersonen für den Entschluss einen Zeitpunkt an, der *nach* der Ausführung der Bewegung lag. Mitverantwortlich dürften hier Unklarheiten in der Instruktion gewesen sein; doch auch die Datierung eines kognitiven Prozesses im Vergleich zu der visuell wahrgenommenen Uhr ist eine Fehlerquelle. Tatsächlich ist schon seit längerem bekannt, dass die Aufmerksamkeit eine zentrale Rolle für die Datierung von Reizen spielt: Wenn wir einen visuellen Reiz erwarten, dann wird dieser schneller verarbeitet und entsprechend früher datiert als z.B. ein gleichzeitig auftretender akustischer Reiz, der nicht Gegenstand unserer Aufmerksamkeit ist. Probleme ergeben sich hier vor allem, weil Unterschiede in der Aufmerksamkeit schlecht zu kontrollieren sind.[166] Ein Teil der Schwankungen könnte also darauf zurückzuführen sein, dass einige Versuchspersonen ihre Aufmerksamkeit auf den Entscheidungsprozess richteten, während andere sich auf die Uhr konzentrierten. Diese Probleme bestätigen die These, dass die bislang vorgelegten Daten bei weitem zu unzuverlässig sind, als dass sie grundsätzliche Schlüsse auf das Verhältnis von bewussten Entscheidungen und unbewussten neuronalen Prozessen erlaubten.[167]

Von einer Widerlegung der Willensfreiheit durch die Untersuchungen von Libet oder durch die von Haggard und Eimer wird man unter diesen Umständen kaum sprechen können.

Daniel Wegner: Der bewusste Wille als Illusion

Es sind jedoch noch von anderer Seite empirisch begründete Einwände gegen die Realität der menschlichen Willensfreiheit geäußert worden. Zu den bekanntesten neueren Studien gehört sicherlich Daniel Wegners Buch über die *Illusion des bewussten Willens*. Wie der Titel schon erkennen lässt, bestreitet Wegner nicht allein die Freiheit des Willens, vielmehr geht er einen entscheidenden Schritt weiter: Illusorisch ist in seinen Augen schon die Vorstellung, wir hätten *überhaupt* einen bewussten Willen – von Willensfreiheit kann unter diesen Voraussetzungen natürlich erst recht keine Rede sein.

> Dies bedeutet jedoch, dass der bewusste Wille eine Illusion ist. Er ist eine Illusion in dem Sinne, dass die Erfahrung, eine Handlung bewusst zu wollen, kein Anzeichen dafür ist, dass der bewusste Gedanke die Handlung verursacht hat. So gesehen, könnte der bewusste Wille in der Tat eine außergewöhnliche Illusion sein – das Gegenstück dazu, dass ein Magier einen Elefanten aus der Falte seines Taschentuches hervorzaubert. Wie ist es möglich, dass es uns so erscheint, als würde unser Wille unsere Handlungen hervorbringen, wenn dies doch gar nicht der Fall ist?[168]

Was wir demnach faktisch besitzen, ist lediglich das *Empfinden*, etwas zu wollen oder gewollt zu haben. Was uns jedoch fehlt, sind bewusste Willensakte, von denen tatsächlich abhängt, wie wir handeln. Faktisch wird unser Handeln nämlich von Mechanismen bestimmt, die unserem Bewusstsein entzogen sind. In der Tat also eine spektakuläre These. Träfe sie zu, dann hätte dies einschneidende Folgen nicht nur für die Willensfreiheit, sondern ganz allgemein für unser Selbstverständnis.

Doch – worauf stützt Wegner seine weit reichenden Behauptungen? Sein Grundgedanke lautet, dass ein bewusster Willensakt zwei Funktionen gleichzeitig erfüllen muss: Zum einen muss er die Ursache der gewollten Handlung darstellen, zweitens muss er aber auch unmittelbarer Gegenstand der bewussten Erfahrung sein. Tatsächlich würden wir einen psychischen Prozess nicht als den für eine Handlung relevanten Willensakt bezeichnen, wenn dieser nicht die entsprechende kausale Rolle spielte; wenn er also nicht dazu geführt hätte, dass die Handlung so und nicht anders ausgefallen ist. Zweitens ist es trivial, dass dieser Akt bewusst sein muss – wie sonst sollte man von einem *bewussten* Willensakt sprechen können? Fasst man beide Forderungen zusammen, dann ergibt sich, dass ein und derselbe Willensakt Ursache der gewollten Handlung und Gegenstand des Bewusstseins sein muss.

Wegner geht aber in seinen Vorüberlegungen noch einen entscheidenden Schritt weiter. Wenn diese Bedingungen erfüllt wären, dann, so Wegner weiter, dürften wir uns bei der Selbstzuschreibung einer willentlichen Handlung eigentlich niemals irren. Wenn mir ein Willensakt bewusst war, dann weiß ich, dass ich es war, der die fragliche Handlung bewirkt hat. Habe ich die Handlung aber nicht bewirkt, dann kann ich mir auch keines Willensaktes bewusst gewesen sein.

Tatsächlich kann Wegner jedoch eine Vielzahl von Belegen für Irrtümer bei solchen Selbstzuschreibungen präsentieren. Das aber scheint zu zeigen, dass wir einen bewussten Willen in dem von ihm geforderten Sinne nicht besitzen – wenn wir etwas anderes denken, dann sind wir eben Opfer einer Illusion.

Doch wenn der bewusste Wille mit der Entstehungsgeschichte unserer Handlungen eigentlich gar nichts zu tun hat, wovon hängen diese dann ab und wie kommt andererseits die Illusion des Willens zustande? Zur Lösung dieser Fragen führt Wegner die Unterscheidung zwischen dem »phänomenalen« und dem »empirischen« Willen ein. Der phänomenale Wille ist Gegenstand unserer bewussten Erfahrung; er liegt unserem Empfinden, etwas gewollt oder nicht gewollt zu haben, zugrunde und bildet damit die eigentliche Quelle der Illusion des bewussten Willens.

In der Entstehungsgeschichte einer Handlung spielt der phänomenale Wille jedoch keine Rolle. Hier kommt es auf den »empirischen Willen« an. Der empirische Wille ist faktisch wirksam; er steht für die Abhängigkeit unserer Handlungen von kognitiven Prozessen. Der empirische Wille ist daher auch Objekt der psychologischen Forschung, die sich mit den Zusammenhängen zwischen Kognition und Verhalten befasst.

Doch wenn wir gar keinen direkten Zugang zu unserem empirischen Willen und damit zu den kognitiven Ursprüngen unseres Verhaltens haben, wie ist dann zu erklären, dass wir normalerweise tun, was wir wollen bzw. wollen, was wir tun? Warum stimmt also der phänomenale Wille in der Regel so gut mit unseren Handlungen überein? Wegner postuliert hier ein System der Selbstzuschreibung von Handlungen. Dieses System entscheidet nachträglich anhand bestimmter Kriterien darüber, ob wir uns eine Handlung zuschreiben, und steuert damit den phänomenalen Willen. Das System arbeitet vergleichsweise zuverlässig, aber eben nicht irrtumsfrei; maßgebend sind dabei die folgenden Regeln: (1) Vor der Handlung tritt eine bewusste Intention auf; (2) die Intention stimmt mit der Handlung überein; (3) es gibt keine andere Erklärung für die fragliche Handlung.[169] Konkret müssten also die folgenden Bedingungen erfüllt sein, damit wir uns den Griff nach einem Glas Wasser zuschreiben und somit das Gefühl haben, wir hätten dies gewollt: (1) Wir hatten kurz vor der Handlung die Intention; (2) die Intention bezog sich auf den Griff nach einem Glas Wasser; (3) es gibt keine anderen möglichen Ursachen für diese Handlung.

Empirische Belege

Wenn Wegners Hypothese stimmt, wenn unser Handeln also nicht von unserem bewussten Willen gesteuert wird, dann muss es Fälle geben, in denen der bewusste Wille von unseren Handlungen abweicht, weil das skizzierte System zu falschen Ergebnissen geführt hat. Das System müsste also Personen, die nicht Urheberinnen einer Handlung sind, zur Zuschreibung veranlassen, umgekehrt müsste es Fälle geben, in denen die Zuschreibung unterbleibt, obwohl die Person faktisch die Urheberin ist. Da solche Irrtümer in Wegners Augen nicht passieren könnten, wenn der bewusste Wille auch wirksam wäre, würde auf diese Weise seine zentrale These von der Illusion des bewussten Willens gestützt.

Wegner vermag nun in der Tat auf eine Reihe von Beispielen für solche Irrtümer zu verweisen. So kann man hypnotisierte Personen veranlassen, eine bestimmte Handlung nach dem Ende der Hypnose auszuführen. Interessanterweise kommt es dabei vor, dass die Personen sich die Handlung zuschreiben, obwohl diese nicht von ihnen selbst gewollt war, ja die Personen erfinden zu diesem Zweck sogar fehlende Intentionen.[170]

In anderen Fällen unterbleibt die Selbstzuschreibung bei faktisch von einer Person vollzogenen Handlungen. So wurde in der Mitte der siebziger Jahre ein Verfahren zur Vereinfachung der Kommunikation mit Autisten und anderen schwer sprachgestörten Patienten entwickelt.[171] Die entscheidende Rolle kam dabei Assistenten (»Facilitators«) zu, die den Patienten helfen sollten, mit den zur Verständigung verwendeten Computertastaturen oder Buchstabentafeln umzugehen. Natürlich war es den Assistenten ausdrücklich untersagt, die Antwort der Patienten zu beeinflussen oder gar zu steuern; sie sollten den Patienten nur helfen, bei der Sache zu bleiben, um ihre eigenen Antworten zu geben. Die Erfolge dieser Methode waren beeindruckend: Patienten, die in ihrem Leben noch kein Wort von sich gegeben hatten, konnten plötzlich sinnvolle Sätze bilden, ja sie zeigten eine verblüffende Fertigkeit im Verfassen von Texten, obwohl sie bis dahin doch keinerlei Übung in der verbalen Kommunikation erlangt hatten!

Später eingeleitete wissenschaftliche Untersuchungen führten jedoch zu ernüchternden Ergebnissen. Sie zeigten, dass die Antworten tatsächlich von den Assistenten stammten: Stellte man nämlich den Patienten Fragen, die den Assistenten nicht zugänglich waren, dann blieben die Antworten plötzlich aus; differierten die Fragen, die den Patienten gestellt wurden, von denen, die die Assistenten hörten, dann bezogen sich die Antworten auf die den Assistenten zugänglichen Fragen. Angesichts der Tatsache, dass hunderte von Assistenten übereinstimmend berichteten, die Antworten seien von den Patienten gekommen, kann man hier kaum einen bewussten Betrug unterstellen; alles spricht vielmehr dafür, dass die Assistenten ihre eigenen Handlungen auf die Patienten projiziert hatten. Hierfür spricht auch eine – bislang allerdings unveröffentlichte – Untersuchung von Wegner und Fuller, die diese Befunde experimentell bestätigte.[172] Offenbar handelt es sich hier um einen Fehler des Zuschreibungssystems der Assistenten, das die Patienten als besseren Kandidaten für die Urheberschaft der Handlung betrachtete; schließlich hatten die Assistenten ja die Aufgabe, nicht selbst aktiv zu werden.

Stützen die Untersuchungen Wegners These?

Doch welche Schlüsse lassen sich aus diesen Untersuchungen ziehen, und welche weiteren Konsequenzen ergeben sich hieraus für die Frage, ob es wirklich so etwas wie einen bewussten Willen gibt?

Ich möchte noch einmal betonen, dass mir Wegners grundlegende Annahme, derzufolge von einem bewussten Willen nur dann die Rede sein kann, wenn ein bewusster Zugang zu den faktisch wirksamen Handlungsgründen besteht, plausibel erscheint. Doch bedeutet dies schon, dass unsere Selbstzuschreibungen stets zutreffend sein müssen? Offenbar ist dies nicht der Fall. Irrtumsfreiheit heißt, dass wir keinen faktisch unwirksamen Wunsch fälschlich für einen handlungswirksamen Willen halten, und zweitens keinen faktisch wirksamen Willensakt ignorieren dürfen; wir müssen also Willensakte immer korrekt als solche klassifizieren. Doch diese Forderung ergibt sich nicht aus der Forderung nach bewusstem Zugang zu meinen Willensakten: Natürlich kann ich auch dann bewussten Zugang zu meinen Willensakten haben, wenn ich mich hin und wieder einmal in meinem eigenen Willen täusche, wenn ich also einen nicht wirksamen Wunsch für einen wirksamen Willensakt halte oder wenn mir eine faktisch wirksame Intention nicht bewusst wird. Solche Irrtümer sind natürlich insbesondere in solchen Szenarien zu erwarten, die weit von normalen Handlungssituationen abweichen, und genau das ist in den von Wegner zitierten Untersuchungen der Fall.

Würde man sich dagegen die Wegnersche Forderung zu eigen machen, dann wäre auch die unbewusste Initiierung einer Handlung schon ausgeschlossen, schließlich würde mir in diesem Falle ein handlungswirksames Motiv entgehen. Doch warum sollte sich aus der bloßen Existenz solcher unbewussten, handlungswirksamen Intentionen ein Einwand gegen den bewussten Zugang zu anderen Willensakten ergeben? Auch wenn ich der Auffassung bin, dass mir meine Willensakte normalerweise bewusst sind, kann ich natürlich zugeben, dass daneben zuweilen auch unbewusste Intentionen wirksam sind.

Klären lässt sich damit gleichzeitig, warum der Fall der Assistenten keinen Einwand gegen die Existenz des bewussten Willens darstellt: Die Personen hatten einfach aufgrund unbewusster Intentionen gehandelt. Im Grunde kann man hier noch nicht einmal von einer Täuschung bezüglich des bewussten Willens sprechen, weil es vermutlich gar keinen bewussten Willensakt gab.

Gleichzeitig fordert Wegner, dass Personen ihre Wünsche nicht mit echten wirksamen Willensakten verwechseln dürfen und sich damit Handlungen zuschreiben, die in Wirklichkeit eine andere Ursache haben. Doch auch diese Forderung folgt nicht aus der Annahme, dass uns unsere faktisch wirksamen Willensakte bewusst sind, überdies scheint sie wenig sinnvoll zu sein: Natürlich können wir uns hin und wieder einmal darin irren, ob wir etwas »wirklich wollen«, und natürlich können wir einen bloßen Wunsch fälschlich für einen echten Willen halten, ohne daraus gleich schon folgern zu müssen, dass wir prinzipiell keinen bewussten Zugang zu unseren übrigen Willensakten haben.

Hieraus ergibt sich eine Erklärung für Wegners Beispiel der hypnotisierten Versuchspersonen: Auch die haben schließlich nur gemeint, sie hätten etwas gewollt, obwohl dies in Wirklichkeit nicht der Fall war.

In anderen Bereichen gestehen wir solche Irrtümer zu, ohne daraus irgendwelche grundsätzlichen Konsequenzen zu ziehen. So zweifeln wir nicht daran, dass wir einen bewussten Zugang zu unseren Gefühlen haben, obwohl wir uns sicherlich hin und wieder einmal hinsichtlich unserer Gefühle täuschen.[173]

Das System der Zuschreibungen

Die von Wegner angeführten Experimente stützen also nicht seine These vom illusionären Charakter des bewussten Willens – nicht weil die Experimente unbrauchbar wären, sondern weil Wegners Argumentation auf einer nicht akzeptablen Voraussetzung beruht.

Doch ist damit schon seine These widerlegt, dass es so etwas wie ein irrtumsanfälliges System der Selbstzuschreibung gibt? Ich glaube, dass Wegner und auch andere Autoren gute Belege für die Existenz eines solchen Systems vorgelegt haben. Anders als es Wegner voraussetzt, ist die Existenz eines solchen Systems aber problemlos mit der Existenz eines bewussten Willens vereinbar; ja nichts spricht dagegen, dass wir uns selbstbestimmte Handlungen auch nachträglich zuschreiben können. Natürlich schließt eine solche Zuschreibung nicht aus, dass sich eine Handlung auf die personalen Präferenzen ihrer Urheberin zurückführen lässt.

Darüber hinaus ist es auch nicht schwer einzusehen, warum es sinnvoll ist, dass wir über ein solches System verfügen: Angesichts der Komplexität vieler Entscheidungen und Handlungsabläufe, aber auch angesichts der komplexen Struktur unserer Handlungsgründe ist es keineswegs von vornherein klar, ob sich eine Person eine Handlung zuschreiben kann oder nicht. Dies gilt auch dann, wenn ihr die eigenen Intentionen durchaus bewusst waren. Es überrascht daher nicht, dass solche Selbstzuschreibungsprozesse Bestandteil vieler philosophischer Ansätze sind; der bekannteste dürfte Frankfurts Theorie der Wünsche zweiter Ordnung sein, die ich oben vorgestellt habe.[174]

Wegner ist also weit entfernt davon nachzuweisen, dass der bewusste Wille eine Illusion ist. Dennoch können die vielen empirischen Erkenntnisse, die er präsentiert, uns Aufschlüsse über die Entstehung von Willensakten und die Probleme bei der Zuschreibung von Handlungen geben. Natürlich gewinnen wir wichtige neue Erkenntnisse über unser Handeln, wenn wir erfahren, wie unsere Selbstzuschreibung funktioniert und welche Irrtümer uns dabei unterlaufen. Mit anderen Worten: Jenseits der spektakulären Prognosen bleibt viel Raum für neue Erkenntnisse, die natürlich auch Auswirkungen auf unser Selbstverständnis haben könnten.

Emotion und Entscheidung

Solche Veränderungen unseres Selbstverständnisses könnten auch von neueren Erkenntnissen über die Bedeutung von Emotionen für menschliche Entscheidungen ausgehen. Dass Emotionen eine große Bedeutung für menschliche Entscheidungen haben, ist eigentlich keine neue Erkenntnis, sie entspricht vielmehr der Alltagserfahrung ebenso wie dem Tenor der philosophischen Diskussion über Probleme von Handeln und Entscheiden: Zwar ist die Bewertung des Einflusses von Emotionen und Affekten auf unsere Entscheidungen in der philosophischen Tradition äußerst unterschiedlich, die Tatsache, *dass* es einen solchen Einfluss gibt, ist jedoch kaum jemals abgestritten worden. Neu an den gegenwärtigen Befunden ist jedoch zum einen die Erkenntnis, dass Emotionen auch solche Entscheidungen bestimmen, die wir aus der Perspektive der ersten Person als rein rational bezeichnen würden, neu ist zweitens aber vor allem die Einsicht, dass ein solcher Einfluss auch *notwendig* ist.

Antonio Damasio

Der Fall Phineas Gage

Angestoßen worden ist die neuere Diskussion über die Rolle von Emotionen maßgeblich durch die Arbeiten von Antonio Damasio. Damasio beruft sich sowohl auf experimentelle Befunde wie auf Fallstudien.

Der berühmteste Fall ist wohl der des amerikanischen Eisenbahnarbeiters Phineas Gage, der 1848 durch einen Sprengstoffunfall eine schwere Hirnverletzung erlitt. Die Hirnverletzung führte zu einer dramatischen Persönlichkeitsveränderung: Der ursprünglich äußerst zuverlässige und beliebte Vorarbeiter wird launisch und ruhelos, er verliert seine Stelle, beginnt ein ruheloses Wanderleben, bis er schließlich 1861 in San Francisco stirbt.

Mittlerweile konnte Gages Persönlichkeitsveränderung durch eine Rekonstruktion seiner Verletzung erklärt werden:[175] Offenbar hatte der Unfall Gages Fähigkeit zum emotionalen Erleben schwer beeinträchtigt. In Fallstudien an heute lebenden Patienten konnte die These erhärtet werden, dass der Verlust emotionaler Fähigkeiten nicht nur allgemein zu schweren Persönlichkeitsveränderungen führt, sondern insbesondere die Fähigkeit, rationale Entscheidungen zu treffen, schwer beeinträchtigt, und zwar unabhängig davon, ob intellektuelle Leistungen betroffen sind oder nicht.

Emotionale Basis für rationale Entscheidungen

Ein weiterer Beleg für diese These ergab sich aus einem Experiment mit emotional geschädigten und gesunden Versuchspersonen. Die Aufgabe bestand darin, in einem Kartenspiel einen möglichst hohen Gewinn zu erzielen. Dabei konnten die Versuchspersonen wählen zwischen Karten, die zunächst hohe Gewinne, auf die Dauer aber noch höhere Verluste brachten, und solchen, die auf den ersten Blick niedrigere Gewinne versprachen, auf die Dauer aber aufgrund geringerer Verluste wesentlich profitabler waren. Alle Versuchspersonen bevorzugten zunächst die Karten des ersten, scheinbar attraktiveren Typs, doch die gesunden Probanden wechselten schon nach wenigen Verlusten zu Karten der zweiten, weniger riskanten Gruppe.

Da während des Versuchs der Hautwiderstand gemessen und die Personen befragt wurden, konnte gezeigt werden, dass bei den gesunden Versuchspersonen zunächst eine am reduzierten Hautwiderstand erkennbare emotionale Reaktion gegenüber den »schlechten« Karten stattfand, anschließend kam es zur Veränderung der Strategie und erst wesentlich später konnten die – wie gesagt gesunden – Versuchspersonen Auskunft über die Gründe für ihre Wahl geben. Die Vermutung, dass emotionale Reaktionen hier eine zentrale Rolle spielten, wurde dadurch bestätigt, dass die emotional geschädigten Versuchspersonen nicht nur keine emotionalen Reaktionen zeigten, sondern bis zum Ende des Versuchs an ihrer ursprünglichen, ungünstigen Strategie festhielten; dabei hatten einige von ihnen durchaus den Unterschied zwischen den beiden Optionen erkannt.

Sowohl die Unterschiede im Verhalten als auch die Differenzen in den emotionalen Reaktionen sprechen dafür, dass emotionale Fähigkeiten erforderlich sind, um diese Aufgabe erfolgreich zu bewältigen. Offenbar mussten die vorhandenen Handlungsoptionen emotional bewertet werden, damit die Versuchspersonen rational handeln und entscheiden konnten. Damit bestätigt das Experiment die Befunde aus den Fallstudien: Emotionen scheinen auch dann erforderlich zu sein, wenn es um rein rationale Entscheidungen geht.

Somatische Marker: Emotionen als Basis rationaler Entscheidungen

Diese Versuche und Fallstudien lieferten Antonio Damasio[176] die Basis für seine Theorie der »somatischen Marker«. Ausgangspunkt der Theorie ist die Annahme, dass rein rationale Entscheidungen auf der Basis eines Vergleichs der einzelnen Optionen viel zu zeitaufwendig wären und zudem unsere kognitiven Kapazitäten bei weitem überfordern würden. Genau hier setzt die Aufgabe der somatischen Marker an: Sie leisten eine Art Vorauswahl der bestehenden Entscheidungsoptionen auf der Basis früherer Erfahrungen, und zwar durch positive oder negative emotionale Reaktionen. Diese Reaktionen müssen nicht bewusst sein, doch sie helfen uns, unsere kognitiven Ressourcen auf die aussichtsreichsten Optionen zu konzentrieren. Dies ist einer der Gründe dafür, dass somatische Marker rationale Entscheidungen unterstützen.

Der zweite Grund besteht darin, dass solche Marker zu einer positiven Bewertung auch solcher Optionen führen können, die erst auf längere Sicht vorteilhafte Wirkungen haben, auf kürzere Sicht dagegen wenig attraktiv sind. Stimmt diese These, dann wären somatische Marker zentral für unsere Fähigkeit, auf kurzfristige Belohnungen zugunsten größerer, aber erst später zu erreichender Ziele zu verzichten. Dies liefert gleichzeitig die Erklärung für das Versagen emotional geschädigter Patienten in den

Fallstudien und den Kartenspiel-Experimenten: Offenbar fehlten ihnen genau diese Marker, die für vorausschauende Entscheidungen erforderlich sind.

Konsequenzen

Es leuchtet ein, dass derartige Erkenntnisse Zweifel an der Existenz freier Handlungen nähren, zumal sich die entscheidungsrelevanten emotionalen Reaktionen offenbar häufig dem Bewusstsein entziehen. Wie kann man noch von einer freien Entscheidung sprechen, wenn unser Handeln unter dem Einfluss weitgehend unbewusster emotionaler Einflüsse steht? Vor allem Gerhard Roth,[177] der die neuere Debatte um die Konsequenzen der Neurowissenschaften maßgeblich mitgeprägt hat, vertritt diese Auffassung. Roth argumentiert, dass die bewusstseinsfähigen höheren Areale vor allem im präfrontalen Kortex, also in den an der Stirn gelegenen Bereichen der Hirnrinde, nur einen begrenzten Einfluss auf die Bewegungs- und Handlungssteuerung haben. Notwendig sei hier immer eine »Freischaltung« durch das Limbische System, also durch die Areale, die unserer emotionalen Erfahrung zugrunde liegen. Roth bestreitet nicht, dass wir in der Lage sind, rational zwischen unterschiedlichen Handlungsoptionen abzuwägen; letztlich komme es jedoch darauf an, ob eine Entscheidung »emotional akzeptabel«[178] sei.

Freiheit ist daher auch in Roths Augen eine reine Illusion. Dies mag so erscheinen, wenn man Freiheit mit der traditionellen, inkompatibilistischen Konzeption von Willensfreiheit gleichsetzt und gleichzeitig fordert, dass ein frei Handelnder sich seiner Handlungsmotive vollständig bewusst sein müsse. Diese Voraussetzungen erscheinen mir jedoch aus den bereits genannten Gründen unzulässig: Natürlich ist es nicht notwendig, dass ich mir aller meiner Motive bewusst bin, es ist nur erforderlich, dass es wirklich *meine* Motive sind.

Legt man daher die hier vertretene Konzeption von Selbstbestimmung zugrunde, dann folgt aus den von Roth vorgelegten Befunden keine Widerlegung der Freiheit. Natürlich spricht nichts dagegen, emotionale Bewertungen unterschiedlicher Handlungsoptionen als personale Präferenzen zu bezeichnen, sofern die entsprechenden Kriterien erfüllt sind. Dies gilt umso mehr, als sich hinter den emotionalen Bewertungen bei Roth wie auch bei Damasio frühere Erfahrungen und Lernprozesse des Individuums verbergen. Wie Roth selbst schreibt, stellen die emotionalen Reaktionen so etwas wie die Quintessenz der Erfahrungen des Handlungssubjekts dar: »Emotionale Verträglichkeit bedeutet im Normalfall also nicht Irrationalität, sondern *Abwägen und Handeln im Lichte der gesamten bisherigen Erfahrung.*«[179]

Letztlich ist es daher kein Zufall, wenn der Begriff der Autonomie, den Roth an die Stelle des traditionellen Begriffs der Willensfreiheit setzt, eine Reihe von Berührungspunkten mit dem hier vertretenen Begriff der Selbstbestimmung besitzt.[180] Zu den Gemeinsamkeiten zählt insbesondere die Bindung der Handlung an den Urheber: »Autonomie ist die Fähigkeit unseres ganzen Wesens, *innengeleitet,* aus individueller Erfahrung heraus zu handeln, und zwar gleichgültig, ob bewusst oder unbewusst.«[181]

Eine in wichtigen Punkten ähnliche Konzeption hat Henrik Walter vorgelegt, der hier von »natürlicher Autonomie« spricht. Walter weist der Rolle von Emotionen eine besondere Bedeutung zu; ähnlich wie das hier vertretene Modell der Selbstbestimmung betont er zudem, dass Freiheit eine Verbindung von Handlung und Handelndem voraussetzt. Diese Verbindung soll allerdings durch eine Identifikation des Handelnden mit seiner Handlung zustande kommen, die im Wesentlichen auf emotionalen Mechanismen beruht: Die Person *fühlt*, dass eine bestimmte Entscheidung ihre eigene Entscheidung ist.[182]

Zwar glaube ich nach wie vor, dass die Identifikation eines Handelnden mit seiner Handlung ein problematisches Kriterium für die Zuschreibung einer Handlung darstellt:[183] Dennoch zeigt der Ansatz Walters noch einmal, dass die Beteiligung von Emotionen an Entscheidungsprozessen keinesfalls die Freiheit dieser Prozesse in Frage stellen muss.

Einen letzten Beleg für die Bedeutung von Emotionen liefert eine Studie von Joshua Greene,[184] in der der Einfluss von Emotionen auf moralische Urteile untersucht wurde. Mit Hilfe bildgebender Verfahren konnte Greene zeigen, dass bestimmte Inkonsistenzen in unseren moralischen Urteilen offenbar auf emotionale Reaktionen zurückzuführen sind. So würden viele Menschen das Leben einer Person opfern, um fünf andere zu retten, sofern dies z.B. durch einen anonymen, technischen Prozess geschieht, nicht aber, wenn sie eine Person mit Gewalt vor einen Eisenbahnwaggon werfen müssten, um das Leben der anderen zu retten. Greene konnte diesen Gegensatz auf Unterschiede im emotionalen Engagement zurückführen, die ihrerseits mit der Distanz des Handelnden zu der betroffenen Person zu erklären sind: Während wir im ersten Fall eine große Distanz zu der Person haben, deren Leben geopfert werden soll, besteht im zweiten Fall ein unmittelbarer persönlicher Kontakt. Aus diesem Grund ist das emotionale Engagement wesentlich größer, das seinerseits die Differenz in unseren Urteilen erklärt.

Insgesamt widerlegen also die Befunde zur Bedeutung von Emotionen, wie sie Damasio, Roth und andere vorgelegt haben, nicht die Annahme, dass wir die Fähigkeit zu freiem und selbstbestimmtem Handeln im Sinne der hier vorgelegten Konzeption besitzen. Gut möglich wäre es allerdings, dass wir angesichts dieser Erkenntnisse auf die Dauer unsere Auffassungen über das Zustandekommen rationaler Entscheidungen ändern müssen. Dies gilt nicht nur wegen des Einflusses von Emotionen auf rationale Entscheidungen, sondern auch, weil sich dieser Einfluss unserem Bewusstsein entziehen kann. Weitere Forschung könnte uns nicht nur ganz allgemein ein besseres Verständnis dieser Zusammenhänge ermöglichen, sondern auch systematische Verzerrungen unserer Entscheidungen durch den Einfluss von Emotionen aufklären.

Wille, Freiheit und Verantwortung als kulturspezifische Phänomene

Will man sich mit Hilfe empirischer Untersuchungen ein genaues Bild von den Möglichkeiten, frei zu handeln, machen, dann gehören dazu jedoch nicht nur Studien über den Freiheitsspielraum einzelner Individuen; von Interesse ist in diesem Zusammenhang auch der Einfluss sozialer und kultureller Rahmenbedingungen.

Die Annahme, dass es einen solchen Einfluss gibt, liegt schon deshalb nahe, weil unser Erleben von Freiheit, aber auch die Praxis der Selbst- und Fremdzuschreibung von Handlungen offenkundig von kulturellen Bedingungen geprägt ist. Wolfgang Prinz behauptet sogar, dass gesellschaftliche Konventionen dafür verantwortlich sind, dass wir uns der – in seinen Augen illusorischen – Vorstellung hingeben, wir seien frei:

> Daß wir uns *frei fühlen,* auch wenn wir nicht *frei sind,* verdanken wir den Interpretationskonstrukten des in modernen Gesellschaften verbreiteten psychologischen Common Sense. Dieser Common Sense und der mit ihm einhergehende Handlungsjargon sind das Vehikel, über das Strukturmerkmale der Gesellschaft in das Seelenleben ihrer Akteure diffundieren. Die Idee der Willensfreiheit ist danach ein politisches Konzept, das in den Diskursen von Moral und Recht psychologische Wirksamkeit entfaltet.[185]

Prinz unterstellt also, dass wir uns nur deshalb gegenseitig Freiheit zuschreiben, um die Idee der persönlichen Verantwortlichkeit zu sichern. Ohne die Unterstellung von Freiheit müssten wir die deterministischen Kausalketten bis zu ihrem Ursprung zurückverfolgen, wenn wir die wirklichen Ursachen finden wollen. Dies wäre jedoch offensichtlich unmöglich. Mittlerweile haben wir uns an die Unterstellung so gewöhnt, dass wir selbst uns Freiheit zuschreiben; wir fühlen uns frei, weil wir als frei behandelt werden.

Ich habe bereits ausführlich begründet, warum ich Freiheit nicht für eine ungerechtfertigte Unterstellung halte. Dies schließt jedoch nicht aus, dass kulturelle Faktoren einen Einfluss auf unser Freiheitserleben haben. Prinz' These könnte also zumindest insofern zutreffen, als in Gesellschaften, die ihren Mitgliedern ein hohes Maß an individueller Freiheit und Autonomie zubilligen, auch das Freiheitserleben intensiver sein könnte. Genau dieser Frage möchte ich im Folgenden nachgehen. Ich werde zunächst Befunde präsentieren, die zeigen, dass es signifikante Unterschiede hinsichtlich der Bedeutung von individueller Verantwortung und Autonomie vor allem zwischen westlichen und östlichen Gesellschaften gibt. Zweitens wird sich zeigen, dass den Unterschieden in den gesellschaftlichen Rahmenbedingungen auch Unterschiede in der subjektiven Erfahrung von Freiheit entsprechen. Natürlich lässt sich hieraus nicht ableiten, dass die Unterschiede in der Erfahrung von Freiheit ausschließlich durch die gesellschaftlichen oder kulturellen Rahmenbedingungen bewirkt werden. Abgesehen davon dürfte es sich erübrigen, darauf hinzuweisen, dass solche stereotypisierenden Befunde über ganze Gesellschaften grundsätzlich mit großer Vorsicht zu lesen sind und in jedem Falle nur eine Momentaufnahme bieten können. Gerade wenn sich diese Unterschiede auf kulturelle Einflüsse zurückführen lassen, dann kann die weitere kulturelle Entwicklung auch zu einer Nivellierung dieser Unterschiede führen.

Kulturvergleichende Studien

Es gibt eine Reihe von empirischen Belegen dafür, dass individuelle Autonomie im Westen eine wesentlich größere Rolle spielt als in östlichen Kulturen, während umgekehrt die Orientierung an Gruppeninteressen in der Regel im Osten, z.B. in Japan, von größerer Bedeutung ist.

Bedeutung von Freiheit

Einen ersten Beleg bilden Unterschiede in den Erziehungszielen und Leitbildern: Während für individualistische Kulturen westlichen Typs ein »independentes Selbst« im Vordergrund steht, das sich durch Autonomie und Unabhängigkeit auszeichnet, ist das Leitbild sozial orientierter Kulturen, wie sie in Asien vorherrschen, eher die Vorstellung eines »interdependenten Selbst«, das sich nicht zuletzt über seine Wechselbeziehungen mit der Gruppe definiert.[186] Weisz et al.[187] kommen zu dem Schluss, dass die japanische Erziehung eher auf die Identifikation mit der Gruppe, Höflichkeit und Aufmerksamkeit gegenüber anderen abzielt, während die amerikanische Erziehung Unabhängigkeit und individuellen Ausdruck fördert. Eine Reihe anderer Untersuchungen spricht dafür, dass in Japan die Vorstellung, von äußeren Mächten wie dem Schicksal bestimmt zu sein, eine wesentlich größere Rolle spielt als in den Vereinigten Staaten.[188]

Wichtige Unterschiede bestehen zweitens in der Weise des Umgangs mit äußeren Hindernissen. In westlichen Kulturen steht die so genannte assimilative oder »primäre Kontrolle« im Vordergrund. Hier handelt es sich im Wesentlichen um eine nach außen gerichtete Form der Einflussnahme, bei der ein Individuum versucht, die Restriktionen in seiner physischen oder sozialen Umwelt zu überwinden, um so seine persönliche Autonomie zu steigern. Im Gegensatz dazu richtet sich die akkomodative oder »sekundäre Kontrolle« nach innen. Hier geht es darum, eigene Ziele und Normen den äußeren Anforderungen anzupassen; hieraus ergibt sich eine Einschränkung der individuellen Autonomie.[189]

In dieselbe Richtung weisen Untersuchungen von Richard

Shweder zu Unterschieden in moralischen Konventionen und bei der Zuschreibung von Verantwortung. Shweder unterscheidet eine »Ethik der Autonomie« von einer »Ethik der Gemeinschaft« bzw. einer »Ethik der Religiosität«.[190] Die Ethik der Autonomie ist dominant in heutigen westlichen Gesellschaften. Im Zentrum steht hier das verantwortliche und freie Individuum, das sich über seine eigene Präferenzstruktur definiert. Moralische Regulation dient dabei nicht zuletzt der Absicherung von Wahl und Freiheit, zentrale Normen sind Recht und Gerechtigkeit.

Im Gegensatz dazu spielen individuelle Freiheit und Selbstbestimmung in der »Ethik der Gemeinschaft« eine eher untergeordnete Rolle. Im Vordergrund stehen hier der Schutz und die Interessen des sozialen Verbandes, der von ihm gesetzten Konventionen, der gegenseitigen Abhängigkeiten und der sozialen Hierarchie. Der Einzelne wird nicht durch seine persönlichen Präferenzen definiert, sondern durch seine Rolle und seine Aufgaben innerhalb der Gemeinschaft. Eng verwandt mit der »Ethik der Gemeinschaft« ist schließlich die »Ethik der Religiosität« als die dritte Form. Zentral ist hier die Vorstellung einer geheiligten Ordnung, deren Bestandteil auch der Einzelne kraft seiner transzendenten Seele ist. Dominierend sind die Wertvorstellungen einer Ethik der Gemeinschaft bzw. Ethik der Religiosität wiederum in östlichen Kulturen – Shweder stützt sich unter anderem auf die Untersuchung einer brahmanischen Gemeinschaft im ostindischen Bhubaneshwar, der Hauptstadt des Bundesstaates Orissa.[191]

Erfahrung von Freiheit

Diese Unterschiede in den gesellschaftlichen Konventionen sind für sich genommen schon interessant genug; will man jedoch die Einflüsse sozialer Konventionen auf die Erfahrung von Freiheit bestimmen, dann muss man herausfinden, inwieweit diesen sozialen und kulturellen Unterschieden auch Unterschiede auf der Seite des individuellen Erlebens entsprechen. Hier gibt es nur eine vergleichsweise geringe Zahl von Untersuchungen, aus denen sich jedoch eine klare Tendenz herauslesen lässt.

So entsprechen den oben genannten Differenzen in den Erziehungsstilen unterschiedliche Reaktionen der Kinder auf Gehorsamkeitsforderungen ihrer Eltern. Während deutsche Jugendliche solche Forderungen eher als Bedrohung und Einschränkung der eigenen Freiheit erleben, neigen japanische Kinder nicht nur dazu, solche Forderungen zu akzeptieren, sondern fühlen sich von ihren Eltern sogar unterstützt und geborgen.[192]

In eine ähnliche Richtung verweist eine Kultur vergleichende Fragebogenuntersuchung, die mit kanadischen und indischen Studenten durchgeführt wurde.[193] Dabei ergaben sich Indizien dafür, dass die Freiheitserfahrung der indischen Studenten generell weniger intensiv und auch weniger stark ausdifferenziert war als die der kanadischen Studenten. Indische Studenten fühlten sich außerdem in ihrer Freiheit durch das Erkennen von Grenzen weniger stark eingeschränkt als ihre kanadischen Kommilitonen.

Zweifellos handelt es sich bei den angeführten Studien um Momentaufnahmen, die keine endgültigen Schlüsse zulassen und in jedem Falle nur graduelle Unterschiede widerspiegeln. Dennoch werden hier nicht nur bemerkenswerte Unterschiede hinsichtlich der Rolle deutlich, die die individuelle Autonomie in den einzelnen Gesellschaften spielt, erkennbar wird auch, dass kulturelle Faktoren offenbar die subjektive Erfahrung von Freiheit beeinflussen.

Es gibt also Unterschiede, doch diese Unterschiede rechtfertigen nicht den Schluss, dass Freiheit nur eine kulturelle Konstruktion ist: Natürlich war auch den Angehörigen nichtwestlicher Kulturen die Erfahrung von Freiheit keineswegs fremd, und natürlich war die »Ethik der Autonomie« in den von Shweder untersuchten östlichen Kulturen nicht völlig abwesend; sie hatte nur eine geringere Bedeutung. Kulturelle Faktoren haben also offenbar einen Einfluss auf die Erfahrung und die Bedeutung von Freiheit, doch nichts spricht dafür, dass die Zuschreibung oder Erfahrung von Freiheit nur eine soziale Konvention wäre.

Willensfreiheit, Schuld und Strafe

Abschließend möchte ich auf die Konsequenzen der hier diskutierten Probleme für die Begründung des Strafrechts eingehen. Es gehört zu den fundamentalen Intuitionen in Bezug auf Gerechtigkeit, dass bei der Bemessung von Strafe nicht nur die Rechtsverletzung selbst eine Rolle spielen muss, sondern auch die persönliche Schuld, die der Täter auf sich geladen hat. Es macht einfach einen Unterschied, ob ich die körperliche Integrität eines anderen absichtlich, versehentlich oder gegen meinen Willen verletzt habe. Diese Einsicht ist nicht etwa erst eine Errungenschaft der neueren Rechtsgeschichte, sondern kann schon in den ältesten Rechtsdokumenten nachgewiesen werden. So wird bereits in den vermutlich vor dem Zwölftafelrecht (ca. 451–449 v. Chr.) entstandenen altrömischen *Leges regiae* festgelegt, »daß nur derjenige, der wissentlich und willentlich einen Freien getötet habe, ein Mörder ... sei«.[194] Auch der mittelalterliche Sachsenspiegel (um 1224), der häufig als Beleg für ein Rechtsverständnis genannt wird, das ausschließlich das Faktum des Rechtsbruchs, nicht aber die zugrunde liegende Intention berücksichtigt, erweist sich bei näherem Hinsehen als wesentlich differenzierter: Ausdrücklich wird hier zwischen einer fahrlässigen und einer absichtlichen Tötung unterschieden. Offenbar spielt also auch in diesem Falle die Schuld des Täters eine wesentliche Rolle bei der Strafbemessung.[195]

Das Schuldprinzip

Das heute vorherrschende »normative Schuldverständnis« geht zurück auf eine Rückbesinnung auf die kantische Moralphilosophie um die Wende zum 20. Jahrhundert.[196] Schuld wird diesem Verständnis zufolge durch eine Normverletzung begründet, die *freiwillig* erfolgt. Diese willentliche Normverletzung stellt ihrerseits die Voraussetzung dafür dar, dass dem Täter die Tat auch zugerechnet werden kann. Schuld begründet die Strafbarkeit einer Handlung und sie stellt damit gleichzeitig auch ein Maß der Strafe dar, die als Wiederherstellung des durch die Tat gestörten Rechtsverhältnisses begriffen wird. Die Schuld bietet somit eine Grenze des staatlichen Strafanspruchs und dient »dem notwendigen Schutz des Täters gegen jedes Übermaß repressiver Einwirkung des Staates«.[197]

Die Bindung von Strafe an Schuld und damit an Freiheit ist in der höchsten deutschen Rechtsprechung immer wieder bestätigt worden; das Schuldprinzip gilt als verfassungsrechtlicher Grundsatz: »Die strafrechtliche oder strafrechtsähnliche Ahndung einer Tat ohne Schuld des Täters ist demnach rechtsstaatswidrig und verletzt den Betroffenen in seinem Grundrecht aus Art. 2 Abs. 1 GG«, so das Bundesverfassungsgericht in einer Grundsatzentscheidung zum Prinzip »*nulla poena sine culpa*« (keine Strafe ohne Schuld).[198]

Schuld und Freiheit

Auch der Bundesgerichtshof hatte bereits 1952 den »unantastbaren Grundsatz … allen Strafens, daß Strafe Schuld voraussetzt« bekräftigt. Entscheidend für die vorliegende Untersuchung ist dabei, dass hier Schuld ausdrücklich an Freiheit gebunden wird:

> Strafe setzt Schuld voraus. Schuld ist Vorwerfbarkeit. Mit dem Unwerturteil der Schuld wird dem Täter vorgeworfen, daß er sich nicht rechtmäßig verhalten, daß er sich für das Unrecht entschieden hat, obwohl er sich rechtmäßig verhalten, sich für das Recht hätte entscheiden können. Der innere Grund des Schuldvorwurfes liegt darin, daß der Mensch auf freie, verantwortliche, sittliche Selbstbestimmung angelegt und deshalb befähigt ist, sich für das Recht und gegen das Unrecht zu entscheiden, sein Verhalten nach den Normen des rechtlichen Sollens einzurichten und das rechtlich Verbotene zu vermeiden.[199]

Aufschlussreich ist in diesem Zusammenhang auch eine Passage aus dem §51 im ersten Strafgesetzbuch des Deutschen Reichs von 1871: »Eine strafbare Handlung ist nicht vorhanden, wenn der Täter zur Zeit der Begehung der Handlung sich in einem Zustande der Bewußtlosigkeit oder krankhaften Störung der Geistestätigkeit befand, durch welche seine freie Willensbestimmung ausgeschlossen war.«

Schuldhaft ist eine Tat also nur dann, wenn sie auf eine freie Entscheidung des Täters zur Negation des Rechts zurückgeführt werden kann: »Schuld ist der freie (selbstbestimmte) Entschluß (Entscheidungsprozeß) zur Unrechtsmaxime, d. h. zur Verletzung des Rechts.«[200] Ähnlich heißt es in dem aktuellen Lehrbuch von Wessels und Beulke: »Die innere Berechtigung des *Schuldvorwurfs* liegt darin, dass der Mensch auf freie Selbstbestimmung angelegt und bei Anspannung seines ›Rechtsgewissens‹ im Stande ist, das rechtlich Verbotene zu vermeiden.«[201]

Der Freiheitsbegriff in der Strafrechtswissenschaft

Der grundsätzliche Zusammenhang von Strafe, Schuld und Freiheit ist also klar und plausibel begründet, zudem wird er sowohl in der Rechtsprechung wie auch in der Strafrechtswissenschaft weitgehend anerkannt. Dem Freiheitsbegriff fällt somit eine zentrale Bedeutung zu, schließlich liefert er notwendige Kriterien für die Entscheidung darüber, ob eine Person schuldhaft gehandelt hat oder nicht.

Man sollte annehmen, dass es angesichts der Eindeutigkeit, mit der die Rechtsprechung und auch die Mehrheit der Rechtswissenschaftler Strafe an Freiheit binden, einen halbwegs tragfähigen Konsens hinsichtlich der inhaltlichen Bestimmung und der Begründung von Freiheit gibt. Dies ist jedoch nicht der Fall. Verantwortlich hierfür ist ein Dilemma, das sich daraus ergibt, dass die meisten Autoren einerseits einen traditionellen, inkompatibilistischen Freiheitsbegriff voraussetzen, sich andererseits aber nicht darauf festlegen wollen, dass es nicht-determiniertes Handeln in unserer Welt faktisch gibt, ganz zu schweigen von der Frage, wie die Existenz indeterministischer Freiheit im Falle konkreter Handlungen bzw. Straftaten nachzuweisen wäre.

Zwar gehen nur wenige Wissenschaftler so weit wie Kohlrausch, der noch vor dem Ersten Weltkrieg in einer mittlerweile berühmten Bemerkung Freiheit kurzerhand als eine »staatsnotwendige Fiktion« bezeichnet hatte, an der man festhalten müsse, weil sie eben eine unverzichtbare Voraussetzung des Strafrechts sei. Dabei gesteht Kohlrausch das Problem, das sich aus der »Undenkbarkeit« des Indeterminismus ergibt, unumwunden ein: »Der Täter wird dem Gemeinwohl geopfert, er hat in dessen Interesse zu leiden. Über diesen Zwiespalt zwischen staatlichen Aufgaben und individuellen Fähigkeiten werden wir nie hinwegkommen.«[202]

Die meisten neueren Ansätze versuchen das Problem zu vermeiden, indem sie auf schwächere Freiheitsbegriffe zurückgreifen, doch diese sind ihrer systematischen Aufgabe, also der Begründung von individueller Schuld, in der Regel nicht gewachsen. Paradigmatisch ist hier das bereits zitierte Lehrbuch von Wessels und Beulke, das einerseits den Schuldvorwurf an die Entscheidungsfreiheit bindet, deren Voraussetzung wiederum die Indetermination sein soll.[203] Gleichzeitig geben die Autoren jedoch zu, dass sich »fast jede Handlung bei rückschauender Betrachtung als eine Folge von anlage- und umweltbedingten Bestimmungskräften erklären« lasse – offenbar ist unser Handeln also nicht frei im Sinne der zuvor genannten Kriterien. Dennoch berufen die Autoren sich darauf, dass das »Prinzip der Verantwortlichkeit des sittlich reifen und seelisch gesunden Menschen eine unumstößliche Realität unserer sozialen Existenz ist«.[204] Das Dilemma ist nicht schwer zu sehen: Wenn wirkliche Freiheit Determination ausschließt, unsere Handlungen aber tatsächlich durch Umweltfaktoren determiniert werden, dann ist unsere Gesellschaft einfach im Irrtum, wenn sie ihre sittlich reifen und seelisch gesunden Mitglieder für frei hält.

Im Grundsatz ähnlich argumentiert auch Jescheck, der der Ansicht ist, der Schuldvorwurf werde sinnlos, würde man davon ausgehen, dass die Rechtsverletzung determiniert sei. In diesem Falle könne man einem Menschen seine Handlungen genauso wenig vorwerfen wie seine Krankheiten.[205]

Bei seinem Versuch, die Existenz von Freiheit in diesem anspruchsvollen Sinne zu erweisen, stützt sich aber auch Jescheck nicht auf philosophische Überlegungen, vielmehr lässt er »das Freiheitsbewußtsein des Menschen als psychologische Tatsache gelten« und »betrachtet die Verantwortlichkeit des Täters für die Straftat als eine der Grundlagen des Zusammenlebens der Menschen«.[206] Das Kriterium für die Verantwortlichkeit des Täters im konkreten Falle liefert dabei die Frage, ob ein fiktiver »Durchschnittsmensch« an der Stelle des Täters anders hätte handeln können.[207]

Wie Roxin[208] bemerkt hat, ist diese Lösung jedoch wenig überzeugend: Wie sollte man den Schuldvorwurf gegenüber einem bestimmten Täter auf Fähigkeiten stützen, die nicht der Täter, sondern nur eine andere Person besitzt, auch wenn es sich dabei um einen fiktiven Durchschnittsmenschen handelt? Offenbar hat der Täter doch durch seine Tat gezeigt, dass ihm die Fähigkeiten des Durchschnittsmenschen abgehen.

Doch selbst wenn man eine dieser Theorien im Grundsatz akzeptierte, wäre damit das Problem nicht gelöst: In keinem Falle lässt sich auf diese Weise wirklich die für ein einzelnes Urteil erforderliche Sicherheit bezüglich der Schuld des Täters gewinnen. Dann aber, auch hierauf macht Roxin aufmerksam, müsste man im Zweifel für den Angeklagten entscheiden; »Ein Schuldstrafrecht wäre damit unmöglich.«[209]

Alternativkonzeptionen

Freiheit als notwendige Unterstellung

Angesichts dieser Schwierigkeiten liegt es nahe, die Feststellung der Schuld grundsätzlich unabhängig zu machen von konkreten Annahmen über die Freiheit des individuellen Täters; stattdessen stützt man sich auf allgemeine Annahmen über die Notwendigkeit von Freiheit, wie sie auch von den bislang zitierten Autoren zuweilen angeführt wurden. Freiheit, so lautet dabei die zentrale Überlegung, stellt eine unverzichtbare Grundlage des menschlichen Zusammenlebens dar.

Im Prinzip lassen sich Argumente dieses Typs auf eine Überlegung zurückführen, die Peter Strawson angestellt hat.[210] Strawson zufolge ist es ein unaufgebbares Merkmal unserer sozialen Beziehungen, dass wir an dem Verhalten anderer teilnehmen, es positiv oder negativ bewerten und damit unterstellen, dass unsere Mitmenschen frei und verantwortlich handeln.

Diese Unterstellung kann zwar in bestimmten Ausnahmefällen in Frage gestellt werden, z.B. dann, wenn wir erkennen müssen, dass einem Kind oder einem geistig Behinderten gewisse kognitive Voraussetzungen fehlen. Prinzipiell undenkbar ist es für Strawson aber, diese teilnehmende Einstellung generell aufzugeben, und zwar auch dann, wenn sich die These des Determinismus bewahrheiten sollte. Wir *können* gar nicht anders, als das Verhalten unserer Mitmenschen moralisch zu bewerten und ihnen damit auch Freiheit zu unterstellen. Diese Haltung ist völlig unabhängig von allen Annahmen über Determinismus und

Indeterminismus eine unverzichtbare Voraussetzung jeder sozialen Interaktion.[211]

Anders als z.B. Wessels und Beulke beruft sich Strawson also nicht einfach auf eine bestehende soziale Praxis, entscheidend ist für ihn vielmehr die *Notwendigkeit* dieser Praxis und damit auch die ihrer zentralen Voraussetzung, nämlich der Unterstellung von Freiheit.

Es liegt nahe, diese Argumentation auch für die Rechtfertigung von Freiheit im Sinne des Schuldprinzips zu verwenden. So stützt Klaus Günther[212] seinen diskursethischen Ansatz auf prinzipiell vergleichbare Unterstellungen, die der demokratische Staat bezüglich seiner Bürger machen müsse. Notwendig sei hier z.B. die Annahme, dass die Staatsbürger an den zentralen demokratischen Entscheidungsprozessen teilnehmen können. Dazu müssen die Bürger nicht nur in der Lage sein, Gründe zu erwägen und zu bewerten, vielmehr müssten sie solche Gründe auch zur Basis ihres eigenen Handelns machen können. Unterlassen sie dies dennoch, dann spricht nichts dagegen, sie bei einem Verstoß mit den festgelegten Sanktionen zu belegen, sie also zu bestrafen. Ausnahmen im Sinne einer Schuldunfähigkeit sind hier insbesondere dann möglich, wenn eine Person faktisch nicht über die notwendigen Fähigkeiten bei der Bewertung und Berücksichtigung von Gründen verfügt; weitere Ausnahmen können mit Hilfe der üblichen demokratischen Prozeduren festgelegt werden.

Ich glaube, dass diese Argumentation in ihrer allgemeinen wie in ihrer diskursethischen Form auf grundlegende Schwierigkeiten stößt. Fragwürdig ist schon die Annahme, dass die Unterstellung von Freiheit *notwendig* für jede Art des Zusammenlebens sei. Die bloße *Unvorstellbarkeit* einer Gesellschaft, in der diese Unterstellung nicht gemacht wird, liefert kein wirklich überzeugendes Argument dafür, dass eine solche Gesellschaft auch *unmöglich* ist. Man kann annehmen, dass schon die heute existierende Gesellschaft in mehreren Hinsichten für die Angehörigen früherer Gesellschaftsformationen unvorstellbar war, unmöglich ist sie dennoch offensichtlich nicht.

Natürlich hat Günther Recht, dass das Funktionieren demokratischer Institutionen an bestimmte intellektuelle Fähigkeiten der Staatsbürger gebunden ist. Doch dies zeigt nicht, dass die Bürger auch imstande sind, ihr *Handeln* zu kontrollieren. Eine Person kann auch dann eine gute Diskussionspartnerin sein, wenn sie nicht in der Lage ist, ihr Handeln entsprechend zu steuern.

Schließlich versagt diese Argumentation vor einer zentralen Aufgabe des Freiheitsbegriffs. Wäre sie erfolgreich, dann würde sie allenfalls die Zurückweisung der *generellen* Annahme erlauben, dass Menschen prinzipiell nicht verantwortlich sind. Offen bliebe aber auch dann noch, ob die zur Beurteilung anstehende *konkrete* Handlung frei war und der Täter daher für sie verantwortlich ist. Der Freiheitsbegriff würde also die Funktion eines Korrektivs verlieren, die ihn doch eigentlich erst zur Basis des Schuldprinzips gemacht hat.

Letztlich ergibt sich das Problem auch hier wieder aus der unzutreffenden Voraussetzung, wirkliche Freiheit setze den Indeterminismus voraus. Überzeugt man sich dagegen davon, dass Freiheit und Determinismus miteinander vereinbar sind, dann entfällt nicht nur der generelle Vorbehalt gegenüber der Möglichkeit von Freiheit in einer determinierten Welt, vielmehr gewinnt man damit gleichzeitig auch einen Maßstab für die Zurechnung von Verantwortung im Einzelfall.

Präventiver Begriff von Schuld und Strafe

Angesichts der Schwierigkeiten bei der Begründung eines akzeptablen Freiheitsbegriffs sind immer wieder radikale Zweifel an der Legitimität der geltenden Praxis des Strafrechts geäußert worden. So hat Ulrich Pothast aus der »Unzulänglichkeit der Freiheitsbeweise«, genauer, der Beweise für die Existenz einer inkompatibilistischen, »kontrakausalen« Freiheit, die Forderung zu einem Verzicht auf die heute übliche Praxis von Tadel, Schuld und Strafe abgeleitet. An ihre Stelle sollen im Wesentlichen therapeutische Eingriffe treten, die allerdings erst noch zu »erfinden« seien.[213] Doch abgesehen von der generellen Problematik eines inkompatibilistischen Freiheitsbegriffs werden hier relevante Unterschiede ignoriert zwischen solchen Tätern, denen aufgrund einer pathologischen Disposition die Fähigkeit abgeht, rechtliche Normen zu verstehen und zu beachten, und solchen, die sehr wohl dieses Vermögen besitzen. Aus der Sicht der Pothastschen Position fehlt nämlich in all diesen Fällen die einzig relevante, kontrakausale Freiheit. Das Modell führt daher dazu, dass *jeder* Täter zum bloßen Objekt eines staatlichen Reparaturmechanismus degradiert wird.[214]

Näher liegend scheint es daher, einen Weg zur Rechtfertigung von Schuld und Strafe zu suchen, bei dem auf Annahmen über die Freiheit gänzlich verzichtet werden kann. Dies ist der Ansatz u.a. von Roxin und Jakobs. Von Interesse sind diese Versuche in jedem Falle deshalb, weil sie zeigen, wie das Strafrecht mit einem Verzicht auf die Willensfreiheit umgehen könnte.

In Jakobs' Augen dient Strafe der »Erhaltung einer allgemeinen Normanerkennung«,[215] sie hat eine generalpräventive Funktion. Der Schuldbegriff muss an dieser Funktion des Strafrechts ausgerichtet werden; auch das Schuldurteil dient letztlich dazu, einen »sozialen Effekt« zu erreichen, nämlich die Sicherung der sozialen Ordnung.[216] Das Problem der Willensfreiheit ist dabei für Jakobs irrelevant; die Zurechnung von Schuld geschieht »unabhängig von Annahmen darüber, ob der Täter bei seiner Tat mit einem freien Willen begabt ist«.[217] Das Maß an Verantwortung, das einem Täter zugeschrieben wird, orientiert sich lediglich an einer allgemeinen »sozialpsychologischen Plausibilität«; es darf den Täter insbesondere nach allgemeinem Dafürhalten nicht überfordern.

Nur kurz möchte ich daran erinnern, dass auch diese Strategie erst dann notwendig wird, wenn man – wie dies bei Jakobs offenbar auch der Fall ist[218] – zunächst einmal die Unvereinbarkeit von Freiheit und Determination unterstellt. Doch ganz abgesehen von der Problematik dieser Voraussetzung gibt es eine

Reihe von unabhängigen Argumenten, die gegen diese Strategie sprechen. Zum einen weicht sie von den oben genannten Grundsätzen ab, indem sie die Bindung von Schuld an Freiheit aufhebt und letztlich auch den Schuldbegriff entwertet: Das Schuldprinzip wird hier nur noch *pro forma* beachtet; es ist kein mögliches Korrektiv der Strafe mehr, sondern ein bloßes Anhängsel, das sich eingestandenermaßen aus dem Strafzweck herleitet.[219]

Hieraus ergibt sich zweitens ein Konflikt mit unseren Intuitionen in Bezug auf eine gerechte Strafe, schließlich richtet sich die Bemessung der Schuld in dieser Konzeption nicht mehr nach der Verantwortung des Täters, sondern nach dem Strafzweck, d. h. nach den Ordnungserfordernissen der Gesellschaft.

Die damit unvermeidlichen Zweifel an der Gerechtigkeit der Strafe sind drittens für diesen Ansatz auch deshalb fatal, weil so die Aussichten sinken, den erklärten Strafzweck zu erreichen: Wie Lampe[220] gezeigt hat, ist es nicht zu erwarten, dass eine als ungerecht empfundene Strafe die Bereitschaft zur Anerkennung der Rechtsnormen stützt. Nicht weniger berechtigt erscheint mir schließlich viertens die Kritik von Roxin, der den Täter hier zu einem »Werkzeug gesellschaftlicher Stabilisierungsinteressen«[221] degradiert und so in seiner Menschenwürde verletzt sieht.

Roxin selbst vertritt eine »präventive Vereinigungstheorie«, derzufolge Strafe nur auf den Schutz der individuellen Freiheit und einer ihr dienenden Gesellschaftsordnung abzielt.[222] Die Strafe soll dabei nicht nur den Täter selbst von weiteren Straftaten abhalten und damit der Spezialprävention dienen, vielmehr werden hier auch generalpräventive Zwecke verfolgt: Die Allgemeinheit soll durch die Androhung und den Vollzug von Strafe von Rechtsverletzungen abgehalten werden. Roxin hält am Schuldprinzip fest, doch es dient in seiner Theorie nicht der *Begründung*, sondern allein der *Begrenzung* von Strafe.[223] Da das Prinzip somit dem *Schutz* des Einzelnen diene, sei eine Begründung der Schuld durch einen Rückgriff auf die Willensfreiheit gar nicht erforderlich. Roxin wendet sich damit ganz ausdrücklich gegen den in der oben zitierten höchstrichterlichen Rechtsprechung hergestellten Zusammenhang von Schuld und Freiheit; diese Auffassung sei »trotz ihrer alltagstheoretischen Plausibilität nicht haltbar«.[224]

Roxin bringt wie gesagt sehr plausible Argumente gegen den Umgang mit der Freiheitsunterstellung in der herrschenden Lehre, aber auch gegen die Theorie von Jakobs vor. Bei näherem Hinsehen wird jedoch erkennbar, dass sein eigener Ansatz zu ganz ähnlichen Problemen führt. Man mag zugestehen, dass Roxins Theorie sich von den Schwierigkeiten der Willensdebatte zu lösen vermag, indem sie das Schuldprinzip von der Rechtfertigung der Strafe »entlastet«. Doch gerade damit wird die für unsere Intuitionen von Gerechtigkeit fundamentale Begründung der Strafe durch die individuelle Schuld, wie sie auch von der zitierten Rechtssprechung eingefordert wird, aufgehoben. Zumindest dort, wo Roxin eine Bestrafung allein unter dem Gesichtspunkt eines allgemeinen Sicherheitsinteresses zulässt, droht bei ihm eben die Instrumentalisierung des Einzelnen, wie er selbst sie Jakobs vorgeworfen hatte. Die Bindung des Strafmaßes an die individuelle Schuld vermag hieran nichts zu ändern, weil diese Bindung ja ausdrücklich nicht der *Rechtfertigung* der Strafe dienen soll. Eine solche Rechtfertigung würde die Begründung der Schuld aus einer freien und selbstbestimmten Handlung des Täters erfordern, doch dies liefe Roxins Bemühen um die Unabhängigkeit von der Freiheitsproblematik zuwider.

Ausblick

Es muss nicht eigens erwähnt werden, dass die obigen kurzen Skizzen und die dazugehörigen noch kürzeren kritischen Bemerkungen eine eingehende Auseinandersetzung mit den genannten Theorien der Strafrechtswissenschaft nicht ersetzen können. Ich glaube jedoch, dass der zentrale Einwand selbst dann zutrifft, wenn man sich die bislang vorgebrachte Kritik nicht zu eigen macht. Grundlage aller zuletzt diskutierten Ansätze war nämlich die Annahme, dass »wirkliche« Freiheit mit dem Determinismus unvereinbar sei – nur deshalb war es ja notwendig, nach anderen Strategien zur Rechtfertigung von Schuld und Strafe zu suchen. Doch diese Voraussetzung ist, wie oben ausführlich gezeigt, einfach unzutreffend: Ob wir frei handeln können oder nicht, hängt nicht davon ab, ob unsere Welt determiniert ist. Insofern gibt es gar keinen Grund, auf die zuletzt skizzierten Strategien zurückzugreifen, wenn man nachweisen will, dass es in unserer Welt so etwas wie Freiheit, Verantwortung und damit auch Schuld und Verdienst gibt.

Anders als die skizzierten Ansätze zeigt die hier vertretene Konzeption der personalen Freiheit nicht nur, *dass* es Freiheit in unserer Welt geben kann, vielmehr erlaubt sie auch eine genauere Bestimmung der *Bedingungen*, die freies und verantwortliches Handeln ermöglichen und gegebenenfalls begrenzen. Damit kann dieser Ansatz verständlich machen, warum der Schuldbegriff als Korrektiv bei der Zumessung von Strafe dient. Maßgeblich hierfür sind die beiden grundlegenden Prinzipien: Während das Urheberprinzip in erster Linie die Zuschreibbarkeit einer Handlung sichert, bezeichnet das Autonomieprinzip vor allem die Grenzen der Zuschreibbarkeit. Diese Kriterien liefern nicht nur eine allgemeine Rechtfertigung für die Zuschreibung von Schuld und Verantwortlichkeit in einer determinierten Welt, sondern stellen auch grundlegende Maßstäbe für die Beurteilung individueller Handlungen dar: Entspricht eine Handlung beiden Prinzipien, dann ist sie selbstbestimmt. Der Urheber kann damit für Verstöße gegen rechtliche oder moralische Normen auch verantwortlich gemacht werden.

Damit wird noch einmal klar, woher die tief verwurzelte Intuition kommt, dass zwischen Strafe, Schuld und Freiheit ein substantieller Zusammenhang besteht. Die Bindung von Schuld und Strafe an freie Handlungen vermag sicherzustellen, dass eine Person nur für solche Normverletzungen zur Rechenschaft gezogen wird, die auch auf sie zurückzuführen sind. Alles andere würde zum einen unserem Gerechtigkeitsempfinden zuwiderlaufen, zum anderen wäre es auch einfach unzweckmäßig. Wenn ein bestimmtes Tun gar nicht von mir abhängt, dann ist nicht zu erwarten, dass das Tun unterbleiben wird, sofern man mir eine Strafe androht.

Wie bereits gezeigt, können die hier vorgelegten Kriterien aber auch zur Beurteilung der Konsequenzen dienen, die naturwissenschaftliche Untersuchungen für unsere Fähigkeit, frei zu handeln, besitzen. Aus juristischer Perspektive dürfte dies vor allem deshalb interessant sein, weil zu erwarten ist, dass Erkenntnisse der Neuro- und Kognitionswissenschaften in zunehmendem Maße an Relevanz für die Zuschreibung von Straftaten gewinnen werden.[225] Schon heute zeichnet sich ab, dass bestimmte psychopathologische Dispositionen wie etwa die Soziopathie die Wahrscheinlichkeit drastisch erhöhen, dass eine Person eine Straftat begehen wird.[226] Ähnliche Zusammenhänge bestehen möglicherweise bei einem bestimmten Neurotransmitter, dem Serotonin: Personen mit einem niedrigen Serotoninspiegel neigen statistisch eher zu gewalttätigem Verhalten.[227] Es dürfte einleuchten, dass solche Zusammenhänge die Frage aufwerfen, inwiefern man betroffene Personen für ihre Taten verantwortlich machen kann, welche Gegenmaßnahmen gerechtfertigt sind etc. Eine angemessene Antwort setzt wieder entsprechende Maßstäbe für die Zuschreibung von Handlungen voraus. Auch hier scheint also keine ängstliche Beunruhigung am Platz, sondern eher kritische Neugier.

Es ist unnötig, eigens zu erwähnen, dass die vorgelegten Maßstäbe weiter konkretisiert werden müssen. Dies gilt insbesondere für die personalen Präferenzen – nicht nur, weil hier aus den bereits genannten Gründen auch empirische Untersuchungen relevant sind, sondern auch deshalb, weil sich der hier vertretene liberale Vorschlag nicht zwingend aus den Minimalbedingungen von Freiheit und Selbstbestimmung ergibt. Dennoch ist nicht zu verkennen, dass die vorgelegte Konzeption an die Stelle der simplen Alternative von Freiheit und Determinismus einen differenzierten Begriff von Freiheit setzt, der eine systematisch nachvollziehbare Unterscheidung zwischen zuschreibbaren und nicht zuschreibbaren Handlungen erlaubt.

Freiheit ist also keine Illusion, doch zweifellos wird es noch eine Weile dauern, bis wir genauer wissen, unter welchen Bedingungen wir frei handeln können; wir werden sicherlich noch einiges darüber erfahren, welche Faktoren unsere Fähigkeit, frei zu handeln, einschränken, aber auch, wie wir unsere Freiheitsspielräume erweitern können.

All dies dürfte dazu beitragen, dass sich unser Selbstverständnis entwickeln und verändern wird. Auch wenn wir einigermaßen sicher sein können, dass bestimmte spektakuläre Konsequenzen der neurowissenschaftlichen Forschung nicht eintreten werden, so bleibt immer noch eine Vielzahl von – möglicherweise einschneidenden – Konsequenzen übrig.

Zunächst einmal ist allerdings zu erwarten, dass wir aus dieser Forschung mehr über uns erfahren, dass wir besser verstehen, warum Menschen sich in bestimmten Situationen so und nicht anders verhalten, und vermutlich werden wir auch Einsichten darüber gewinnen, wie man auf problematische Verhaltensweisen einwirken kann oder wie wir die Entwicklungspotentiale des menschlichen Geistes besser ausnützen können.

Selbstverständlich werden wir damit auch mehr über die Determinanten unseres Verhaltens erfahren und damit über Faktoren, die unsere Freiheit einschränken. Doch diese Aussichten können einen nur dann beunruhigen, wenn man den auf Unwissenheit basierenden Schein von Freiheit der Erkenntnis unserer wirklichen Freiheitsspielräume vorzieht. Dabei sollte man auch berücksichtigen, dass die bessere Kenntnis solcher Spielräume uns die Möglichkeit gibt, diese wirklich auszunutzen.

Zweifellos wird es aber auch immer wieder Erkenntnisse geben, die mit unserem bisherigen Selbstverständnis nicht ohne weiteres vereinbar sind und daher eine Korrektur dieses Selbstverständnisses verlangen. Für solche Korrekturen, aber auch für die dabei notwendige Klärung der bisherigen Maßstäbe wird es immer wieder auf philosophische Überlegungen ankommen.

Insofern besteht kein Anlass für die Annahme, dass der Fortschritt der Naturwissenschaften irgendwann einmal die Philosophie überflüssig machen wird. Eher sieht es so aus, als würde die künftige Entwicklung neue philosophische Probleme aufwerfen, als dass sie alte löst.

Anmerkungen

1 Siehe den Eintrag »Determinismus« z.B. im Duden Fremdwörterbuch, 3. Auflage, das hier eine »der Willensfreiheit widersprechende Lehre von der Bestimmung des Willens durch innere od. äußere Ursachen« sieht. In neueren Ausgaben wird der Determinismus kurz als die »Lehre von der Unfreiheit des menschlichen Willens« bezeichnet.

2 Prinz 2003, 19.

3 Markowitsch 2004.

4 Singer 2003, 20.

5 Singer in: Singer & Metzinger 2002, 32.

6 Die Operationalisierung dieser Kriterien ist ein eigenes Problem, das aber keine grundlegenden Schwierigkeiten bereiten sollte. Anders sieht es aus, wenn man gleichzeitig auch eine naturwissenschaftliche *Erklärung* für die spezifische Qualität solcher Zustände verlangt. In diesem Falle müssten jegliche Zweifel daran ausgeschlossen werden können, dass die spezifische Qualität z.B. eines Furchtzustandes wirklich aus der Perspektive der dritten Person und damit über das Verhalten einer Person erfassbar ist. Es ist jedoch sehr umstritten, ob dies möglich ist. Siehe hierzu Pauen 1999, Pauen 2001b, Pauen & Stephan 2002.

7 Beckermann 2004.

8 Bieri 2001; vgl. auch Pauen 2001a sowie Dworkin 1988.

9 Höffe 2004.

10 P. Strawson 1982.

11 Siehe hierzu unten S. 234 ff. den Abschnitt *Freiheit als notwendige Unterstellung.*

12 So schon bei Aristoteles, Nikomachische Ethik 1111b (Buch III, Kap. 4); siehe hierzu auch Brandt & Kim 1985.

13 Der Willensakt schließt also nicht die Handlung als eine bestimmte körperliche Bewegung ein, wohl aber die begleitenden psychischen Prozesse. Zu den empirischen Details siehe unten S. 191 ff. den Abschnitt über das Rubikon-Modell der Handlungsphasen.

14 Siehe hierzu Stoecker 2002.

15 Siehe unten S. 106 f. Dort wird auch gefragt, ob freies Handeln nicht auch in

der Abwesenheit von alternativen Möglichkeiten denkbar ist. Es wird sich jedoch herausstellen, dass die Argumente, die u.a. von Frankfurt für diese Behauptung vorgebracht werden, unzureichend sind. Ich werde also am Prinzip der alternativen Möglichkeiten festhalten.

16 Laplace 1932, 1 f.

17 Das beste Beispiel bietet die Stoa; ganz ähnliche Formulierungen wie bei Laplace findet man bereits bei Leibniz: »Hieraus sieht man nun, ... daß wenn einer eine gnugsame Insicht in die innern Theile der Dinge haben könnte und dabei Gedächtniß und Verstand gnug hätte, umb alle Umbstände vorzunehmen und in Rechnung zu bringen, würde er ein Prophet seyn, und in dem Gegenwärtigen das Zukünftige sehen, gleichsam als in einem Spiegel. ... So kann man sagen, daß die ganze künftige Welt in der gegenwärtigen stecke und vollkommentlich vorgebildet sey, weil kein Zufall von außen weiter dazu kommen kann.« Leibniz 1904, II 130; vgl. 557.

18 Laplace selbst hat die Verbindung zur Debatte um die Willensfreiheit übrigens erkannt; siehe Laplace 1932, 1.

19 Laplace versucht diese Differenz dadurch einzuebnen, dass er seiner »Intelligenz« gottähnliche Fähigkeiten zuschreibt.

20 Vgl. Butterfield 1998.

21 Vgl. Schiller, Sämtliche Werke, Bd. 5, 471.

22 Chisholm 1982.

23 Van Inwagen 1983.

24 Kane 1989.

25 Popper & Eccles 1989; Popper 1973.

26 Pothast 1987.

27 Seebaß 1993, 9. Zur Kritik dieser Position vgl. Leder 1995 sowie Pauen 2001a.

28 Zur Geschichte der Diskussion um die Willensfreiheit vgl. Steinvorth 1994 sowie Seebaß 2003.

29 Moore 1912.

30 Frankfurt 1993.

31 Beckermann 2004.

32 Bieri 2001.

33 Hobbes 1981, 113; vgl. Leibniz 1965, Bd. 1, 267; Schopenhauer 1988, 416.

34 Ich werde im Folgenden dort, wo es um den Gegensatz zur Handlungsfreiheit geht, von »Entscheidungsfreiheit« sprechen; »Willensfreiheit« werde ich nach Möglichkeit nur im allgemeinen Sinne verwenden. Natürlich ist eine Konzeption der Entscheidungsfreiheit immer auch eine anspruchsvolle Konzeption der Willensfreiheit.

35 Chisholm 1982.

36 Vergleiche dagegen die Darstellung der Position von Peter F. Strawson unten S. 234 ff.

37 Siehe G. Strawson 1989, 10.

38 G. Strawson 1989, 10 f.
39 Nagel 1986.
40 Van Inwagen 2002.
41 Guckes 2003.
42 Beckermann 2004, 20. Beckermann wendet sich damit allerdings nicht nur gegen das Prinzip der ultimativen Verantwortung, sondern generell gegen die Gegenüberstellung von Ich und Naturkausalität.
43 Insofern glaube ich, anders als Beckermann, dass man sich gegen eine solche Position nicht auf den durch »überwältigende empirische Evidenz« gestützten materialistischen Monismus berufen muss – auch wenn ich letztere Auffassung durchaus teile.
44 Vgl. Descartes, Meditationen IV, 13.
45 Ich folge hier der Darstellung in Kane 1989.
46 Ich verwende hier wie an einigen anderen Stellen die Metapher der Kausalkette aus Gründen der Vereinfachung. Dabei unterstelle ich, wenn nicht anders angegeben, dass diese Kette einen deterministischen Charakter hat. Dies geschieht in dem Wissen, dass es erstens auch indeterministische Kausalbeziehungen gibt (vgl. Salmon 1984) und dass zweitens Wirkungen in der Regel auf eine Vielzahl von Ursachen zurückzuführen sind, die jeweils einen Beitrag leisten (vgl. Hart & Honoré 1959; Putnam 1992). Der Gebrauch dieser Metapher scheint mir jedoch gerechtfertigt, weil er zu einer Vereinfachung führt, die keine systematischen Verzerrungen impliziert. Ich werde zudem mögliche Konsequenzen indeterministischer Kausalbeziehungen für die Debatte um die Willensfreiheit eigens thematisieren.
47 Vgl. Descartes, Meditationen IV, 13.
48 Frankfurt 1993.
49 Betzler & Guckes 2000.
50 Siehe hierzu Quante 2000; Beckermann 2004.
51 Quante 2000, 124.
52 Soweit ich sehen kann, befasst sich Quante 2000, 123 ff., der das Regressproblem bei Frankfurt gelöst sieht, nur mit diesem ersten Aspekt.
53 Ich bestreite damit nicht die Existenz eines solchen Unterschieds, für den ich unten selbst argumentieren werde; ich bestreite nur, dass Frankfurt einen solchen Unterschied verständlich machen kann.
54 Siehe unten S. 115 ff. den Abschnitt *Frankfurts Gedankenexperiment.*
55 Dabei setzt die Feststellung von Zwang keine weitergehenden Annahmen über die Freiheit des Willens voraus, sondern nur einen faktisch vorhandenen Willen, egal ob dieser nun frei ist oder nicht. Von anderen willensbestimmenden Hindernissen unterscheiden sich Zwänge durch die Unzumutbarkeit bzw. Unüberwindbarkeit der negativen Konsequenzen. Wie Dennett (1984, 134) zu Recht bemerkt hat, hängt unser Urteil über die Unüberwindbarkeit bzw. Unzumutbarkeit der negativen Konsequenzen allerdings auch von der Bedeutung desjenigen Gutes ab, das durch die Zwangshandlung aufs Spiel gesetzt wird: Der Zwang, der von der Bedrohung

durch eine Pistole ausgeht, mag als unausweichlich betrachtet werden, wenn es darum geht, den Inhalt einer Getränkekasse herauszugeben; doch wenn damit eine Handlung bewirkt werden soll, die eine ganze Stadt auslöschen würde, würden wir vermutlich zögern, die Handlung als unausweichlich zu bezeichnen.

56 Der Autonomiebegriff wird hier also in einem sehr schwachen Sinne verwendet; er schließt nur aus, dass die Handlung von außen bestimmt ist und wird also nicht im wörtlichen Sinne als »Selbstgesetzgebung« verstanden.

57 Es kommt hier also nicht so sehr auf das Vorliegen faktischer Erklärungen an als vielmehr darauf, dass solche Erklärungen prinzipiell *möglich* sind.

58 Natürlich sind auch hier Einwände denkbar. So könnte diese Überzeugung das Produkt von Indoktrination sein; außerdem könnten besonders anspruchsvolle Konzeptionen von Freiheit wie die bereits diskutierte Theorie der Akteurskausalität die Frage stellen, ob Autonomie nicht auch gegenüber den eigenen Überzeugungen erforderlich ist. Ich habe diese Forderung oben bereits zurückgewiesen und werde sie im Folgenden noch einmal diskutieren.

59 Eine ähnliche Position ist von Dworkin (1988) vertreten worden. Dworkins Interesse konzentriert sich jedoch auf Probleme der praktischen Philosophie; er hat daher keine ausgearbeitete Theorie der Willensfreiheit vorgelegt. Abgesehen davon folgt er – anders als die vorliegende Untersuchung – Frankfurts Theorie der Wünsche zweiter Ordnung.

60 Die Unabhängigkeit von den Problemen der Auslegung ergibt sich einfach daraus, dass eben die Auslegungsprobleme, die beim Verständnis von Urheberschaft und Autonomie auftreten, auch das Verständnis von Selbstbestimmung betreffen. Anders ausgedrückt: Wenn man eine bestimmte Variante der Forderung nach Autonomie akzeptiert, dann impliziert dies auch ein bestimmtes Verständnis der Forderung nach Selbstbestimmung.

61 Für die Autonomie gilt das nicht, weil der hier verwendete schwache Autonomiebegriff nur externe Bestimmung ausschließt. Insofern könnte auch eine zufällige und insofern nicht selbstbestimmte Handlung autonom sein.

62 Zur Kritik an einer solchen Vorstellung des »Selbst« vgl. Beckermann 2004, 21.

63 Diese Form der Rationalität ist nicht an *personale* Präferenzen gebunden; auch ein Rauschgiftsüchtiger kann bei der Beschaffung seiner Drogen in diesem schwachen Sinne rational handeln, obwohl er sicherlich nicht frei in seinem Handeln ist.

64 Da es sich hier nur um eine *notwendige* Bedingung handelt, wird seine Tat damit natürlich noch nicht zu einer selbstbestimmten Handlung.

65 Aristoteles, Nikomachische Ethik, 1150a (Buch VII, Kap. 8); vgl. Mele 2001.

66 Eine solche Auffassung ist jedoch von Susan Wolf (1980) vertreten worden. In ihren Augen ist man verantwortlich, wenn man determiniert ist, die richtige Sache aus den richtigen Gründen zu tun, man ist jedoch nicht verantwortlich, wenn man determiniert ist, nicht die richtige Sache aus den richtigen Gründen zu tun. Vgl. Haji 2002.

67 Damit wird nicht unterstellt, dass die guten Gründe unterschiedlicher Personen *grundsätzlich* miteinander übereinstimmen müssen. Natürlich kann ein Opernliebhaber gute Gründe für den Besuch einer Oper haben, während eine Person, die Musicals liebt, im gleichen Moment gute Gründe haben mag, ein Musical zu besuchen. Die Differenz kommt hier jedoch durch Präferenzen zustande, die einem rationalistischen Ansatz zufolge nicht als personale Präferenzen zählen würden. Diese können daher in den obigen Überlegungen keine Rolle spielen.

68 Siehe oben S. 42 ff.

69 Keineswegs begeht man damit den grundsätzlichen Fehler, Normen aus Fakten abzuleiten. Die empirischen Erkenntnisse sind hier nur nötig, um festzustellen, auf welche Fakten das Kriterium für personale Präferenzen zutrifft.

70 Kuhl 1996, 681.

71 Unter Berufung auf Kant hat Frankfurt diesen Punkt besonders in *Autonomie, Nötigung und Liebe* betont. Dort heißt es: »Eine Person handelt autonom nur dann, wenn sich ihre Willensakte von den grundlegenden Eigenschaften ihres Willens herleiten. Für Kant besteht diese Verbindung zwischen den Willensakten einer Person und ihrem Willen nur dann, wenn die Person den rigiden Diktaten des moralischen Gesetzes Folge leistet. Tatsächlich jedoch besteht die gleiche Relation, wenn die Person aus Liebe heraus handelt. Natürlich ist Liebe in paradigmatischer Weise persönlich. Dennoch sind die unbedingten Forderungen der Liebe nicht, wie Kant meint, zufällige Elemente des Willens einer Person. Sie gehören ihm wesentlich zu, denn was eine Person liebt, ist ein bestimmendes Element der Natur ihres Willens. Wenn sie also aus Liebe handelt, leiten sich ihre Willensakte in der Tat von den grundlegenden Eigenschaften ihres Willens her. Folglich erfüllt die persönliche Nötigung der Liebe die Bedingungen der Autonomie, von denen Kant glaubt, daß ihnen nur die unpersönlichen Beschränkungen des moralischen Gesetzes genügen können.« (Frankfurt 2001, 171) Die folgende Darstellung ist keine Wiedergabe der Position Frankfurts. Abweichungen bestehen vor allem bezüglich der Möglichkeit von Konflikten, die Frankfurt in diesem Aufsatz ausdrücklich zulässt (Frankfurt 2001, 168). Hieraus ergeben sich in meinen Augen jedoch systematische Probleme.

72 Frankfurt 2001, 168.

73 Ryle 1969.

74 Die englische Originalausgabe erschien 1949.

75 Vgl. hierzu Mertens 1996.

76 Vgl. Dubois-Reymond 1974; Levine 1983; Pauen 1999.

77 Es wird also nicht behauptet, dass Willensakte jederzeit bewusst sein müssen.

78 Vgl. hierzu auch Bieri 2001, 381 ff.

79 Lediglich für die Bestimmung personaler Präferenzen waren gewisse Zusatzannahmen erforderlich.

80 Moore 1912, 122–137; zu den historischen Hintergründen allgemein vgl. Seebaß 2003.
81 Leibniz 1965, Bd. 1, 271.
82 Vgl. Seebaß 1994, 210.
83 Siehe hierzu unten S. 176 f.
84 Augustinus, Vom Gottesstaat, 241 (V, 10).
85 Lehrer 1964.
86 Vgl. Seebaß 1994, 214. Das Regressproblem bestreitet Rheinwald 1990; dagegen wendet sich mit überzeugenden Gründen Greve 1994.
87 Siehe hierzu Guckes 2003, 63.
88 Es muss nicht eigens betont werden, dass es eine Wiederholung identischer Bedingungen in unserer Welt faktisch nicht geben kann. Doch genauso wie wir uns oft fragen, was passiert wäre, wenn ein bestimmtes anderes Ereignis nicht eingetreten wäre, kann man hier fragen, was möglich wäre, wenn der Handelnde noch einmal in dieselbe Situation käme.
89 Dennett 1984, 133.
90 Siehe Frankfurt 1969; eine Diskussion u.a. bei Dennett 1984, Fischer 1994, 131–147.
91 Ich bringe das Gedankenexperiment hier in einer leicht modifizierten Form; der systematische Gehalt bleibt dabei selbstverständlich unangetastet.
92 Natürlich kann es sich angesichts unzureichender Informationen als unmöglich erweisen, sämtliche möglichen Hindernisse auszuschließen, doch dann müsste man unter den genannten Bedingungen einfach zugeben, dass es unklar sei, ob das Ereignis eintreten kann. Viel plausibler erscheint hier wiederum der bestehende Sprachgebrauch, demzufolge wir in einem solchen Fall sagen würden, dass es unklar sei, ob das Ereignis eintreten *wird*.
93 Zu einem Einwand gegen diese Auffassung siehe Bach 2002.
94 Im Prinzip stehen der Vertreterin der strengen Interpretation unterschiedliche Varianten für die Unterbrechung der Kausalkette offen. Im gegenwärtigen Zusammenhang ist es nur wichtig, dass die Unterbrechung so gewählt wird, dass eine andere Entscheidung zustande kommen kann; es kann offen bleiben, ob die Unterbrechung unmittelbar *vor* der Entscheidung oder aber *innerhalb* des Entscheidungsprozesses liegt. Ich werde unten S. 162 ff. im Abschnitt *Freiheit und Determination* die unterschiedlichen Varianten, die bei einer Unterbrechung der Kausalkette möglich sind, noch etwas systematischer durchgehen.
95 Insofern kommt es hier zu einer gewissen Abweichung von der alltagssprachlichen Redeweise, die in diesem Punkt nicht ganz konsistent ist. Wir sagen manchmal »Sie konnte es einfach nicht über sich bringen« und beziehen uns damit auch auf interne Faktoren, die die Handlung verhindern. An dieser Stelle muss der Sprachgebrauch in der Diskussion um die Willensfreiheit um der Konsistenz willen von der alltagssprachlichen Redeweise abweichen.
96 Vgl. hierzu Bieri 2001, 231.

97 Prinzipiell vergleichbar ist die Lösung Bieris, für den alternative Möglichkeiten darin bestehen, dass man anders hätte wollen können, *wenn man anders geurteilt hätte* (Bieri 2001, 81). Ich sehe jedoch nicht, warum man gegen die Freiheit des faktischen Urteils einer Person, die z.B. stark indoktriniert ist, nicht ähnliche Einwände erheben kann wie gegen die Freiheit ihres faktischen Willens.

98 Siehe den Abschnitt *Die Konditionalanalyse* oben S. 116 ff.

99 Austin 1978.

100 Siehe hierzu auch Seebaß 1994, 215.

101 Van Inwagen 1983, 16, 56.

102 In diesem Sinne auch Guckes 2003, 45.

103 Der entscheidende Ausdruck in Van Inwagens ursprünglichem Argument lautete »being up to him«, was ich oben bereits mit »es hängt von ihm ab« übersetzt habe; später (Van Inwagen 2002) spricht der Autor auch von »Wahl«. Abgesehen von den bereits genannten Argumenten scheint mir die Übersetzung durch »Kontrolle« bzw. durch den synonym verwendeten Begriff der »Steuerung« aber auch deshalb gerechtfertigt, weil die ursprüngliche Formulierung (being up to) wie die direkte Übersetzung sehr metaphorisch ist; bei der Rede von einer Wahl droht sogar ein Zirkel, schließlich kommen hier unsere Überzeugungen in Bezug auf Freiheit ins Spiel, die doch eigentlich durch ein unabhängiges Argument überprüft werden sollten. Zweifellos ergibt sich aus der hier verwendeten Übersetzung die Gefahr von Einwänden, die die ursprüngliche Formulierung nicht treffen würden. Ich werde daher unten eigens der Frage nachgehen, ob sich an den vorzubringenden Einwänden gegen das Argument etwas ändert, wenn man statt von Kontrolle von Wahl bzw. Abhängigkeit spricht.

104 Fischer 1994.

105 Der hier skizzierte Begriff von Kontrolle stimmt daher prinzipiell mit dem von Frankfurt 1988 gemachten Vorschlag überein. So geht auch Frankfurt davon aus, dass Steuerung ein Ziel sowie einen Kausalmechanismus erfordert, der Abweichungen vom Ziel zu kompensieren vermag; lediglich das – in meinen Augen unverzichtbare – Kriterium der Überwachung spielt in seinem Ansatz keine entscheidende Rolle.

106 Dieser Schritt ist hier auch deshalb von Bedeutung, weil man bei der bisherigen Argumentation erwidern könnte, dass sie nur gilt, solange man das zentrale Verb in Van Inwagens Argument mit »kontrollieren« und nicht z.B. mit »wählen« übersetzt. Da die folgende Argumentation nicht mehr an den alltagssprachlichen Begriff von Kontrolle gebunden ist, sondern nur noch fragt, ob es *überhaupt* einen kohärenten Begriff gibt, der das Transferprinzip wahr machen würde, entfällt diese Erwiderung. Ich werde zusätzlich am Ende dieses Abschnittes noch einmal zeigen, dass sich der Befund auch bei der Verwendung anderer Begriffe nicht ändern würde. Siehe hierzu unten Fußnote 109.

107 Es ist wichtig, sich zu verdeutlichen, dass man damit nicht etwa eine neue Erkenntnis gewonnen hat, derzufolge Menschen keine Naturgesetze kontrollieren können – das wusste man auch schon vorher. Gezeigt worden ist vielmehr, dass das Kriterium »Kontrolle über Naturgesetze« aus theoretischen Gründen unbrauchbar ist.

108 Ich möchte noch einmal betonen, dass hier generell deterministische Kausalketten gemeint sind. Ich werde dies im Zweifelsfall zusätzlich durch den Verweis auf den »strikten« Charakter dieser Kausalketten betonen. Ich bestreite damit nicht die Möglichkeit indeterministischer Kausalbeziehungen; deren Einbeziehung würde jedoch zu unnötigen Komplikationen führen.

109 Kant 1902, Bd. 3, 363 (= Kritik der reinen Vernunft B 561). Kant geht jedoch davon aus, dass hier ein anderes Gesetz gilt, nämlich das Sittengesetz.

110 Dies ist also die Verallgemeinerung, die die hier vorgelegte Argumentation unabhängig macht von Problemen der Übersetzung des Verbs in den unterschiedlichen Formulierungen des Konsequenz-Argumentes.

111 Vgl. Salmon 1984.

112 Damit ist gemeint, dass sich der gesamte Veränderungsprozess bewusst vollzieht. Würde sich der Akteur der Veränderung erst im Nachhinein bewusst, dann könnte man sehr weit reichende Manipulationen wie in dem obigen Gedankenexperiment möglicherweise nicht mehr erfassen, weil das Bewusstsein erst einsetzt, nachdem schon die Grundlagen eines möglichen Urteils verändert worden sind.

113 Siehe oben S. 75 f.

114 Wie oben bereits erwähnt, stellt die Vorstellung von einer Kausal-»Kette« eine grandiose Vereinfachung dar. Selbst wenn es einen naturgesetzlichen Determinationszusammenhang geben würde, wären die Ereignisse, die Bestandteile dieses Zusammenhanges sind, natürlich nicht wie die Perlen auf einer Kette aufgereiht. Vielmehr geht in die Kausalgeschichte eines determinierten Ereignisses eine unübersehbare Zahl anderer Ereignisse ein, die jeweils ihren Beitrag zur Gesamtwirkung leisten. Insofern wäre die Metapher eines kausalen Netzes sicherlich angemessener als die einer Kette. Da durch den Gebrauch der zuletzt genannten Metapher jedoch keine systematischen Verzerrungen oder Fehleinschätzungen zu befürchten sind, halte ich es aus Gründen der Vereinfachung für gerechtfertigt, an ihr festzuhalten.

115 Es ist jedoch nicht ausgeschlossen, dass die Handlung *nach* diesem Moment prognostiziert werden kann.

116 Im Extremfall, also dann, wenn die Unterbrechung gleich zu Beginn des Entscheidungsprozesses erfolgt, fallen die Einwände gegen diese Option mit denen gegen die dritte Option zusammen.

117 So fragt schon Epikur: »Entweder will Gott die Übel beseitigen und kann es nicht, oder er kann es und will es nicht, oder er kann es nicht und will es

nicht, oder er kann es und will es. Wenn er nun will und nicht kann, so ist er schwach, was auf Gott nicht zutrifft. Wenn er kann und nicht will, dann ist er mißgünstig, was ebenfalls Gott fremd ist. Wenn er nicht will und nicht kann, dann ist er sowohl mißgünstig wie auch schwach und dann auch nicht Gott. Wenn er aber will und kann, was allein sich für Gott ziemt, woher kommen dann die Übel und warum nimmt er sie nicht weg?« Epikur, Von der Überwindung der Furcht, 136.

118 Vanini, Amphitheatrum aeternae providentiae, exercitatio 16 (1615), z.n. Schopenhauer 1988, 426.

119 Clemens Alexandrinus, Stromateis, Buch I, Kap. VII.

120 Tertullian, Ausgewählte Schriften, Bd. 1, 328 (Über die Aufforderung zur Keuschheit, Kap. 2); vgl. Roberts 1924, 162.

121 Augustinus, Der freie Wille, 3.

122 Augustinus, Bekenntnisse, 166 (VII 3, 5); vgl. Augustinus, Der freie Wille, 44 f.

123 Ausgehend von spekulativen Annahmen über die Bestimmung der Welt durch ein deterministisches Schicksal, war diese Möglichkeit bereits in der Stoa diskutiert worden; siehe Barth 1946, 86 ff.

124 Hume 1999, 162.

125 Kant 1902, Bd. 5, 101 (=Kritik der praktischen Vernunft, B 181).

126 Siehe oben S. 48 f.

127 Vgl. zum Folgenden Hermanni 2002, 292 ff.

128 Details hierzu bei Hermanni 2002, 293 ff., der überzeugend argumentiert, dass die Free-Will-Defense letztlich nicht haltbar ist.

129 Schlick 1978.

130 Vgl. Pauen 2004.

131 »Die Idee der freien, autonomen Entscheidung läßt sich auf der personalen Ebene umso leichter aufrechterhalten, je selektiver die bestimmenden Determinanten der subpersonalen Prozesse zur Repräsentation gelangen. Autonomie und Freiheit sind Konzepte, die sich bei einem Vakuum von wahrnehmbarer Determination geradezu anbieten.« Prinz 1996, 97.

132 Kuhl 1996, 745.

133 Vgl. Kuhl 1996, 747.

134 Ich folge mit leichten Modifikationen der Einteilung von Goschke 2003, 53 ff.; vgl. auch Ros 2004.

135 Kuhl 1996, 678.

136 Siehe oben S. 27 f.

137 Siehe Gollwitzer 1996; Heckhausen 1987; vgl. Abb. 1.

138 Diese Selbstbewertung von Aufwand und Erfolg ist nicht zu verwechseln mit einer moralischen Bewertung der Handlung, die selbstverständlich in der Philosophie stets eine zentrale Rolle gespielt hat.

139 Goschke 2003.

140 Markowitsch 1998.

141 Goschke 2003, 65.

142 Goschke 2003, 65.
143 Goschke 2003, 69.
144 Goschke 2003, 51.
145 Singer in: Singer & Metzinger 2002.
146 Dennett 1991, 167 ff.; Dennett 2003, 240 f.
147 Haggard & Eimer 1999.
148 Libet et al. 1983; Libet 1985.
149 Vgl. hierzu Roth 2003, 486 ff.
150 Eine gute, etwas ausführlichere Darstellung dieses Experimentes sowie der relevanten Kritik findet sich bei Walter 1998.
151 Prinz 1996, 99.
152 Siehe dazu oben S. 97.
153 Keller & Heckhausen 1990.
154 »Die generelle Intention zu einer Bewegung war also schon am Beginn des Experiments ausgebildet worden. Der wahrgenommene Drang, sich zu bewegen, kann als interner Stimulus verstanden werden, der eine vordefinierte Bewegung auslöste.« Keller & Heckhausen 1990, 352.
155 Im Grunde könnte sie das auch noch während des Versuchs, aber auch eine solche Weigerung wäre wiederum nicht Gegenstand der Untersuchung.
156 Haggard und Eimer untersuchten zusätzlich zu dem symmetrischen Bereitschaftspotential, das auch Gegenstand der Untersuchungen von Libet sowie der von Herrmann et al. war, das lateralisierte Bereitschaftspotential. Ich werde im folgenden Abschnitt auf die Frage eingehen, ob das lateralisierte Bereitschaftspotential die Handlung determiniert.
157 Herrmann et al. (in Vorbereitung).
158 Das Experiment hatte ausschließlich den Zweck, die bislang nicht abschließend geklärte Frage zu beantworten, ob das symmetrische Bereitschaftspotential, wie es in den Untersuchungen von Libet sowie von Haggard und Eimer gemessen wurde, die anschließende Bewegung determiniert oder nicht. Insofern war hier auf Seiten der Versuchspersonen keine freie Entscheidung erforderlich; es musste nur festgestellt werden, ob nach dem Auftreten des Bereitschaftspotentials noch mehrere Optionen offen standen.
159 Trevena & Miller 2002, 186.
160 Vgl. wiederum Roth 2003, 486 ff.
161 Vgl. Trevena & Miller 2002.
162 Eine solche Abhängigkeit mag unwahrscheinlich sein; auf der Basis der Daten von Haggard und Eimer lässt sie sich jedoch nicht ausschließen, wie die Autoren an einer Stelle ausdrücklich einräumen. Innerhalb des gemessenen Zeitraumes war nämlich kein Zeitpunkt für das Einsetzen des Potentials festzustellen, mögliche Kovariationen konnten also gar nicht erfasst werden (Haggard & Eimer 1999, 131). Ich verdanke den Hinweis Henrik Walter.

163 Haggard & Eimer 1999, 132, Tabelle 2.
164 Trevena & Miller 2002.
165 Trevena & Miller 2002, 187.
166 Sternberg & Knoll 1973.
167 Vgl. hierzu auch Gomes 2002.
168 Wegner 2002, 2 f.
169 Wegner 2002, 69 ff.
170 Wegner 2002, 149.
171 Zu Details siehe Wegner 2002, 195 ff., dort auch weitere Literatur.
172 Wegner & Fuller 2000, z.n. Wegner 2002.
173 Auf die Differenz zwischen der bewussten Selbstwahrnehmung und ihren Gegenständen weist insbesondere Prinz hin, der behauptet, »daß das, was wir bei der Beobachtung eigener psychischer Vorgänge wahrnehmen, in genau der gleichen Weise organisiert, überformt und selektiv fokussiert ist wie bei der Wahrnehmung physischer Vorgänge – mit der Folge, daß wir hier ebenso wie dort zwischen wahrgenommenen und wirklichen Sachverhalten zu unterscheiden haben«. Prinz 1996, 95.
174 Siehe oben S. 54 f. Auf die Komplexität von Handlungserklärungen, die keine offensichtliche Antwort auf die Frage nach den Gründen einer Handlung zulässt, weist auch von Wright hin. Von Wright gesteht zudem zu, dass sich eine Person hinsichtlich ihrer Handlungsgründe täuschen kann. Von Wright 2002, 54–55.
175 H. Damasio et al. 1994.
176 A. Damasio 1997.
177 Roth 2003.
178 Roth 2003, 527.
179 Roth 2003, 527 f.
180 Roth selbst lehnt die hier vertretene Konzeption von Selbstbestimmung ab, da sie letztlich wieder auf einen traditionellen Begriff des Selbst zurückgreifen müsse. Ich habe jedoch oben zu zeigen versucht, dass dies nicht der Fall ist. Weitere Differenzen ergeben sich daraus, dass Roth keine konkreten Einschränkungen für die Einstellungen macht, die zur Basis autonomer Handlungen werden können; insofern scheint mir die Abgrenzung zum traditionellen Begriff der Handlungsfreiheit zumindest unklar zu sein.
181 Roth 2003, 533. Eine ähnliche Vorstellung scheint auch Markowitsch (2004) zu akzeptieren. Offenbar zustimmend zitiert er eine Passage von Young, in der die freie Wahl durch die Fähigkeit definiert wird, Entscheidungen in Übereinstimmung mit den eigenen Bedürfnissen, Zielen und Maßstäben zu fällen.
182 Walter 1998, 346 ff., 361. Walter sieht hierin gleichzeitig eine Lösung des Regressproblems bei Frankfurt. Siehe dazu oben S. 55 f.
183 Siehe dazu oben S. 91.
184 Greene et al. 2001.

185 Prinz 1996, 98.
186 Keller 2002.
187 Weisz, Rothbaum & Blackburn 1984, 965.
188 Weisz, Rothbaum & Blackburn 1984, 958.
189 Weisz, Rothbaum & Blackburn 1984, 956.
190 Shweder 2003, 87 ff.
191 »Im direkten Kontrast zur säkularen Gesellschaft in den Vereinigten Staaten tritt der Diskurs von Autonomie und Individualismus in einer hinduistischen Gesellschaft offenbar in den Hintergrund, während die Diskurse der Gemeinschaft und Religiosität in den Vordergrund treten, erkennbarer werden und institutionalisiert sind.« Shweder 2003, 101.
192 Trommsdorff 1995, 201 ff.
193 Westcott 1982; Westcott 1988.
194 *Leges regiae,* zit. nach Kunkel & Schermaier 2001, 41.
195 Benöhr 1975. Benöhr resümiert mit Bezug auf den Sachsenspiegel und das alte angelsächsische Recht, dass von einer generellen Gleichsetzung von verschuldetem und unverschuldetem Unrecht keine Rede sein könne. Auch Kaufmann kommt in seiner Arbeit über die »Erfolgshaftung« zu dem Schluss, dass »das mittelalterliche Recht die Schuld und nicht den Erfolg bestrafen« will. Kaufmann 1958, 10.
196 Köhler 1997, 370.
197 Jescheck 1978, 17.
198 Entscheidungen des Bundesverfassungsgerichts, Bd. 20, 331.
199 Entscheidungen des Bundesgerichtshofs, Bd. 2, 200 f.
200 Köhler 1997, 348.
201 Wessels & Beulke 2003, 127.
202 Kohlrausch 1910, 26.
203 Wessels & Beulke 2003, 125.
204 Wessels & Beulke 2003, 131.
205 Jescheck 1978, 328.
206 Jescheck 1978, 35 f.; vgl. auch Dreher 1987.
207 Jescheck 1978, 330.
208 Roxin 1994, 708.
209 Roxin 1994, 708.
210 P. Strawson 1982.
211 »Die Freiheitshypothese ist laut Strawson eine faktisch alternativlose Präsupposition unserer Praxis der moralischen Bewertung von Handlungen.« Mohr 2004, 7.
212 Günther 1997.
213 Pothast 1987, 387–399.
214 Vgl. zur Kritik auch Mohr 2004.
215 Jakobs 1991, 484.
216 Jakobs 1991, 485.
217 Jakobs 1991, 484.

218 Vgl. Jakobs 1991, 484.
219 Siehe hierzu auch Wessels & Beulke 2003, 132.
220 Lampe 1999, 10 ff.; vgl. dort auch Fußnote 34.
221 Roxin 1994, 714.
222 Roxin 1994, 52.
223 Roxin 1994, 57 f.
224 Roxin 1994, 707.
225 Abbott 2001.
226 Davison & Neale 1998, 306–21.
227 Rosenzweig et al. 1999, 424 f.

Literatur

Abbott, Alison 2001: Into the Mind of a Killer. In: Nature 410, 296–298.
Aristoteles 1995: Nikomachische Ethik. Nach der Übersetzung von E. Rolfes bearbeitet von Günther Bien. Hamburg.
Aurelius Augustinus 1947: Der freie Wille. Übertragen von Carl Johann Perl. Paderborn.
– 1977: Vom Gottesstaat. Eingeleitet von Carl Andresen, übertragen von Wilhelm Timme. München.
– 1982: Bekenntnisse. Eingeleitet und übertragen von Wilhelm Timme. München.
Austin, John L. 1978: »Falls« und »Können«. In: Ulrich Pothast (Hrsg.): Seminar: Freies Handeln und Determinismus. Frankfurt/M., 169–200.
Bach, Kent 2002: Handlungen sind keine Ereignisse. In: Ralf Stoecker (Hrsg.): Handlungen und Handlungsgründe. Paderborn, 89–97.
Barth, Paul 1946: Die Stoa. 6. Aufl. bearbeitet von Albert Goedeckemeyer. Stuttgart.
Bechara, Antoine, Hanna Damasio, Daniel Tranel, Antonio R. Damasio 1997: Deciding Advantageously Before Knowing the Advantageous Strategy. In: Science 275, 1293–1295.
Beckermann, Ansgar 2004: Schließt biologische Determiniertheit Freiheit aus? Erscheint in: Friedrich Hermanni, Peter Koslowski (Hrsg.): Der freie und der unfreie Wille – Philosophische und Theologische Perspektiven. München, 19–31.
Benöhr, Hans-Peter 1975: Erfolgshaftung nach dem Sachsenspiegel? In: Zeitschrift für Rechtsgeschichte, Germanistische Abteilung 92, 190–193.
Betzler, Monika, Barbara Guckes (Hrsg.) 2000: Autonomes Handeln. Beiträge zur Philosophie von Harry G. Frankfurt. Berlin.
Bieri, Peter (Hrsg.): 1993: Analytische Philosophie des Geistes. Bodenheim.
– 2001: Das Handwerk der Freiheit. Über die Entdeckung des eigenen Willens. München.
Brandt, Richard, Jaegwon Kim 1985: Wünsche als Erklärungen für Handlungen. In: Ansgar Beckermann (Hrsg.): Analytische Handlungstheorie, Bd. 2. Handlungserklärungen. Frankfurt/M., 259–274.

Butterfield, Jeremy 1998: Determinism and Indeterminism. Artikel in: Routledge Encyclopedia of Philosophy.

Chisholm, Roderick M. 1982: Human Freedom and the Self. In: Gary Watson (Hrsg.): Free Will. Oxford New York, 24–35.

Damasio, Antonio R. 1997: Descartes' Irrtum. Fühlen, Denken und das menschliche Gehirn. München.

– 1999, The Feeling of What Happens. Body and Emotion in the Making of Consciousness. New York, San Diego, London.

Damasio, Hanna, T. Grabowski, R. Frank, A.M. Galaburda, Antonio R. Damasio 1994: The Return of Phineas Gage: Clues about the Brain from the Skull of a Famous Patient. Science 264, 1102–1105.

Davison, Gerald C., John M. Neale 1998: Klinische Psychologie. Deutsche Bearbeitung hrsg. von Martin Hautzinger. Weinheim.

Dennett, Daniel C. 1984: Elbow Room. The Varieties of Free Will Worth Wanting. Cambridge MA.

– 1991: Consciousness Explained. Boston New York Toronto (dt.: Philosophie des menschlichen Bewusstseins. Hamburg 1994).

– 2003: Freedom Evolves. New York.

Dennett, Daniel C., Marcel Kinsbourne 1992: Time and the Observer: The Where and When of Consciousness in the Brain. In: The Behavioral and Brain Sciences 15, 183–247.

Descartes, René 1972: Meditationen über die Grundlagen der Philosophie. Hrsg. von Arthur Buchenau. Hamburg.

Dreher, Eduard 1987: Die Willensfreiheit. Ein zentrales Problem mit vielen Seiten. München.

Dubois-Reymond, Emil 1974: Vorträge über Philosophie und Gesellschaft. Eingeleitet und mit erklärenden Anmerkungen hrsg. von Siegfried Wollgast. Hamburg.

Dworkin, Gerald 1988: The Theory and Practice of Autonoma. Cambridge.

Epikur 1949: Von der Überwindung der Furcht. Katechismus, Lehrbriefe, Spruchsammlung, Fragmente. Eingeleitet und übertragen von Olof Gigon. Zürich, München.

Fischer, John Martin 1994: The Metaphysics of Free Will. An Essay on Control. Oxford, Cambridge.

Frankfurt, Harry G. 1969: Alternate Possibilities and Moral Responsibility. In: Journal of Philosophy 46, 828–839.

– 1988: The Problem of Action. In: ders., The Importance of What We Care About. Philosophical Essays. Cambridge, 69–79.

– 1993: Willensfreiheit und der Begriff der Person. In: Peter Bieri (Hrsg.): Analytische Philosophie des Geistes. Bodenheim, 287–302.

– 2001: Autonomie, Nötigung und Liebe. In: ders., Freiheit und Selbstbestimmung. Hrsg. von Monika Betzler und Barbara Guckes. Berlin, 166–183.

Gollwitzer, Peter M. 1996: Das Rubikonmodell der Handlungsphasen. In: Julius Kuhl, Heinz Heckhausen (Hrsg.): Motivation, Volition und Handlung (=Enzyklopädie der Psychologie, Bd. C IV 4), 531–582.

Gomes, Gilberto 2002: The Interpretation of Libet's Results on the Timing of Conscious Events: A Commentary. In: Consciousness and Cognition 11, 221–230.

Goschke, Thomas 2003: Voluntary Action and Cognitive Control from a Cognitive Neuroscience Perspective. In: Sabine Maasen, Wolfgang Prinz, Gerhard Roth (Hrsg.): Voluntary Action. Brains, Minds, and Sociality. Oxford, 49–85.

Greene, Joshua D., R. Brian Sommerville, Leigh E. Nystrom, John M. Darley, Jonathan D. Cohen 2001: An fMRI Investigation of Emotional Engagement in Moral Judgment. In: Science 293, 2105–2108.

Greve, Werner 1994: Freiheit und Determination. Zur Kritik an der Argumentation von Rheinwald. In: Zeitschrift für philosophische Forschung 48, 117–127.

Guckes, Barbara 2003: Ist Freiheit eine Illusion? Eine metaphysische Untersuchung. Paderborn.

Günther, Klaus 1997: Der strafrechtliche Schuldbegriff als Gegenstand einer Politik der Erinnerung in der Demokratie. In: Gary Smith, Avishai Margalit (Hrsg.): Amnestie oder Die Politik der Erinnerung in der Demokratie. Frankfurt/M., 48–89.

Haggard, Patrick, Martin Eimer 1999: On the Relation Between Brain Potentials and the Awareness of Voluntary Movements. In: Experimental Brain Research 126, 128–133.

Haji, Ishtiyaque 2002: Compatibilist Views of Freedom and Responsibility. In: Robert Kane (Hrsg.): The Oxford Handbook of Free Will. Oxford.

Hart, H.L.A., A. M. Honoré 1959: Causation in the Law. Oxford.

Heckhausen, Heinz 1987: Perspektiven einer Psychologie des Wollens. In: Heinz Heckhausen, Peter H. Gollwitzer, Franz E. Weinert: Jenseits des Rubikon. Der Wille in den Humanwissenschaften. Heidelberg, 121–142.

Hermanni, Friedrich 2002: Das Böse und die Theodizee. Eine philosophisch-theologische Grundlegung. Gütersloh.

Herrmann, Christoph S., Michael Pauen, Byoung Kyong Min, Jochem Rieger (in Vorbereitung): Analysis of a Choice-Reaction Task Yields a New Interpretation of Libet's Experiment.

Hobbes, Thomas 1981: Leviathan. Edited with an Introduction by C.B. Macpherson. London.

Höffe, Otfried 2004: Der entlarvte Ruck. Was sagt Kant den Gehirnforschern? Frankfurter Allgemeine Zeitung, 11. 2. 2004, 33.

Hume, David 1999: An Enquiry concerning Human Understanding. Oxford.

Jakobs, Günther 1991: Strafrecht. Allgemeiner Teil. Die Grundlagen der Zurechnungslehre. Berlin.

Jescheck, Hans-Heinrich 1978: Lehrbuch des Strafrechts. Allgemeiner Teil. Berlin.

Kane, Robert 1989: Two Kinds of Incompatibilism. In: Philosophy and Phenomenological Research 50, 219–254.

– 1996: The Significance of Free Will. Oxford.

Kane, Robert (Hrsg.) 2002a: Free Will. Oxford.

– 2002b: The Oxford Handbook of Free Will. Oxford.

Kant, Immanuel 1902: Gesammelte Schriften. Hrsg. von der Königlich Preußischen Akademie der Wissenschaften. Berlin.

Kaufmann, Ekkehard 1958: Die Erfolgshaftung. Untersuchungen über die strafrechtliche Zurechnung im Rechtsdenken des frühen Mittelalters. Frankfurt/M.

Keller, Heidi 2002: Culture and development: Developmental Pathways to Individualism and Interrelatedness. In: W. J. Lonner, D. L. Dinnel, S. A. Hayes, D. N. Sattler (Hrsg.): Online Readings in Psychology and Culture (Unit 11, Chapter 1), (http://www.wwu.edu/~culture). Center for Cross-Cultural Research, Western Washington University, Bellingham, Washington USA.

Keller, I., Heinz Heckhausen 1990: Readiness Potentials Preceding Spontaneous Motor Acts: Voluntary vs. Involuntary Control. In: Electroencephalography and Clinical Neurophysiology 76, 351–361.

Köhler, Michael 1997: Strafrecht. Allgemeiner Teil. Berlin, Heidelberg.

Kohlrausch, Eduard 1910: Sollen und Können als Grundlagen der strafrechtlichen Zurechnung. In: Festgabe für Karl Güterbock, Berlin, 2–34.

Kuhl, Julius 1996: Wille und Freiheitserleben: Formen der Selbststeuerung. In: Julius Kuhl, Heinz Heckhausen (Hrsg.): Motivation, Volition und Handlung (=Enzyklopädie der Psychologie, Bd. C IV 4), 665–765.

Kunkel, Wolfgang, Martin Schermaier 2001: Römische Rechtsgeschichte. 13. Aufl., Köln, Weimar, Wien.

Lampe, Ernst-Joachim 1997: Zur Entwicklung des Rechtsbewußtseins in der altrömischen Gemeinde. In: ders., Zur Entwicklung von Rechtsbewußtsein. Frankfurt/M., 182–213.

– 1999: Strafphilosophie. Studien zur Strafgerechtigkeit. Köln.

Laplace, Pierre Simon de 1932: Philosophischer Versuch über die Wahrscheinlichkeit. Hrsg. von R. von Mises. Leipzig.

Leder, Matthias 1995: Willensfreiheit: Zwei gute Argumente und ein schlechtes. In: Zeitschrift für philosophische Forschung 49, 76–83.

Lehrer, Keith 1964: »Could« and Determinism. In: Analysis 24, 159–160.

Leibniz, Gottfried Wilhelm 1904: Hauptschriften zur Grundlegung der Philosophie. Übersetzt von Arthur Buchenau, hrsg. von Ernst Cassirer, 2 Bde., Leipzig.

– 1965: Neue Abhandlungen über den menschlichen Verstand. Hrsg. u. übersetzt von W. von Engelhardt und Hans Heinz Holz. Frankfurt/M.

Levine, Joseph 1983: Materialism and Qualia: The Explanatory Gap. In: Pacific Philosophical Quarterly 64, 354–361.

Libet, Benjamin 1985: Unconscious Cerebral Initiative and the Role of Conscious Will in Voluntary Action. In: The Behavioral and Brain Sciences 8, 529–539.

Libet, Benjamin, Curtis A. Gleason, Elwood W. Wright, Dennis K. Pearl 1983: Time of Conscious Intention to Act in Relation to Cerebral Potential. In: Brain 106, 623–642.

Markowitsch, Hans J. 1998: Neuropsychologie des menschlichen Gedächtnisses. In: Onur Güntürkün (Hrsg.): Biopsychologie. Heidelberg, 104–113.
– 2004: Warum wir keinen freien Willen haben. Der so genannte freie Wille aus der Sicht der Hirnforschung. Erscheint voraussichtlich in: Psychologische Rundschau 4 (Oktober 2004).
Mele, Alfred R. 2001: Autonomous Agents. From Self-Control to Autonomy. Oxford, New York.
Mertens, Karl 1996: Metapher und Kategorienfehler in Ryles Philosophie des Geistes. In: Allgemeine Zeitschrift für Philosophie 21, 175–200.
Miller, Jeff, Judy Arnel Trevena 2002: Cortical Movement Preparation and Conscious Decisions: Averaging Artifacts and Timing Biases. Consciousness and Cognition 11, 308–313.
Mohr, Georg 2004: Präsuppositionen strafrechtlicher Zurechnung im demokratischen Rechtsstaat: Zwei Freiheitsbegriffe. Erscheint in: Matthias Kaufmann, Joachim Renzikowski (Hrsg.): Zurechnung als Operationalisierung der Verantwortung. Frankfurt/M.
Moore, George Edward 1912: Ethics. London. (dt. Kurzfassung u.d.T.: Freier Wille in: Ulrich Pothast [Hrsg.]: Seminar: Freies Handeln und Determinismus. Frankfurt/M., 142–156).
Nagel, Thomas 1986: The View from Nowhere. New York.
Pauen, Michael 1999: Das Rätsel des Bewußtseins: Eine Erklärungsstrategie. Paderborn.
– 2001a: Freiheit und Verantwortung. Wille, Determinismus und der Begriff der Person. In: Allgemeine Zeitschrift für Philosophie, 23–44.
– 2001b: Grundprobleme der Philosophie des Geistes. Eine Einführung. Frankfurt/M.
– 2003: Does Free Will Arise Freely? Scientific American. Special Edition: Mind. Winter 2003.
– 2004: Freiheit: Eine Minimalkonzeption. Erscheint in: Friedrich Hermanni, Peter Koslowski (Hrsg.): Der freie und der unfreie Wille – Philosophische und Theologische Perspektiven. München.
Pauen, Michael, Stephan, Achim (Hrsg.) 2002: Phänomenales Bewußtsein – Rückkehr der Identitätstheorie? Paderborn.
Popper, Karl R. 1973: Objektive Erkenntnis. Ein evolutionärer Entwurf. Hamburg.
Popper, Karl R., John C. Eccles 1989: Das Ich und sein Gehirn. München.
Pothast, Ulrich 1987: Die Unzulänglichkeit der Freiheitsbeweise. Zu einigen Lehrstücken aus der neueren Geschichte von Philosophie und Recht. Frankfurt /M.
Prinz, Wolfgang 1996: Freiheit oder Wissenschaft. In: Mario von Cranach, Klaus Foppa (Hrsg.): Freiheit des Entscheidens und Handelns. Ein Problem der nomologischen Psychologie. Heidelberg, 86–103.
– 2003: Der Mensch ist nicht frei (Interview). In: Das Magazin 2, 18–20.
Putnam, Hilary 1992: Renewing Philosophy. Cambridge MA, London.

Quante, Michael 2000: The Things We do for Love. Zur Weiterentwicklung von Frankfurts Analyse personaler Autonomie. In: Monika Betzler, Barbara Guckes (Hrsg.): Autonomes Handeln. Beiträge zur Philosophie von Harry G. Frankfurt. Berlin, 117–135.

Rheinwald, Rosemarie 1990: Zur Frage der Vereinbarkeit von Freiheit und Determinismus. In: Zeitschrift für philosophische Forschung 44, 194–219.

Roberts, Robert E. 1924. The Theology of Tertullian. London.

Ros, Arno 2004: Materie und Geist. Eine philosophische Untersuchung. Paderborn.

Rosenzweig, Mark R., Arnold L. Leiman, S. Marc Breedlove 1999: Biological Psychology. An Introduction to Behavioral, Cognitive, and Clinical Neuroscience. Sunderland.

Roth, Gerhard 2003: Fühlen, Denken, Handeln. Wie das Gehirn unser Verhalten steuert. Neue, vollständig überarbeitete Ausgabe. Frankfurt/M.

Roxin, Claus 1994: Strafrecht. Allgemeiner Teil, Bd. 1., Grundlagen. Der Aufbau der Verbrechenslehre. München.

Ryle, Gilbert 1969: Der Begriff des Geistes. Stuttgart.

Salmon, Wesley C. 1984: Scientific Explanation and the Causal Structure of the World. Princeton.

Schiller, Friedrich 1973: Sämtliche Werke. Hrsg. von Gerhard Fricke und Herbert G. Göpfert, 5 Bde. München.

Schlick, Moritz 1978: Freier Wille. In: Ulrich Pothast (Hrsg.): Seminar: Freies Handeln und Determinismus. Frankfurt/M., 142–156.

Schopenhauer, Arthur 1988: Preisschrift über die Freiheit des Willens. In: ders., Werke in fünf Bänden, hrsg. von Ludger Lütkehaus, Bd. 3. Zürich, 327–460.

Seebaß, Gottfried 1993: Freiheit und Determinismus. In: Zeitschrift für philosophische Forschung 47, 1–22; 223–245.

– 1994: Die Konditionale Analyse des praktischen Könnens. In: Grazer philosophische Studien 58, 201–228.

– 1996: Der Wert der Freiheit. In: Deutsche Zeitschrift für Philosophie 44, 759–775.

– 2003: Artikel Wille/Willensfreiheit: Philosophisch. In: Theologische Realenzyklopädie, Bd. 36. Berlin New York, 55–73.

Shweder, Richard A. 2003: Why do Men Barbecue? Recipes for a Cultural Psychology. Cambridge MA.

Singer, Wolf 2003: Ein neues Menschenbild? Gespräche über Hirnforschung. Frankfurt/M.

Singer, Wolf, Thomas Metzinger 2002: Ein Frontalangriff auf unser Selbstverständnis und unsere Menschenwürde. Gehirn und Geist 4, 32–35.

Smilansky, Saul 2001: Free Will and Illusion. Oxford.

Steinvorth, Ulrich 1994: Freiheitstheorien in der Philosophie der Neuzeit. 2. Aufl. Darmstadt.

Sternberg, Saul, Ronald L. Knoll 1973: The Perception of Temporal Order: Fundamental Issues and a General Model. In: Sylvan Kornblum (Hrsg.): Attention and Performance IV, New York, 629–685.

Stoecker, Ralf 2002: Einleitung. In: ders. (Hrsg.): Handlungen und Handlungsgründe. Paderborn, 7–32.

Strawson, Galen 1989: Consciousness, Free Will, and the Unimportance of Determinism. In: Inquiry 32, 3–27.

– 1998: Free Will. Artikel in: Routledge Encyclopedia of Philosophy.

Strawson, Peter F. 1982: Freedom and Resentment. In: Gary Watson (Hrsg.): Free Will. Oxford, New York, 59–80.

Tertullian 1912: Ausgewählte Schriften, Bd. 1. Kempten.

Trevena, Judy Arnel, Jeff Miller 2002: Cortical Movement Preparation before and after a Conscious Decision to Move. Consciousness and Cognition 11, 162–190.

Trommsdorff, Gisela 1995: Parent-Adolescent Relations in Changing Societies: A Cross Cultural Study. In: P. Noack, M. Hofer, J. Youniss (Hrsg.): Psychological Responses to Social Change. Berlin, New York.

– 1996: Erleben von Handlungsfreiheit und Restriktionen. In: Mario von Cranach, Klaus Foppa (Hrsg.): Freiheit des Entscheidens und Handelns. Ein Problem der nomologischen Psychologie. Heidelberg, 302–328.

Van Inwagen, Peter 1983: An Essay on Free Will. Oxford.

– 2002: Free Will Remains a Mystery. In: Robert Kane (Hrsg.): The Oxford Handbook of Free Will. Oxford.

Walter, Henrik 1998: Neurophilosophie der Willensfreiheit. Von libertarischen Illusionen zum Konzept natürlicher Autonomie. Paderborn.

Wegner, Daniel M. 2002: The Illusion of Conscious Will. Cambridge MA.

Wegner, Daniel M., V.A. Fuller 2000: Clever Hands: Action Projection in Facilitated Communication. Unpubliziertes Manuskript.

Weisz, John R., Fred M. Rothbaum, Thomas C. Blackburn 1984: Standing Out and Standing In. The Psychology of Control in America and Japan. In: American Psychologist 39, 955–969.

Wessels, Johannes, Werner Beulke 2003: Strafrecht. Allgemeiner Teil. Die Straftat und ihr Aufbau. Heidelberg.

Westcott, Malcolm R. 1982: Quantitative and Qualitative Aspects of Experienced Freedom. In: The Journal of Mind and Behavior 3, 99–126.

– 1988: The Psychology of Human Freedom. A Human Science Perspective and Critique. Heidelberg.

Wolf, Susan 1980: Asymmetrical Freedom. In: Journal of Philosophy 77, 151–166.

Wright, Georg Henrik von 2002: Erklären und Verstehen von Handlungen. In: Ralf Stoecker (Hrsg.): Handlungen und Handlungsgründe. Paderborn, 49–64.

Register

Nachwort

Die Grundgedanken der vorliegenden Arbeit sind mittlerweile fast zehn Jahre alt; frühere Fassungen habe ich in den letzten Jahren in Zeitschriftenaufsätzen und Buchkapiteln veröffentlicht. Entwickelt haben sich meine Vorstellungen nicht zuletzt dank der intensiven Auseinandersetzungen mit Kollegen und Studierenden, zunächst in Marburg, später dann in Magdeburg; die notwendige Ruhe für die Endfassung des Buches hat mir ein Stipendium am Hanse-Wissenschaftskolleg verschafft. Ebenso intensiv wie kontrovers diskutiert wurden einzelne Teile des Buches in der Arbeitsgruppe Philosophie-Neurowissenschaften-Psychologie und im Magdeburger philosophischen Kolloquium von Arno Ros, Alexander Staudacher, Heiner Klemme, Bernd Ladwig und Michael Schütte; letzterem verdanke ich auch wichtige Korrekturen der Endfassung. Ernst-Joachim Lampe gab mir Hinweise für die Auseinandersetzung mit den rechtswissenschaftlichen Aspekten des Themas, und von Henrik Walter erhielt ich wichtige Anregungen für die Diskussion der neurowissenschaftlichen Erkenntnisse zur Willensfreiheit. Besonders bedanken möchte ich mich bei Gerhard Roth, mit dem ich nicht nur viele Punkte diskutiert habe, sondern dem ich auch wichtige Hinweise und Korrekturvorschläge für die Endfassung verdanke. Ingrid Rehme hat wieder einmal ebenso umsichtig wie akribisch die Endkorrektur übernommen, und Patrick Haggard, Georg Lohmann, Georg Mohr, Frank Rösler und Armin Scheuermann gaben mir Anregungen und Hinweise. Geholfen haben mir aber auch die vielen Fragen, Einwände und Vorschläge bei Vorträgen und auf Kongressen, für die ich mich hier nur ganz summarisch bedanken kann.

Halb bedanken und halb entschuldigen will ich mich aber auch bei meinen Kindern, die ich hoffentlich in der nächsten Zeit nicht mehr ganz so häufig aus meinem Arbeitszimmer hinauskomplimentieren muss – schließlich bei meiner Frau Sabina, die eine bemerkenswerte Geduld aufbrachte, wenn ich ihr neue Variationen einzelner Gedanken vorstellte, und die mir außerdem viele wichtige Anregungen nicht nur aus ihrem eigenen Fachgebiet gegeben hat – ihr möchte ich dieses Buch widmen!

Delmenhorst, April 2004
Michael Pauen